高水平应用型都市农林人才培养体系的探索与实践

马兰青　主编

中国农业出版社

北　京

本论文集由北京高等教育"本科教学改革创新项目"——"都市特色应用型农林人才实践能力提升体系的构建与实施"（重大）、2022 年北京市高等教育学会项目——"都市特色应用型农林人才培养体系的探索与实践"和2022 年北京市高等教育学会项目——"新农科专业建设的探索与实践"资助。

本书编委会

主　编：马兰青

副主编：董利民　宋备舟　郑冬梅

编　委（按姓氏笔画排序）：

前　言

　　党的二十大报告中指出全面建设社会主义现代化国家，最艰巨最繁重的任务仍然在农村，明确要始终坚持把解决好"三农"问题作为全党工作重中之重，首次就"教育、科技、人才"一体化推进作出战略部署。北京农学院深入贯彻落实党的二十大精神，紧跟北京都市农林业的发展需求，以迎接学校第四次党代会为契机，围绕全面建设都市农林特色高水平应用型大学办学定位，进一步加强一流专业、思政课程、课程思政和实践教学建设，推动优质教育资源和成果共享，推进全员全过程全方位育人和德智体美劳"五育"并举，深化新时代教育评价改革，提升学校教育治理能力及水平，全面提高人才培养质量。

　　为回顾和总结北京农学院 2022 年以来教育教学改革方面的研究成果和经验，教务处组织了教学改革论文征集工作并汇编成书。本书主要就人才培养模式、专业建设、课程思政、课程教学、实践教学、信息化教学、创新创业、教师培养、学生培养、教学管理等方面进行了深入研究与实践，并针对当前高等教育改革与发展中的热点、重点问题以及高校教育教学亟待解决的突出问题，提出了改革的新思路、新举措和新目标。本书集中展现了北京农学院教师研究教学的过程和勇于创新的精神，力求推动农林高等教育内涵式发展，提高复合应用型都市农林人才培养目标的达成度。

　　本书覆盖面广，涉及内容多，编著时间较紧，在本书编辑过程中难免存在疏漏和不妥，诚恳地希望读者提出宝贵意见与建议。同时希望本书的出版，能够进一步丰富都市型高等农林高校人才培养研究的成果，为复合应用型都市农林人才培养起到积极的引领、示范和导向作用。感谢学校领导、广大教师和教学管理人员付出的心血和汗水，特别感谢中国农业出版社为本书的出版所付出的辛勤劳动。

目 录

目 录

生物工程专业实践教学基地的建设与探索*

常明明① 刘 灿 薛飞燕

摘 要： 本文以新工科建设要求为指导，对北京农学院生物工程专业本科生实践基地建设进行调研分析，提出以提高学生应用能力为出发点的工科人才培养基地建设思路。基于以往教学实践环节中的不足，通过总结反思以往实践基地建设的经验，结合学生调研问卷，以新工科建设要求为指导，探讨生物工程专业本科生实践基地方案，为首都生物工程领域复合应用型人才培养提供参考。

关键词： 实践教学基地建设；新工科建设；调查研究

随着首都生命科学产业的快速发展，社会对工程人才的需求日益旺盛，如何提升工程人才的实际应用能力，改善传统工程教育重理论轻实践的短板，建设高水平工程师资队伍成为新工科建设面临的全新挑战。

在新工科教育背景下，依托北京市众多的生命科学企业，加强校企交流和沟通，提升学生实践应用能力成为专业发展的必然途径。本文以北京农学院生物工程专业学生为例，通过分析原有工程教育过程中本科生实践教育环节存在的问题，通过对社会需求的调研，提出新工科建设背景下工程人才培养思路，为本科生专业审核评估和工程认证提供新的培养模式与思路。

一、实践教学基地建设现状

1. 实践教学基地的类型

在学校实践教学体系改革的政策指导下，生物工程专业发挥建设优势，通过项目合作、双导师制度、委托培养等多种模式积极开展实践教学基地建设。目前，生物工程专业实践教学基地类型主要为校外科研院所、校外企事业单位、校内科研平台和国际高校等。通过对 2018 级和 2019 级毕业生开展调查研究，发现生物工程专业每年有 78% 的同学在校外实践教学基地开展毕业设计工作，20% 的同学通过导师项目合作的方式选择本校科研平台进行毕业设计研究，另有 2% 的同学通过国际合作以委托培养的方式在国外实践教学基地进行毕业设计工作（图 1）。从数据分析可知，目前企事业单位和科研院所成为生物工程专业学生实习实践环节的主要去向。因此进一步加强校外实践基地建设对新工科背景

---

* 本文系 2022 分类发展定额项目：人才培养质量提高经费——基于工程教育专业认证的生物工程一流专业建设（5046516648/155）。

① 作者简介：常明明，女，博士，讲师，主要研究方向为抗菌肽的设计合成和生物制剂。

下学生实践能力培养具有重要价值。

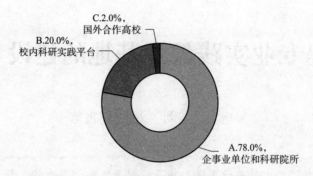

图 1　生物工程专业本科生实践基地类型

2. 现有实践教学基地存在的优势和学生满意度分析

依托北京市众多生命科学企业及园区，生物工程系现有实践教学基地数量达 40 个，保障了"3+1"教学体系中"1"这部分教学实践环节的顺利开展。目前，已经形成学校教学资源与企业双方发挥各自资源优势，达到整合资源、合作共赢的教育模式。同时，形成了一批长期合作的、学生满意率高的实习实践基地。通过学生问卷调查结果显示，生物工程专业现有实习基地中 43% 可以提供就业机会，为本科生提供实习实践教学的同时满足同学们的就业需求，94% 的本科生认为实践教学基地对未来就业有帮助、帮助比较大和帮助非常大（图 2）；同时，69% 的同学认为，企业导师能够积极指导其完成实习实践工作和毕业设计撰写，其余 31% 的学生认为，企业导师能够指导实习实践工作，校内导师负责指导毕业设计及论文撰写，说明双导师制有效地保障了学生在实践教学基地开展实习实践工作及毕业论文的质量。在对现有实习基地的评分中，47% 的同学给自己所在的实习基地的评分为满分 5 分，34% 的同学对基地的评分为 4 分，说明 81% 的同学对基地满意度评分较好。通过调查反馈发现，学生认为现有基地的优势表现如下：①工作环境好，仪器设备先进。②工作氛围好，企业导师指导水平高。③实践基地设备和实验材料储备充足。

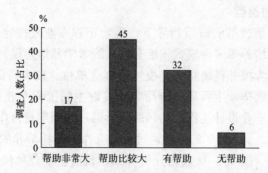

图 2　实践教学基地对学生就业影响调查

3. 现有实践教学基地建设过程中存在的不足

通过走访调研实习基地负责人和北京农学院生物工程专业学生，发现现有实践教学基地还存在以下不足：①校内教师与企业交流还只停留在指导学生工作上，与企业深层次的交流不够。②新基地的质量良莠不齐，有部分新基地学生反馈满意度不高。③现有基地数量过多，学生在基地实习实践过程的集中度不够。④学生对实践教学环节的重要性认识不够，主观能动性发挥不足。

二、实践教学基地建设模式的探讨

基于新工科建设和教育部新一轮本科教育教学审核评估要求，为与实习实践基地建立更加紧密的联系，进一步发挥实践教学基地在人才培养环节的重要作用，实现我国工程教育由大到强的转变，应不断优化实践教学基地的建设模式和学生评价制度。

1. 持续深化实践基地与校内导师的合作

充分调动实践基地和校内导师的积极性，加强实践基地与校内导师的交流，深化实践基地与校内导师的合作机制在教学实践基地建设中发挥着重要作用。例如，通过共同开展课题研究，解决企业工程工艺瓶颈，通过青年教师挂职锻炼等方式加强与企业的交流合作，在合作过程中校内外导师实现课题深度融合，为教师可持续发展及教学质量的提高提供有效保障。

2. 坚持理论与实际相结合的工程人才培养方式

实践教学基地的核心任务是完成工程人才培养，通过三年校内理论课学习和一年实践教学基地的学习，提升工程人才培养质量。

通过在不同科研院所或企业实习，学生实地操作，实现"理论学习—实践动手—就业"直通车式培养模式。与此同时，通过引进企业导师进课堂，将生产一线搬进课堂，丰富课堂教学内容，进一步提升工程人才培养理论教学效果。

3. 探索校企合作新模式

国家"十四五"规划明确提出："强化企业创新的主体地位，促进各类创新要素向企业聚集。"2023年在教育部和北京市教委的大力支持下，产学研用的校企合作模式在工程人才培养过程中发挥了重要作用。实践教学基地的建设充分发挥了高校智力密集型的人才优势和企业产业优势，实现资源共享、优势互补的新型育人模式。同时，通过科研合作实现校企合作的深度融合，为实践教学基地建设提供了有力保障，也为工程人才的培养奠定了坚实的基础。

深度的科研合作可以帮助企业解决生产技术瓶颈，同时合作过程中也提升了教师科研选题的实用性，继而为后续科研成果评估和专利技术转化提供了优质平台。

4. 建立基于工程认证标准的本科生实践教育体系

人才培养方面，学生通过在企业实践实习，能够学以致用，真切感受到理论学习的重要性，提升学生对理论知识学习的渴望，培养学生的自学能力，为工程人才教学质量的提升提供源动力。通过实践训练，学生团队合作意识不断增强，能够在实践学习过程中感受团队合作的乐趣，学习与人交流分享的成就感，调动学生创新创业热情。

综上所述，本文对生物工程专业本科生在新工科建设背景下，现有实践教学基地的建设情况进行了总结分析，明确了现阶段实践教学基地的优势和不足，主要针对教师与企业联系紧密度不够、企业和学校资源互补优势没有充分发挥出来等问题，提出解决现有问题的合理方案。通过建设实践教学基地，将高校与企业或科研院所紧密地结合起来，在提高企业育人积极性、学生学习内生动力、教师深度参与企业科研课题等方面进一步深度合作。为新工科教育背景下，生物工程专业人才实践教育基地更好地发挥联合培养的作用提供合理的解决方案。

参 考 文 献

陈红春，龙治坚，胡尚连，等，2019. 校企合作下高校创新创业实践基地的建设与探索［J］. 实验技术与管理（4）：242-244.

邓佳佳，2023. 高校实习基地建设模式研究与实践［J］. 进展：教学与科研（1）：77-79.

高玉梅，沈慧，迟锋，等，2022. 应用型地方高校校外实践基地建设的探索——以光电信息科学与工程专业为例［J］. 科技视界（20）：94-96.

乐薇，吴士筠，朱文婷，等，2014. 应用型本科院校生物工程专业"3＋1"人才培养模式的探索［J］. 科教文汇（6）：57-58.

李欣，王广智，南军，等，2021. 新工科背景下校企融合的本科生创新实践基地建设模式［J］. 科教导刊（14）：13-15，38.

沈明学，熊光耀，厉淦，等，2019. 校企联合构建新工科背景下卓越人才培养模式的探索与实践［J］. 教育现代化（4）：11-13.

北京市植物保护（植物医学）专业的人才需求情况分析*

郭洪刚① 张爱环②

摘　要：近年，植物保护（植物医学）专业与其他传统的农学专业相似，也面临着毕业生就业较难、离职率较高等毕业就业问题。为更好地掌握现代市场经济对植物保护（植物医学）专业人才的客观需求，本文采用问卷调查法、电话访谈法等，围绕北京市植保专业的人才需求情况展开调研，并针对调研结果分析给出提升北京农学院植物保护（植物医学）专业学生就业能力与素质提升相应建议，以期为本专业基于北京农学院应用型农林人才培养总目标下，以就业为导向的专业教学和人才培养提供支撑。

关键词：植物保护（植物医学）专业；毕业就业；人才需求

植物保护（植物医学）专业是传统农学类主干专业之一，其核心是培养掌握植物保护科学基础理论知识和基本技能，能够在农业及其相关部门或行业开展植物保护的教学科研、技术开发、推广与服务等的高级专业技术人才，为国家的粮食、食品、生态、环境安全保驾护航（高学文等，2019）。然而，近年在"市场导向、政府调控、学校推荐、学生与用人单位双向选择"的高校毕业就业机制的主导下，受专业特点、学生生源结构、招生数量、专业人才培养体系、社会认知等因素的影响，植物保护（植物医学）专业毕业生就业的区域和行业选择范围具有很强的专业性和局限性，导致毕业生就业形势日趋紧张，就业压力越来越大，毕业生找工作越来越难（杨秀玲等，2022；彭金富等，2019）。主要表现为：①毕业生就业较难；②毕业生就业选择较少，去向单一；③从事与专业对口工作的学生占比有待提高（陈强，2019；刘桂智，2014）。想要解决以上问题，实质就是要解决好社会需求与人才培养之间的矛盾，适应市场经济对人才的需求。

鉴于此，本文基于近三年北京农学院植物保护（植物医学）专业就业创业情况调查（郭洪刚等，2022），采用问卷调查法、电话访谈法、文献资料法等，围绕北京市植物保护（植物医学）专业的人才需求情况展开调研，探讨了市场经济条件下北京农学院植保专业

　＊　本文系北京农学院 2021 分类发展定额项目；人才培养质量提高经费；教改（一般项目）：北京市植保专业的人才需求情况调研；北京高校青年教师先进（创新）教研工作室项目。

　①　作者简介：郭洪刚，男，博士，北京农学院生物与资源环境学院副教授，主要研究方向为农业昆虫与害虫综合治理。

　②　作者简介：张爱环，女，博士，北京农学院生物与资源环境学院副教授，主要研究方向为农业昆虫与害虫综合治理。

毕业生就业现状和北京市植物保护专业毕业生的人才需求与岗位设置，并且基于调研结果，提出北京农学院以就业为导向的植物保护（植物医学）专业人才培养举措，以期为提升北京农学院植物保护（植物医学）毕业生就业质量提供基础性数据和有效途径。

一、调查内容

1. 植物保护（植物医学）专业毕业生就业情况调查

基于近三年植物保护（植物医学）专业毕业生就业数据，展开毕业就业情况分析，共调查 167 名毕业生，占毕业生总数的 100％。

2. 植物保护（植物医学）专业毕业生就业人才需求与岗位设置调查

由于新冠感染疫情等因素的限制，就业岗位设置与人才需求评价的内容采用问卷调查法和电话访谈法展开，共涉及用人单位 17 家。

二、结果与分析

1. 2020—2022 年植物保护（植物医学）专业毕业生就业情况

植保专业近三年（2020—2022 年）共有毕业生 167 人，从总体就业趋势来看，植物保护（植物医学）专业三年就业率均达到 100％，总体状况优良，并且近三年涉专业就业率均高于 65.00％，其中 2022 年为 69.64％，2021 年为 71.15％，2020 年为 66.10％。说明本专业毕业生大部分选择在专业领域内就业，也表明国家大力支持乡村振兴计划背景下，学生对本专业的前景和潜力看好，具有较高的专业认可度（表1）。

表 1　2020—2022 年植物保护（植物医学）专业毕业生就业信息表

年份	总人数（人）	就业率（％）	选择进入党政机关、事业单位占比（％）	选择继续深造占比（％）	选择进入企业单位占比（％）	选择自主创业占比（％）
2020	59	100	0.00	45.76	35.59	18.64
2021	52	100	5.77	48.08	11.54	34.62
2022	56	100	8.92	48.21	7.14	35.71
合计	167	100	4.79	47.31	18.56	29.34

具体从不同就业方向来看，毕业生在考研升学、出国深造方面有较高的占比，近三年占比均接近 50.00％，可以看出，学生认识到本科就业面临的职场压力，渴望通过继续学习的方式，进一步提升自己在毕业就业中的优势；在自主创业方面，2021 年、2022 年的学生占比均为 35.00％左右，但 2020 年仅占比 18.64％，总体呈现逐年增加的趋势，说明在国家鼓励大学生创新创业的背景下，北京农学院本专业毕业生的自主创业意识提升，拓宽了本专业的毕业就业途径；然而对于企业单位，近三年的就业占比逐年下降，这可能由于就业地域和就业环境相对艰苦，企业单位相对不稳定等原因造成；由于公务员农科专业招考岗位需求不大，比例不高，难度较大，毕业生的就业去向中公务员和事业单位人数占比并不高。

2. 北京市植物保护专业毕业生就业人才需求与岗位设置调查

（1）北京市植物保护专业用人需求分析。通过对乡镇农技站、农业企业等开展问卷调查和电话访谈，目前北京市在生产一线开展植物保护专业技术推广和服务等工作的技术人员存在"青黄不接"的现象，主要表现为：①一线技术人员缺口大，北京市目前有334个乡镇，若按每个乡镇配备1～2名植物保护技术人员计算，其潜在的人才需求量巨大。大北农集团、北京天安农业发展有限公司、北京万达有机农业有限公司等百余家农业企业也需要大量的植物保护一线技术人员（500～1 000人），而且部分企业单位虽然不要求进人但强烈希望得到有关植物保护相关知识的指导；②年龄偏高（以40～50岁的技术工为主），急需年轻的植物保护一线技术人员；③知识储备不足，学历层次不高，大专以上学历的基层植物保护专业人才缺口较大。综上所述，植物保护行业应用型技术人才处于供不应求的状态，特别是一线植物保护技术人员，如生产技术推广员、农资销售业务员等技术人员极其紧缺。

（2）北京市植物保护专业岗位设置与要求分析。根据调研结果，目前北京市植物保护专业岗位设置主要分为以下几类：①农资销售业务专员：该岗位主要从事区域内的农资产品（农药、化肥、农机具等）的销售工作，做好销售前、中、后的全面性服务工作；②生产技术推广专员：该岗位主要从事区域内关键技术和产品在田间实践的具体应用、推广和宣传（实验示范田、农民会、观摩测产会等）、服务工作、产品效果的调研；③生产技术研发专员：该岗位主要从事病虫草害防控关键技术的研发工作，包括药剂筛选、药剂残留分析、产品田间试验等相关工作；④农业技术推广岗、开发岗、检测岗等：该岗位是党政机关、事业单位等设置的综合性岗位，集植物保护生产技术研发、推广、服务于一岗。

结合岗位设置，目前北京市对植物保护一线技术人员的具体要求可分为两个方面：一方面是基本要求：植物保护、农学等相关专业，大专及以上学历（研发专员学历要求本科及以上），部分公司要求工作经验；另一方面是素质要求：①具备扎实的专业基本功、完整的知识结构：掌握植物保护的基本理论、基本知识和方法、基本技能，以及发展性的掌握或了解植物保护学科前沿及其发展趋势；同时，还应该具备相关专业，如农学、园艺、农林经济管理、市场推广、计算机技术等相关知识，以及农业生产、农村工作的有关方针政策和法规等。②具备较强独立思考、创新发展的能力：主要指能够综合考虑，运用专业知识、分析解决问题、制订合理方案；另外，运用创新思维，培养创新能力，多出创新成果，支撑各项新植保技术的制订、示范、推广。③具备较强的综合素质：包括一定的文字和口头表达能力、组织协调和管理能力，社会适应、沟通和公关能力（罗小勇等，2012；韩春霞，2005）。

3. 北京农学院植物保护（植物医学）专业毕业就业改革措施或方向

围绕大学四年，建立以就业为参照系的"三步走"的就业服务指导体系（杨秀玲等，2022）：第一步，针对大一年级新生开展就业启蒙教育，主要围绕专业学什么、能干什么等问题，为新生上好专业认知和职业启蒙教育，引导学生树立正确的就业观、创业观，为学生将来择业、就业、创业做好初期铺垫。第二步，针对高年级（大二、大三年级）开展就业能力培养：①依托丰富多彩的各类就业创业竞赛，营造就业校园文化，潜移默化地引导学生思考、制订就业规划；②结合创新创业课堂，开展基于专业特色的学科竞赛，如"昆虫微景观"创意设计技能大赛、"植保专业技能"大赛等，寓教于乐，提升专业技能和专业素养，提高毕业生专业竞争力，将就业创业思想渗透贯穿于知识学习过程中；③构建网格化的毕业就业指导体系，形成辅导员、系主任，班主任、导师多对一帮扶毕业生就业创业辅导机制，促进就业。第三步，针对大四年级学生开展职业素养训练：依托于校企、学校育人平台，形成"产、学、研"相结合的一体化育人模式。一方面，构建多维实践育人载体，包括实践基地共建、校外导师遴选、专项班、创业班建设、人才培养论坛等，以实习带动就业，通过顶岗实习、岗前实习、社会实践等活动，让学生了解行业就业现状。通过接触生产一线，锻炼学生专业学习的实践性和主动性，提升学生实践应用能力，丰富学生就业经验，提升毕业生职业素养与市场适应性（刘桂智，2014）。另一方面，依托于校企、校校合作，建立包括企事业单位就业信息和毕业生就业意向等多方面信息的毕业就业信息库，既能使本专业毕业生及时准确地收集和发布就业信息，又能使用人单位掌握本专业毕业生的就业意向，开展"校企合作、订单式培养"，建立校企协同、实践育人的长效机制（彭金富等，2019）。

参 考 文 献

陈强，2019. 当代农学专业大学生就业的现状与利弊分析 [J]. 农村实用技术（5）：22-23.

高学文，徐丽娜，张聪，等，2019. 卓越植物保护人才培养体系的创新和实践 [J]. 高等农业教育（1）：77-81.

郭洪刚，谷薇，赵晓燕，等，2022. 植物保护（植物医学）专业就业创业情况调查与分析 [J]. 社会科学（全文版）（12）：118-121.

韩春霞，2005. 市场经济条件下农业高校植物保护专业人才培养研究 [D]. 杨凌：西北农林科技大学.

刘桂智，2014. 地方高校农科专业毕业生就业现状分析及对策 [J]. 广州职业教育论坛（6）：45-50.

罗小勇，李宝笃，李长友，2012. 山东省植物保护现状及其发展对人才需求的展望 [J]. 现代农业科技（3）：237-238.

彭金富，张海平，2019. 农科专业大学生就业问题分析及对策——校企协同背景下华南农大动科学院近10年毕业生就业状况为例 [J]. 广东蚕业（1）：122-124.

杨秀玲，徐鹏，田新会，2022. 高等农业院校农科类学生就业能力与素质提升的路径与实践——以甘肃农业大学植物保护专业为例 [J]. 农业科技与信息（23）：104-107.

都市型农业院校学术型研究生课程"昆虫生理学"的建设与思考*

李　迁① 哈帕孜　杨宝东　张志勇　郭洪刚　王　合　杨爱珍　王进忠②

摘　要：研究生课程建设是提高研究生教育质量不可忽视的重要环节。课程学习对提高研究生教育水平具有重要作用。"昆虫生理学"是北京农学院植物保护学科学术型研究生的学位课程。目前，该课程建设中存在师资力量不足、教学内容繁多、教材建设滞后、教学方法欠丰富、能力培养不足和考核评价单一等问题。需要从明确课程培养目标、合理选择教材和教学资源、优化授课内容，突破传统教学模式，借鉴和结合国内外先进教学方法和评价考核方式以及完善师资队伍等措施，达到激发研究生学习兴趣，提高研究生自主导向学习能力和创新能力的目的，并为其他相关课程建设起到借鉴作用。

关键词：昆虫生理学；课程建设；学术型研究生；教学方法和考核评价

为了贯彻落实研究生教育改革要求，加强课程建设并提高培养质量，教育部颁布《关于改进和加强研究生课程建设的意见》，强调要高度重视课程学习在研究生培养中的重要作用，立足研究生能力培养和长远发展。研究生课程建设是提高研究生培养质量的前提，课程教学是培养研究生自主创新能力的基础。对于拓宽研究生知识结构、形成批判性思维和提升科研能力具有重要作用，同时有助于激发研究生教育潜力、提高教育水平。

北京农学院植物保护学科是近年新批准的招收学术型研究生的学科，与其他农科大学植物保护学科相比，我们在研究生课程建设方面缺乏经验。因此，借鉴其他院校学术型研究生课程建设经验，汲取国内外先进教学理念和方法，提高课程教学质量，成为当前该学科研究生教育的紧迫任务。"昆虫生理学"作为昆虫学的重要分支之一，是植物保护学科学术型研究生的一门学位课程，也是北京农学院其他相关专业硕士研究生的提升课程。该课程主要涵盖昆虫机体基本生命活动现象及其各个组成部分功能。随着现代生物学技术不断发展，昆虫生理学突飞猛进，已从组织细胞水平深入到分子和基因水平。因此，在植物保护学科的研究生培养上，需要紧跟生命科学的发展趋势，不断开阔和促进研究生逻辑思维和科技创新能力。学习该课程对认知昆虫生命活动基本规律、调控机制及基于生理学基

＊　本文系北京市自然科学基金与北京市教育委员会科技计划重点项目（KZ 201810020026）；北京市林业保护站项目（2021）（00851）；北京农学院青年教师科研创新能力提升计划（QJKC-2022048）。

①　作者简介：李迁，男，博士，讲师，主要研究方向为昆虫生理生化。

②　作者简介：王进忠，男，研究生，教授，主要研究方向为昆虫毒理及媒介昆虫传毒生物学。

础的都市农林业害虫防控机制具有重要意义。然而，如何加强该课程建设、提升教学质量一直是植物保护学科学术型研究生教育面临的重要课题。本文结合北京农学院目前"昆虫生理学"课程建设情况，探讨了课程建设中遇到的问题以及课程建设的一些思考，旨在为探索北京农学院植物保护学科相关课程建设提供借鉴。

一、课程建设现状及存在的问题

2019年北京农学院开始招收植物保护学科学术型研究生，作为一级学科学术型研究生授予点，在课程体系中开设"昆虫生理学"作为一门学位课程。按照学科体系教学计划，本课程总学时数为24学时，理论部分14学时和实验部分10学时。实际上该课程从2008年以来已经在北京农学院果树学学术型研究生开设作为一门园艺学科专业选修课讲授，课程总学时为30学时，理论学时24学时，实验为6学时。经过十多年的建设，该课程组成员根据北京农学院研究生的生源特点结合学科发展，不断优化教学内容，改进实验方案，也进行了一些教学方式的探索。在教学过程中还聘请中国科学院、中国农业大学和中国农业科学院等相关领域知名学者和专家来学校讲解与该课程相关的理论知识和前沿进展，对开阔学生的科研思路，丰富教学内容，起到较好的效果。但是过去本课程作为选修课程，参考教材主要集中在种类不多的中文版教材上，如王荫长教授分别在2001年和2004年主编《昆虫生物化学》和《昆虫生理学》。同时，随着北京农学院本学科学术型研究生的招生，在教学实施过程中还存在以下问题：

（1）教学队伍师资力量不足。目前，该课程涉及内容较多，学科前沿方向多且各具特色，以及不同学生的学习关注点不同，课程完成难度很大，同时又受到学校教师编制和研究领域的影响，导致该学科凸显师资力量不足。

（2）研究生专业基础相差悬殊。本学科学术型研究生生源及其本科所在的学科、专业方向与专业背景差异较大，导致学生对专业基础知识的掌握和理解程度不同，进而在课程教学过程中面临一定的困难。

（3）"昆虫生理学"国内统编或规划教材较少。研究生课程教材一般采用统编教材和自编教材。由于各院校基础差异较大，该课程"适合教材缺少"。主要以南京农业大学王荫长教授主编的《昆虫生理学》作为参考教材，对于非植物保护专业研究生加上许再福教授主编的《普通昆虫学》和彩万志教授等主编的《普通昆虫学》作为参考书目。

（4）传统教学模式有待改进。由于硕士课程学时压缩，教学内容多，目前主要采用"填鸭式"传统教学模式，即以教师讲授式教学为主，注重知识传授，忽视学生个性和能力的培养，同时学生对于阅读国内外相关文献积极性不高，造成学生习惯于被动接受，懒于主动思考。此外，教师应用现代教学方法和教学手段仍有不足。

（5）课程考核方式较单一。近十多年，该课程考核主要采取1次课堂汇报与提交1份课程论文报告，兼顾学生平时成绩，过程性评价占比较少，这种做法无法客观考量研究生在课程学习过程中的表现，也不能体现出在课程学习中发现、探究和解决问题以及沟通和团队协作的能力。

二、课程建设设想和实施方案

1. 课程建设目标

虽然在北京农学院植物保护学科学术型研究生"昆虫生理学"课程仅开设 3 年，但由于该课程组教师此前承担"果树学"学术型研究生课程的教学工作十余年，积累了较丰富的教学经验。通过本次课程建设，拟达到以下目标：加强掌握学科基础知识、提高发现和解决问题的能力，注重培养研究生自主学习能力，增加学生在教学中的参与度，提升研究生的创新和发展能力。

2. 课程建设的措施

（1）加强师资队伍建设。教学团队建设是课程建设的灵魂，课程教学教师、导师队伍的水平直接决定研究生的培养质量。因此，把师资队伍建设作为课程建设核心，形成一支知识结构、年龄结构和职称结构合理的优秀教学团队对于该课程建设具有重要意义。在课程建设期间，引进 1~2 名高学历青年教师加入教学队伍，更多地参与课程建设。根据青年教师特点，制订培养计划，创造条件参加国内与国际交流。同时，邀请国内外同行专家讲授部分内容，加强与同领域专家学术交流，发挥知名专家教授的指导作用，促进师资队伍水平进一步提升。

（2）选用参考教材的调整。研究生课程一般没有指定相应的教材，过去使用国内出版的研究生参考教材，但是随着学科进展和课程内容更新要求，本课程适当调整参考书目采用英文教材，如选用 Marc Klowden（2013）编著的《*Physiological Systems in Insects*》（第三版）以及参考 Murray S. Blum（1985）编著的《*Fundamental of insect physiology*》原版教材等。此外，开发各种教学资源，特别是数字化信息资源，以满足学生自主学习资料的需求。

（3）优化教学内容。课程组成员进行认真研讨，明确课程定位，优化授课内容，制订课程建设方案，课程内容要能反映本学科领域的最新科研成果。在内容上实行知识模块化和系统化，突出学科发展特色。在吸收相关教材亮点基础上，考虑专业学科方向、教师研究领域及学生将来可能研究方向，创新课程内容。从引导学生了解昆虫各生理系统与功能，提升对科学研究的兴趣，激发学生对科学研究领域及方向的思考。从培育创新思维，提高创新能力入手，优化教学模块，调整课程内容；设立课程论文，让学生在学习教材及国内外相关前沿文献过程中完成，提高内容的深度与教学效果。

（4）开展教学方法探索，注重教学方法多样化。针对北京农学院植物保护学科硕士研究生本课程教学现状，在传统讲授式教学法（lecture-based learning，简称 LBL）基础上引入基于问题学习等多种教学法，改变学生课堂教育被动接受的模式，突出学生的主体地位，加强师生之间、学生之间的交流，提高学生自主学习能力，激发学生对知识的好奇心与学习兴趣，培养学生的创新思维。在教学大纲中明确讨论课的开设次数。课堂教学过程中，以前沿问题为引领，鼓励课堂讨论，调动学生思考和交流表达能力。如围绕本课程教学内容难点和重点，开展课程内容"绪论——信号系统和体壁系统模块"在传统教学法基础上引入基于问题学习和思维导图教学模式（图 1）。课程内容其他模块进行以基于问题学习结合翻转课堂教学法，建立微信或 QQ 群平台和金山文档模块方案进度一览表，采用微信平台拓展"昆虫生理学"线上和线下教学的时间与空间（图 2），开展小组沙龙和课堂讨论以思维导图等形式提交报告。

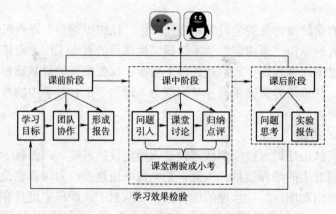

图 1　传统教学法和基于问题引入的教学法相结合流程

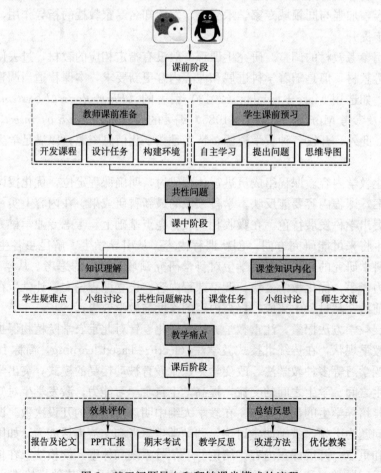

图 2　基于问题导向和翻转课堂模式的流程

（5）开展实验教学研究实践基地建设。根据课程教学及提升学生试验和实践能力需要，完善"昆虫生理学实验室"实验材料连续培养与设备建设，为课程实验开展提供基础保障。此外，加强与国内同领域重点实验室，如中国科学院动物研究所"农业虫害鼠害综合治理研究国家重点实验室"和中国农业科学院植物保护研究所"植物病虫害生物学国家重点实验室"的交流和学习；鼓励学生根据个人兴趣在国内外选择实验室或研发中心，开展合作研究与交流。同时，对接研究生科研教学实践基地，如北京市昌平区流村镇有机果园昆虫科普基地、博士农场和科技小院，引入基于问题场景化来学习"昆虫生理学"，如在"昆虫通信系统模块"中，引导学生小组在有机果园基地悬挂诱捕器，如橘小实蝇和梨小食心虫诱捕器等调查，撰写相关害虫通信机制与应用调研报告，实现理论结合实际，以学生为中心的感性认识内化、主动协作的校内和校外学习模式，也进一步发挥实践基地在培养人才、提高分析和解决问题能力的关键作用。

（6）科研学术成果反哺教学，提高研究生的科学素养。利用本学科教师教学团队的项目资源优势，发挥教师在相关研究领域已取得成果，及时更新课程内容。如把"去甲斑蝥素诱导昆虫细胞凋亡的线粒体信号传导途径机制"及"媒介昆虫传播病害机制"及"昆虫—植物互作机制"等研究成果融入本课程教学中，并通过实验使研究生"昆虫生理学"研究技能得到加强。十余年来，实现了教师科研成果反哺教学，提高研究生科学研究素养和创新实践能力的培养，实现课程学习与本学科发展方向的良好衔接。

（7）课程管理体系建设与多元化考核方式评价。建立完整教学档案，包括课程简介、教学大纲、授课计划、课件及教学资源等；为弥补目前一篇课程论文和一次期末考试考核方式带来的不足，调整课程考核采用多元量化考核指标，注重学习活动的过程性评价。从学习态度、知识和技能、自主学习和创新意识、团队协作能力和其他五个方面（图3），即课程模块目标明确程度、课堂表现提问与回答情况、小测验、文献检索数量、模块资料学习总结或思维导图、小组讨论参与度、按时完成小组布置任务、课后微信群作业打卡、课程论文报告和课程认知提高程度为量化指标，建立多元考核模式。实现评价标准目标导向性清晰，达到评价关注学生的学习过程，反映评价融入课堂、课前学习活动中的表现。

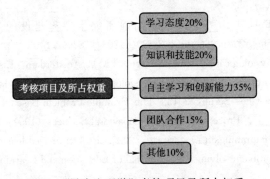

图3 "昆虫生理学"考核项目及所占权重

三、小结

研究生教育的目标是为国家培养具有较强科学研究能力和创新能力的专业人才。课程教学是培养研究生科研创新能力的基础，是提升研究生培养质量的前提，课程建设也是研究生教育的重要环节。在"昆虫生理学"建设过程中，通过课程教学内容调整、现代教学模式引入、教学资源与团队等方面的建设，形成自身优势和特色，在充分对接本科生和研究生课程的同时，紧跟国内外发展前沿，立足新时代，借鉴和结合国内外优质教学资源及先进教学方法和理念，激发学生主动学习热情，以便更好地发挥研究生学位课的基本功能。由于北京农学院本学科学术型研究生招生时间短，课程建设拥有巨大发展潜力，尚需砥砺前行。

参 考 文 献

彩万志，庞雄飞，花保祯，等，2011. 普通昆虫学［M］. 北京：中国农业大学出版社.

曹冬黎，邓云，2015. PBL 联合 LBL 教学法在病理生理学教学中的探索［J］. 基础医学教育（5）：378-380.

郭文斌，杨艳，2021. 我国研究生课程建设研究热点及发展趋势［J］. 山东高等教育（3）：23-29.

何波，王桂胜，陶政宇，2019. 学术型硕士研究生课程教学的调查与分析［J］. 数字印刷（3）：20-24.

刘石娟，燕艳，杨月伟，2021. 学术型研究生课程建设研究［J］. 高教学刊（23）：14-18.

钦俊德，1957. 昆虫生理学的历史和现状及其在我国发展的途径［J］. 昆虫知识（2）：49-54.

王琛柱，2000. 我国昆虫生理学的研究与展望［J］. 昆虫知识（1）：12-17.

王荫长，2004. 昆虫生理学［M］. 北京：中国农业出版社.

王战军，常琅，2020. 研究生教育强国：概念、内涵、特征和方略［J］. 中国高教研究（11）：13-18.

徐鹤，李鹏，黄海平，等，2017. 基于思维导图的研究生创新能力培养［J］. 计算机教育（10）：127-130.

许晓敏，杨淑丽，2022. 翻转课堂联合 PBL 教学模式对医学生自主学习能力的影响［J］. 卫生职业教育（23）：62-65.

许再福，2009. 普通昆虫学［M］. 北京：科学出版社.

杨春梅，章娴，2022. 研究生翻转课堂有效教学评价框架研究［J］. 学位与研究生教育（1）：71-79.

杨娟，刘子瑜，金帷，2015. 硕士研究生对课程教学评价的实证研究——基于 A 大学的个案调查与分析［J］. 研究生教育研究（5）：53-57.

中华人民共和国教育部，2014. 关于改进和加强研究生课程建设的意见［EB/OL］. http://www. moe. gov. cn/srcsite/A22/s7065/201412/t20141205 _ 182992. html.

Marc Klowden，2013. Physiological Systems in Insects［M］. Amsterdam：Elsevier Inc.，third edition.

Murray S. Blum，1985. Fundamental of insect physiology［M］. Hoboken：John Wiley &Sons Inc.

Noor Hisham Jalania，Lai Chee Sernb，2015. The Example-Problem-Based Learning Model：Applying Cognitive Load Theory［J］. Procedia-Social and Behavioral Sciences（195）：872-880.

Tri Murhanjati Sholihah，Badraningsih Lastariwati，2020. Problem based learning to increase competence of critical thinking and problem solving［J］. Journal of Education and Learning（Edu Learn）（1）：148-154.

Zamzami Zainuddin，Siti Hajar Halili，2016. Flipped Classroom Research and Trends from Different Fields of Study［J］. International Review of Research in Open and Distributed Learning（3）：313-340.

应用型农林人才为导向的化学实验教材体系构建

梁 丹① 贾临芳 赵汗青 于宝义 高 娃

摘 要： 化学实验教材是化学实验教学内容的重要体现形式。以培养应用型农林人才为目标，基于化学实验教学现状，进行了包括优选环境友好型实验内容及实验方法，利用有限的学时，尽量减少重复、新增有都市型农业院校特色的实验、突出体现课程思政、引入新的研究成果和方法等实验教材体系的构建，实现了基础与农业应用的结合，化学课与专业课的结合、微型与绿色的结合，提高了学生实验操作能力、解决问题能力及科学创新能力。

关键词： 教材体系；应用型；农林人才

党的二十大报告中强调，必须坚持人才是第一资源，深入实施科教兴国战略、人才强国战略，坚持为党育人、为国育才，全面提高人才自主培养质量。北京农学院是一所都市型现代农林院校，其办学理念为"以农为本，唯实求新"，人才培养定位是"培养综合素质高、知识结构合理、实践能力强、具有创新精神和创业能力的复合应用型农林人才"，科研定位为"应用基础研究和应用研究"。化学实验既是学生获取和检验化学理论知识的重要媒体和手段，又是提高学生综合素质的重要途径，而化学实验教材是化学教学内容的重要体现形式。因此，以培养应用型农林人才为目标进行化学实验教材体系研究具有重要意义。

一、化学实验教材体系构建背景

随着时代的需求，社会的进步，北京农学院对人才培养有了更加准确的定位。原有实验教材模式在实验教学中的弊端和不足日益凸显。首先，编写实验教材时，忽略了实验试剂及实验过程对环境的污染问题。其次，化学实验教材体系内容配置不合理。传统陈旧实验多，涉及新的教育教学改革研究成果少；"照方抓药"实验多，引导学生动脑实验少。再次，实验内容系统性、专业特色性不足。北京农学院化学实验教学体系包括公共课和专业课两部分，涉及 6 个学院 13 个专业。化学实验教学内容之间不仅缺乏系统性和连接性，还会出现一定程度的重复；与专业知识的结合度不高，教材具有通用性而缺乏专业特色。最后，与课程思政相结合较少。原有化学实验教材体系更加注重实验原理、仪器使用、实验内容的讲授，缺乏实验课程与家国情怀、人文素养、科学精神、创新实践精神、工匠精神等思政元素的结合。

---

① 作者简介：梁丹，女，高级实验师，主要研究方向为化学实验教学及化学实验室管理。

二、化学实验教材体系构建内容

1. 优选环境友好型实验内容及实验方法

针对化学实验中的基本原理、基本操作和元素性质等内容，进行实验内容和实验方法的优选。在不影响学生实验技能培养基础上，选择污染小、低毒的实验试剂，选择实验产物毒性小、废液处理难度低的实验方法等。目前，学校对所编写的普通化学实验教材和有机化学实验教材进行了较多改进：用低毒或无毒试剂代替有毒试剂，用半微量或微量代替常量；实验的产物回收处理后可作为另一个实验的原料等。如在普通化学实验"氧化—还原反应电化学"实验中用到的三氯甲烷，回收纯化后可用于天然产物化学实验"大黄中游离蒽醌类成分的提取、分离与鉴定"实验原材料。在有机化学实验中，将 250 毫升圆底烧瓶替换为 50 毫升圆底烧瓶，同时反应试剂总量缩小 5 倍，在减少试剂用量的同时，产生的实验废液相应减少。

2. 利用有限的学时，尽量减少各学科实验重复

根据 2020 年专业培养方案，修订实验教学大纲，在大纲的指导下对实验教学内容进行合理的优化，将受众最广的三门公共实验课进行重新整合，将重复的实验内容或实验基本操作进行重组、删除或融合。利用有限的学时，培养学生综合实验能力，力争做到事半功倍。通过整合，各实验学科既互不重复、各有特色，又能够做到相互交融。

3. 新增都市型农业院校特色实验，注重培养实验技能

在编写实验教材时，由浅入深，由易到难，在基础性实验基础上编排综合性和设计性实验，注重培养学生独立进行实验、组织和设计实验的能力。使学生在实验学习的同时提高独立思维能力和科学研究创新能力，为都市型农林院校的培养目标服务。

有机化学实验中，编写并开设了果皮中提取果胶的实验，实验将橙皮、橘皮作为实验原材料，提取其中的果胶，实验中果香弥漫在实验室中，打破传统有机实验枯燥乏味、气味难闻等固有印象，在进行此实验时，学生实验兴趣极高。通过此实验的学习，不仅提高学生实验操作能力，还提高了学生思维创新能力。学生参加北京农学院大学生化学竞赛时，根据此实验自拟题目——"玫瑰花色素的提取与纯化研究"，取得了北京农学院化学实验竞赛二等奖的好成绩。

4. 突出体现课程思政，突出对学生专业素质的培养

教材突出实验室安全教育，不仅编写《实验室安全守则》，还附有危险化学品的使用知识及实验室意外事故及处理方法，加强对学生安全意识的培养；对实验试剂用量及方法进行改进，减少废液的产生，培养学生环保意识和绿色化学思维，传递人类社会绿色发展理念和树立生态文明建设意识；突出培养学生的合作精神；突出实验的家国情怀教育功能。在设计实验内容时，引导学生对人身安全、健康安全、环境安全的高度重视，掌握保护自身个体和生存环境的能力。全面提升学生流程分析、团队交流等能力，改变学生在化学学习及实验设计操作中一味追求反应快、产物多、利润高等惯性思维，牢固树立安全实验、保护环境、以人为本的准则。将"把握安全生产红线""绿水青山就是金山银山""构建人类命运共同体"等重要思想传递给学生。

5. 体现与时俱进的特色，引入新的研究成果和方法

借鉴优秀的教学理念、先进的教学方法、完善教学体系，不断进行教学创新，结合教育教学改革研究成果，对实验内容进行较大改动，同时教材将一些新的操作技术进行更新和补充，增强教材的时代特征。通过化学实验绿色—微型化教学一系列改革探索，普通化学实验所需实验试剂显著减少，每年实验教学经费节省 1 300 元，实验产生废液由每年300 升减少至 70 升，每年节省学校处理废液经费 11 000 余元。普通化学实验绿色—微型化探索所取得的成功经验已在有机化学实验、环境监测实验等化学实验中推广，将其研究成果编写进实验教材可以拓宽兄弟院校的实验教学研究思路，促进教学科研院校之间的交流和合作。

三、实验教材体系构建应用效果及成效

通过对化学实验教材的研究及实验内容的改进，构建了相对完整、动态发展的化学实验教材体系，通过与时俱进，将教育教学改革研究成果与基础理论知识相结合，不仅提升学生学习兴趣，提高学生专业实验技能，还突出体现课程思政、突出对学生专业素质的培养，通过化学教材体系的构建，实现了三个结合：基础与农业应用的结合、化学课与专业课的结合、微型与绿色的结合。提高了三个能力：提高了学生实验操作的能力、提高了学生解决问题的能力、提高了学生科学创新的能力。

编写教材经过北京农学院、天津农学院、吉林农业大学等多所院校多年连续使用，师生反映较好。其中，主编国家林业和草原局普通高等教育"十三五"规划教材《普通化学实验》获北京高校"优质本科教材课件"教材项目。

四、结语

在新时代高等教育面临新的改革和发展的大背景下，农林院校化学实验教材体系需体现出高质量、高效能、创新性、发展性、绿色化的特点，为培养高素质、专业性、技能型应用农林人才服务。随着学科和专业的不断发展，化学实验教材体系建设也将长期进行，结合教学实践，不断进行实验内容优化，积累化学实验课程思政素材，在实践和发展中不断完善，满足学生学习"动态"需求，以期为高校化学实验教材改革提供适应面广、操作性强的借鉴经验。

参 考 文 献

本书编写组，2020. 仰望星空 脚踏实地——"基础学科拔尖学生培养计划"十周年回顾［M］. 北京：高等教育出版社.

陈红艳，丁来欣，2020. 高等农林院校"有机化学实验"课程教材改革的探索［J］. 中国林业教育（3）：61-63.

高占先，于丽梅，姜文凤，等，2008. 坚持改革，注重适用—编写"十一五"国家规划教材《有机化学》的思考［J］. 中国大学教学（3）：89-91.

教育部，2019. 教育部关于印发《中小学教材管理办法》《职业院校教材管理办法》和《普通高等学校

教材管理办法》的通知［EB/OL］. http：//www. gov. cn/zhengce/zhengceku/2020-01/07/content _
　　5467235. htm.

郎建平，卞国庆，贾定先，2018. 无机化学实验（第 3 版）［M］. 南京：南京大学出版社.

刘占祥，吴百乐，秦敏锐，等，2020. 非化学专业有机化学实验教学中对学生科研思维的培养［J］. 大
　　学化学（7）：27-31.

王京山，2021. 绿色化学发展及相关技术分析［J］. 化工设计通讯（1）：40-41.

王莉，范勇，张丽荣，等，2019. 无机化学教材建设的探索与实践［J］. 中国大学教学（2）：84-87.

肖凤屏，胡鹏，2017. 浅谈应用型大学有机化学设计性实验的教学探索与实践［J］. 广东化工
　　（15）：289.

张大伟，王军英，邹连春，等，2014. 基础有机化学"双微"实验教学体系的构建与实施［J］. 实验技
　　术与管理（9）：173-175.

大学生入党前教育培养模式的研究

——以北京农学院生资学院为例

申维维①　袁中立　王　燕

摘　要： 习近平总书记在党的二十大报告中强调，全党要把青年工作作为战略性工作来抓，用党的科学理论武装青年，用党的初心使命感召青年。青年大学生是中国共产党的重要主力军和后备军，因此做好大学生入党前教育培养工作是高校党建工作的重要内容。北京农学院生物与资源环境学院围绕科教兴国、乡村振兴等国家战略和新时代首都发展要求培养了德智体美劳全面发展、知农爱农强农兴农的高水平应用型人才。

关键词： 大学生；入党前；教育培养

习近平总书记寄语广大青年学生要"能够担当起党和人民赋予的历史重任"，广大青年学生只有勇于担当、奋发有为，把握和顺应时代发展进程，回应人民群众期待，才能更好放飞青春梦想、升华人生境界、实现人生价值。北京农学院生物与资源环境学院坚持以习近平新时代中国特色社会主义思想为指导，认真贯彻党的二十大和十九届历次全会精神和北京市十三次党代会精神，以习近平总书记教育方面重要论述和"三农"工作论述为根本遵循，以《中国共产党普通高校基层组织工作条例》等法规制度为工作依据，以新时代高校党建"双创"培育创建目标及北京高校党建和思想政治工作基本标准为工作标尺，时刻牢记"为党育人、为国育才"使命，积极践行"厚德笃行、博学尚农"校训，培养德智体美劳全面发展、知农爱农强农兴农的高水平应用型人才，以高质量党建引领学院事业高质量发展，加强大学入党前的教育培养，初步形成具有学院特色的教育机制，培养出不少合格大学生党员。

一、大学生入党前教育培养现状概述

1. 学习形式单一，效果不佳

大学生入学以来在接受新生教育、"形式与政策"课程学习，党团对接，"青年大学习"，党校初、高级班的学习过程中，多以理论知识讲解传授的形式传递，学习形式单一，学生对其理解程度不高，很多学生在没有基础的情况下学习，不能掌握理解所学的内容，

---

①　作者简介：申维维，女，农学硕士，专职组织员，党支部书记，主要研究方向为党员教育培养、学生思政教育。

对党的理论知识一知半解，不能应用到实际生活中。

2. 学习难度大，兴趣不高

党的基本理论知识学习相对较为枯燥，以北京农学院生资学院为例，学生具有文科素养较低的特点，学习主要靠"形式与政策"课与党团对接活动，学习时间不连贯，部分学生对党的基本知识缺乏深入的理解和掌握，学到的知识停留在书本上与课堂上，不能应用到解决生活中的实际问题，学习兴趣不高，劲头不足。

3. 学习不主动，收获不多

大学阶段学习生活中，很多学生很少主动接触党的理论知识，学习的主动性不够，学生将更多的精力投入专业课学习、专业实践以及兴趣社团等。经前期与积极分子谈心谈话，学校党总支了解到目前很多学生的主要精力投入实验室、兴趣课题，导致学生入党前的教育培养工作显得生硬死板；从课后反馈的调研中了解到，大部分学生在学习过程中对于党的理论知识只知道是什么，但是却无法深入了解，回答不出为什么，因此学生的收获不多。

二、大学生入党前教育培养问题分析

1. 学习教育效果不足

经过前期问卷调查与谈心谈话显示，目前有较大比例的积极分子表示对入党前的理论学习满意度不高，认为与实际结合不紧密，理论学习只是停留在文字层面，内容相对陈旧，不能适应当代大学生的需要。理论学习的形式上有待创新。高年级本科生与硕士研究生对学院目前对大学生入党前教育培养工作满意度相对较低，说明在新媒体时代学生受多元价值观的影响，获取信息途径广，接受新鲜事物快，而当前课程却停留在理论传授，老师讲、学生听阶段，缺乏吸引力，理论学习教育效果不佳。

2. 学习教育内容缺乏针对性、吸引力不强

经过前期调查与谈心谈话显示，大部分学生认为入党前教育培养的内容针对性不强，学习内容相对陈旧，没有说服力，导致其学习兴致不高。

三、提升大学生入党前教育培养工作举措

1. 压实团支部思想建设

通过党建带团建的方式，充分发挥党团组织在学生中的影响力。坚持以习近平新时代中国特色社会主义思想为指导，通过"三会一课"、党史专题学习、"青年大学习"、暑期社会实践、专业课实践等线上线下多种形式组织青年团员认真学习习近平总书记关于青年工作的重要思想、党的二十大精神等。通过不间断的理论学习，让青年学生牢固树立社会主义思想理念。以北京农学院生资学院为例，制定《生物与资源环境学院学生党支部联系团支部和班级制度（试行）》，通过开展党员进宿舍活动、团日活动，落实学生党支部联系团支部和班级制度以及班团一体化制度。通过一个党员一个岗位、一个党员一面旗帜、一个党员一个榜样的工作要求，充分发挥党员在学生中的模范带头作用。生资学院紧紧围绕高校肩负的培养中国特色社会主义事业建设者和接班人的重大任务，紧密结合学校办学定位和学院工作实际，在加强基层党组织建设方面，不断拓展工作思路，创新活动载体，通

过压实团支部思想建设，促进学生党支部组织力提升。学生党支部联系团支部和班级工作机制的建立，为学生党支部发挥作用搭建了新平台，丰富了工作内容，拓展了工作范围，增强了学生党员的先锋模范意识和为同学服务意识，解决了"就党建搞党建""支部内部搞党建"等基层党组织建设容易出现的问题。特别是在新冠感染疫情严峻期间，学生党支部不能到校外开展以往的对接服务活动，学院党总支通过建立党团班协同工作机制，引导学生党支部把履行服务功能的工作视角及时转向校内，落脚到服务本专业低年级本科团支部、班级和学生，有效提升了学院基层党建工作活力和学生党支部组织力。

带动了学院团支部和班级建设。学生党支部联系团支部、班级制度的建立，发挥了党建带团建、党建促班建的重要作用。团支部和班级在党支部的指导带动下，结合自身职责定位，在教育、团结和联系学生方面发挥了重要作用，提升了大学生自我教育、自我管理、自我服务的工作成效，班团组织建设更加完善。在党支部的指导下，团支部推优工作更加规范，团日活动质量明显提升，学生入团入党的意愿更加积极，学习主动性增强，学生参与学科竞赛积极性提高。

2. 做好思想渗透日常化

学生的党建工作要渗透到学生的日常生活中，在潜移默化中引导学生的言行，实际工作中可以利用新生入学教育、开学第一节课、党员进宿舍等由各个基层组织向学生做好相关基础知识的铺垫，引导学生积极向党组织靠拢。给学生做好日常化的入党前的教育，做好铺垫工作，为学生之后接受党的理论知识打下基础，培养学生对党的热爱。利用班会、党团对接、党员进宿舍、参加党支部学习活动等，做好政治理论知识的普及和学习，让大学生在参与过程中学习，领会习近平新时代中国特色社会主义思想的精髓，本着早教育、早选苗的原则，做好大学生入党前的教育培养工作，探索形成长效工作机制，让大学生群体真正提升思想意识、政治觉悟。

朋辈教育开展学生思想政治教育，学生朋辈之间的年龄差距小，认同感较强，不仅可以使学生党员产生思想上、情感上的共鸣，使学生见贤思齐，而且可以通过党支部联系团支部和班级制度为朋辈教育提供平台，使学生党员对理论学习进一步巩固加深，提高其党性修养。

3. 加强实践性教育

大学生入党前教育培养工作关键要形成党性教育的长效机制，要积极培养大学生党性教育意识，使理论学习与实践教育相结合。一是坚持学用贯通，助力乡村振兴。为深入开展主题教育，厚植爱农情怀，学院师生认真学习了习近平总书记给中国农大科技小院学生的回信，发挥学院专业特色与人才资源优势，依托科技小院、校外实习实践基地等社会服务平台，支持鼓励师生开展社会实践活动，积极助力乡村振兴和新时代首都发展，以新时代中国青年应有的精气神，书写无愧于北农学子青年职责使命的新篇章。学生党支部带领学生党员及积极分子前往北京郊区开展红色"1+1"共建活动，着力培养学生学农知农爱农意识，把论文写在京郊大地上，把成果凝结在农民收获里，为建设美丽幸福乡村添砖加瓦，通过北京市科协"党建引领科技社团创新发展"项目，组织开展果农培训，围绕果树剪枝技术、病虫害绿色防控、果园生态管理等内容，邀请专家进行技术培训讲座和现场指导，以提高果农的生产和管理技术水平。学生通过实地考察、亲身实践，利用在学校所学的专业知识为果农提质增效。二是依托红色教育基地，创新载体学党史。师生党支部赴香山革命纪念馆开展"不忘初心强党性、永葆本色守廉洁"主题党日活动。师生党员共同上了一节生动鲜活的党性教育和廉洁文化教育实践课。继承发扬革命前辈艰苦奋斗、拼搏进取的优良传统，强化党员意识和新时代青年的使命担当精神；走进北大红楼、李大钊烈士陵园感悟奋进新时代，迈向新征程，夯实红色基因，传承红色精神，赓续红色血脉，坚持对党忠诚与坚定信仰统一，把信仰坚定融入对党忠诚全过程，以全新作风、拼尽全力、全面落实，推动美好蓝图变为群众现实愿景。

当前大学生从高中过渡，还未树立成熟、明确、正确的世界观、人生观、价值观，对一些社会现象等还没有明确的立场和判断力，为了让大学生尽快形成对现实复杂问题的分析力和判断力，需要加强实践教育，通过现实社会将所学为所用，切实提高解决实际问题的能力。利用寒暑假社会实践，红色基地参观、体验等，让学生在亲身实践中增长知识、提升本领，自觉在思想上、政治上、行动上同党中央保持高度一致。组织学生形成"红色宣讲团"，为其他学生传授经验感受，进一步弘扬中华传统文化，以行动影响人，吸引大批优秀的青年学生凝聚到党的队伍和事业中来。

综上所述，现阶段高校大学生入党前教育培养工作还存在一定的不完善之处，还需要不断优化与创新，结合当代大学生群体特征，注重考察的全面性与实践性，把好大学生党员发展的"入口关"，为入党积极分子高质量转化为正式党员提供必要支持。

参 考 文 献

毕研俊，吕振，邹仲平，等，2022. 高校学生党员教育管理有效路径探索与实践［J］. 高教学刊（2）：59-62.

丁育诗，佘勉吾，胡瑞安，等，2022. 朋辈教育在学生党员教育管理中的运用［J］. 哈尔滨学院学报（1）：119-121.

李乐，2019. 关于加强高校学生党员发展和教育管理工作的几点建议［J］. 才智（33）：163.

李明昊，金璐，2021. 高校学生党员发展教育管理工作中存在的问题、原因及对策研究［J］. 大学（10）：36-37.

李晓，2020. 基于大思政背景下学生党员高校学生党员发展培养教育管理创新性研究［J］. 青年与社会（29）：33-34.

齐柳，2022. 全面从严治党背景下加强高校学生党员教育管理［J］. 淮北职业技术学院报（1）：25-27.

农业资源与环境专业"地质与地貌学"课程思政设计与考核方式探索*

石生伟① 刘 云 段碧华 梁 琼 华玲玲

摘 要： "地质与地貌学"是研究地壳的物质组成、地表形态发生和发展的一门自然科学，是为农业资源与环境专业二年级本科生开设的一门专业基础课。作为一门地学领域的传统课程，"地质与地貌学"具有理论抽象和实践性强的特点。为破解听课学生基础薄弱、学时压缩和服务农林行业意愿不强的难点，教师在教学大纲和教学活动中需增加鲜活的、现实的思政案例和思政元素，构建课堂理论思政、野外实习思政和线上资源思政的实现途径，不断改进教学方式，通过课程内容与课程思政自然而紧密融合，不断创新考核方式，启发学生深入思考，激发学习兴趣和潜能，引导学生思考"地质与地貌学"和农业生产、环境的关系，激发学生热爱所选专业和行业。教学评价表明，采用新方式教学与增加课程思政教育后，激发了学生的学习兴趣，培养了学农爱农情怀，达到了专业知识引导与价值教育的多重功能培养目标。

关键词： 课程思政；教学设计；课程考核

农业资源与环境专业旨在面向资源高效利用与生态环境保护的国家需求及北京市"宜居城市"的区域发展需求，培养具备水、土、气、生等资环专业知识的科学素养和具备运用所学知识实践能力的专业人才，能胜任农业资源高效利用、生态环境保护等方面的相关工作。"地质与地貌学"作为农业资源与环境专业的专业基础课，是研究地壳的物质组成、地表形态发生和发展的一门自然科学，是资源环境类专业（包括农业资源与环境、环境科学、环境工程、生态学和水土保持等）本科生开设的一门重要专业基础课，具有很强的理论性和实践性。近期教育部办公厅制定的《新农科人才培养引导性专业指南》（教高厅函〔2022〕23 号）中将"地质与地貌学"纳入农业资源与环境新农科人才培养方案的重要实践课程。

对于农业资源与环境专业的本科生而言，学习"地质与地貌学"课程需要达到两个培养要求：①在理论学习环节，通过教师生动的语言和经典案例的讲解对抽象地质理论进行阐释，培养学生地质学思维方法和学习"地质与地貌学"的智力素质。②在实习实践环节，掌握"地质与地貌学"野外工作主要技能和方法，锻炼学生在野外环境中吃苦耐劳的

---

* 本文系北京农学院 2022 分类发展定额项目："地质与地貌学"课程思政改革与实践研究。

① 作者简介：石生伟，男，博士，副教授，主要讲授"地质与地貌学"本科生课程，曾主持国家自然科学基金和国家重点专项子课题等项目。

品质，培养学生不畏困难和团结协作的品质，为后续"土壤学""农业环境保护"等专业课的学习和实际工作中利用有关知识解决实际问题的能力培养打下基础。

一、课程教学的难点与痛点

作为一门地学领域的传统课程，"地质与地貌学"具有理论抽象和实践性强的特点，需要同时兼顾室内观察实验和野外实习，才能形成完整的高质量教学体系，达到培养人才的教学目的。传统的教学方法主要采用讲授法教学。随着高校教学体制改革和通识教育理念的不断深入，课下学习资源的日益丰富，开设课程种类的越来越多，使"地质与地貌学"课堂学习时长普遍被压缩。对于农业院校的农业资源与环境专业的学生，地质基础知识背景相对薄弱，其他地学辅助课程（如"地球科学基础"和"自然地理学"）缺乏，学生在有限的课时内学好这门课程存在很大的困难。因此，在压缩课时的情况下，如何将内容抽象、知识点繁多、实践性强的"地质与地貌学"教好、教透，对授课教师是一个很大的挑战。

对于农学类学生而言，由于农业处于第一产业链条，普遍存在农林行业粗放经营、竞争力不强、从业人员待遇较低的问题。当前农业适度规模化、智能化的发展趋势，对农业人才能力提出了更高的要求。然而，在实际的教育教学中，专业划分过细过窄、专业设置与社会需求脱节、实践环节缺失等，导致培养出的农林人才难以匹配当前农业发展的需求。因此，如何在学生教育过程中激发学生热爱所选专业和行业，培养学农爱农情怀，为解决我国"三农"问题和服务农业产业发展源源不断地提供后备人才，是农业类院校的历史使命和定位。"地质与地貌学"作为一门专业基础课程，如何做到课程内容与课程思政自然而紧密融合，引导学生思考"地质与地貌学"和农业生产、环境的关系，激发学生热爱所选专业和行业，显得尤为重要。

二、课程思政教学设计的切入点

作为一门地学领域的传统课程，"地质与地貌学"具有丰富的思政元素。在该课程全过程教学中融入思政元素，对于提高专业教育和农业资源与环境专业的高素质人才培养具有重要意义。围绕立德树人根本任务，"地质与地貌学"积极开展全过程课程思政的建设探索。课程育人的切入点如下：

（1）在学生价值观塑造方面，挖掘了北京市野外地质遗迹资源开发和老一辈地质学家爱国敬业的案例，构建课堂理论思政、野外实习思政和线上资源思政的实现途径，帮助学生树立家国情怀，增强学生对服务乡村振兴战略的时代责任感，坚定强农兴农的理想。

（2）在专业知识传授方面，遵循"学以致用"和"学用相长"的教学理念，在理论课堂学习过程中穿插北京市生态农业地质环境研究案例，激发学生的学习兴趣，增进学生对农林产业痛点的共情与共鸣，涵育学农爱农情怀。

（3）注重实践教学育人过程。在野外实习的艰苦环境中，通过野外实习过程中设置一定难度的团队协作采样和思政教育环节，结合教师个人感悟和身体力行的表率，培养学生艰苦奋斗、实事求是和团结协作的作风。

三、课程思政教学设计的实施

教师紧扣新时代科学技术前沿，以学生发展为中心，遵循"学以致用"和"学用相长"的教学理念，在教学大纲和教学活动中增加鲜活的、现实的思政案例和思政元素，构建课堂理论思政、野外实习思政和线上资源思政的实现途径，将思政教育融入该课程全过程教学中，采用创新探究式、讨论式等的教育教学方法实现课程思政与课程教学的有机结合。主要实施方式如下：

（1）挖掘中国地质学家的爱国和奉献精神，塑造学生正确的人生观和价值观。教师收集和整理中国地学领域知名科学家素材，在不同章节均插入了中国地质科学家学术成就和爱国情结，向年轻学子宣讲老一辈地质科学家的学术创新和献身国家建设的重要贡献。从地质学知名人物信息的讲述中，激励学生学习地质学科学家的刻苦钻研和爱国奉献精神，塑造学生正确的人生观和价值观。

（2）专业知识与服务"三农"的案例挖掘。将北京市特色农业与地质环境专业知识的解读相结合，挖掘"平谷区优质大桃产地的地质背景"和"房山区富硒土地与特色农业发展"等教学案例，拓展"地质地貌学"与"土壤学""生态学"等课程的内在关联与不同学科知识的整合。学生通过自己收集材料，分析材料，极大地刺激了学习的兴趣，培养了服务"三农"的意识。

（3）野外实践环节思政教育模式的构建与应用。教师对实习所在地门头沟地质开发历史进行了充分的资料收集，启发学生探讨地质灾害对国家经济、安全的影响，激发学生的爱国情怀。例如，在实习过程中，教师向学生详细阐述了从清末至新中国成立后该地区地矿资源开发与地质学研究的百年历程。通过对照实物遗迹的详细阐述，启发学生思考为什么只有中国共产党才能救中国和只有社会主义制度才能发展中国。

（4）中国传统优秀文化的地质元素与新时代地质学前沿的有机结合。教师紧扣新时代科学技术前沿，以学生发展为中心，采用创新探究式、讨论式等的教育教学方法实现课程思政与课程教学的有机结合。例如，采用学生分组 PPT 展示方式，对"绿水青山就是金山银山"和"一带一路"国家战略实施的"地质与地貌学"背景开展讨论，相关知识点为水循环、水土流失、地质灾害等方面。这些话题不仅符合时代特征，而且充分体现了农业资源与环境的专业特色，拓宽了学生的知识面。

四、课程考核方式探索

对传统的以最后卷面成绩为主的课程考核评价方式进行了改革，增加平时课堂表现和团队协作作品质量在最终成绩评定的比例，充分应用了课程论文考核。对于积极思考和回答问题的学生给予适当的加分奖励（占总成绩10%），注重对随堂笔记质量的考核（占总成绩10%），激励学生提高学习效率和培养良好的学习习惯。团队协作能力培养方面，按照学习小组课堂 PPT 展示质量评定考核成绩（占总成绩20%）。该方法培养了学生自己收集材料和分析材料的能力，极大地刺激了其自主学习兴趣，锻炼了其语言表达能力和公众场合演讲的心态把控能力。在野外实习考核方面，教师合理设置一定难度，按照实习报告质量（结构合理、层次清晰、逻辑分明且具有家国情怀）评定实习成绩。

在课程结束后的期末考试环节，采用了课程论文考核方式。例如，要求学生充分利用网络、图书、地方志等资料，对自己家乡所在地区（市、县、区）某一区域或某一处地理景观的地质构造、地貌特点、环境条件、特色农林业发展等相关内容开展论述，描述这些条件与家乡农林产业、旅游资源开发、生态环境保护的关联，尤其分析相关优势与限制因素，或者提出因地制宜的发展对策。这些措施克服了卷面考试的弊端，增加了学生对知识活学活用的能力。

在课程结束后，根据学生教学评级，教师及时总结互动教学过程中的不足，及时改进和翻新互动内容，保障互动式教学做到以学生参与为中心，持续改进教学效果。

五、课程思政教学实施后的评价

在 5 年的教学实践中，教师在"地质与地貌学"全过程教学中融入思政元素，学生对教学质量满意度评价稳步上升。目前，学生对课堂讲课和野外实习教学质量的评价为 94.9 分（满分为 95 分）。课程组近年在课程思政与教学考核模式方面发表研究论文 5 篇，其中，"地质与地貌学"课程思政教学设计入选北京农学院课程思政优秀案例和示范课程。学生普遍反映，采用新教学模式学习后，不仅收获了知识，而且学到了持之以恒的精神，培养了吃苦耐劳的品质，陶冶了爱国情操，达到促进学生自主学习的目的。因此，课程在开展课程思政和新考核方式，对于引领农业资源与环境本科生教学改革具有很好的示范辐射作用。

参 考 文 献

柴波，周建伟，李素矿，2020. 地质类专业课程的课程思政设计与实践 [J]. 中国地质教育（2）：58-61.

陈陵康，2019. 课程思政在第四纪地质学与地貌学教学中的实践路径 [J]. 教育教学论坛（37）：25-26.

兰叶芳，任传建，刘凤菊，2020.《普通地质学》课程思政研究 [J]. 贵州工程应用技术学院学报（3）：150-155.

李继福，吴启侠，李燕丽，等，2020."新农科"背景下《地质与地貌学》课程思政教学实践 [J]. 科技风（18）：42-43.

李丽，2021. 高职院校思政课共情的重要性及困境 [J]. 现代职业教育（1）：8-9.

钱自卫，朱术云，张卫强，2020. 地质野外实习中的课程思政探索与构建——以中国矿业大学地质工程专业为例 [J]. 当代教育理论与实践（3）：12-16.

石生伟，刘云，段碧华，等，2020. 农业资源与环境专业"地质与地貌学"课程的应用研究——基于互动式教学模式下 [J]. 教育教学论坛（29）：288-289.

唐虹，2021. 新时代思政课建设内涵式发展论析 [J]. 黑龙江教育（理论与实践）（1）：25-28.

王浩铮，范存辉，陈曦，等，2020."地质学基础"实践教学中"课程思政"的实践 [J]. 科教文汇（下旬刊）（2）：70-71.

王珩，2020."双一流"建设背景下课程思政的实践路径研究——以中国地质大学（武汉）地质学专业为例 [J]. 湖北社会科学（8）：148-153.

严宝文，宋松柏，栗现文，等."融合式"地质学课程思政建设研究 [J]. 高教学刊（18）：160-163.

发挥高校师生优势，助力乡村振兴

——以北京农学院生资学院为例

王　燕①　刘续航　申维维

摘　要：高校作为人才第一资源、科技第一生产力、创新第一动力的重要结合体，在实现乡村振兴的伟大实践中有着独特的优势和不可替代的作用。高校要充分发挥产学研优势，搭建高校服务乡村振兴发展平台，强化推动科研成果转化和产业应用，推进产学研融合赋能乡村振兴。北京农学院生物与资源环境学院积极调动师生资源优势，组建科技创新团队、师生实践团队，通过典型案例描述，生动展示师生扎实投身乡村、服务乡村、助力乡村振兴。

关键词：高校；师生；案例；乡村振兴

党的二十大报告中指出，全面推进乡村振兴，强化农业科技和装备支撑。全面建设社会主义现代化国家，最艰巨最繁重的任务仍然在农村。加快建设农业强国，加快实现农业农村现代化，全面推进乡村产业振兴、人才振兴、文化振兴、生态振兴、组织振兴，是新征程上党推进全面建设社会主义现代化国家的重中之重。实施乡村振兴战略是实现农业农村现代化的必然选择。助力乡村振兴是高等院校的历史使命和时代召唤。高校要充分发挥人才聚集创新驱动发展优势、高素质高层次人才培养优势，主动融入乡村振兴战略，在服务国家战略和经济社会发展上不断作出新的更大贡献。高校要充分发挥产学研优势，搭建高校服务乡村振兴发展平台，强化推动科研成果转化和产业应用，推进产学研融合赋能乡村振兴，助力乡村产业振兴，促进农村产业兴旺，实现以产业振兴带动人才、文化、生态、组织全面振兴。高校作为人才第一资源、科技第一生产力、创新第一动力的重要结合体，在实现乡村全面振兴的伟大实践中有着独特的优势和不可替代的作用。高校应顺应时代要求与时代同频共振，坚持立德树人根本使命，发挥创新引领、人才培养、科学研究、社会服务的强大优势，主动融入乡村振兴战略展现时代担当。

一、引言

习近平总书记指出，中国现代化离不开农业农村现代化，农业农村现代化关键在科技、在人才。新时代，农村是充满希望的田野，是干事创业的广阔舞台，我国高等农林教

---

①　作者简介：王燕，女，硕士研究生，讲师，北京农学院学院办公室主任，主要研究方向为本科教育教学管理。

育大有可为。北京农学院党委坚持以强农兴农为己任，充分发挥人才、资源和技术优势，组织和引导广大师生把论文写在京郊大地上，把成果凝结在农民的收获里，全力服务首都乡村振兴。北京农学院生物与资源环境学院（以下称生资学院）在校党委的坚强领导下，充分发挥党建引领作用，积极调动师生资源优势，发扬理论联系实际，扎实投身乡村，服务乡村，为社会做贡献，创新驱动农村美、农业强、农民富，在服务美丽乡村建设中助力贡献。

二、典型案例

生资学院师生积极参与科技小院、"生态桥"工程、百师进百村、教授工作站等社会服务项目。2022 年组建 44 支暑期师生实践团队开展科技下乡，引导学生知农、爱农，不断培养新农科创新人才，为全面推进乡村振兴、加快推进农业农村现代化提供重要的人才支撑，全力助力乡村振兴。

1. 穰穰尚农志愿服务团

由生资学院教师王顺利指导，王朝胜、魏佳、张晶等 9 名研究生组成的科技团队围绕农林业废弃物资源化利用开展科学研究和技术示范推广。团队对接了延庆区旧县镇大柏老村的北京大地聚龙生物科技有限公司，该公司以蚯蚓养殖和农林废弃物资源化处理为主要业务，调研了企业运营和生产现状，结合指导教师多年科研成果，规范了利用蚯蚓粪生产园艺基质关键技术工艺、优化了蚯蚓粪园艺基质产品配方、布设了基质产品在草莓、番茄和社区绿化土壤改良等多场景应用的试验示范。同时，为企业培训一线生产工人，拓展企业文化宣传渠道，提升了企业科技创新和文化内涵，为京郊地区循环农业发展和城乡生态环境治理贡献了力量。魏佳同学表示，通过社会实践，真正走进基层，才深刻认识到鲜花必须开在牛粪上才能长得芬芳艳丽。他们为"自天降康，丰年穰穰"的愿景付出了自己的努力，也运用所学的知识回馈了社会。团队"穰穰尚农——利用蚯蚓粪开发园艺基质及应用示范"获评 2022 年全国农科研究生乡村振兴志愿服务活动优秀成果一等奖，获评 2022 年首都高校师生服务"乡村振兴"行动计划一等奖。

2. 北寨村科技小院

生资学院教师贾月慧、刘杰、梁琼等带领学生进驻平谷区南独乐河镇北寨村，建立了北寨村科技小院。北寨村是中国"红杏第一村"，经过多年发展，红杏产业遇到了果品质量退化、病虫害频发、销售模式单一等一系列制约其发展的问题，学院师生深入调研了北寨村的具体情况，剖析了自然资源、人力资源等要素，基本确定出影响果农收入的关键因素，同时对北寨红杏的品质指标进行测定，明确指出北寨红杏的特点。2020 年受新冠感染疫情影响，农户红杏滞销，学生协助村民开展网络销售，提升果农的销售水平，并对红杏品质进行严格把控，物流信息回执、售后问题跟进，最后使整个北寨村果农的收入较 2019 年提高了 11.3%，受到了北寨村村委会和广大村民的一致好评。驻村研究生与农户同吃、同住、同劳动的过程中，不仅积极开展技术培训，指导果农进行培肥、剪枝等红杏栽培生产，而且还深度参与红杏销售，探索最佳销售模式，帮助农民实现了增收，特别是他们针对影响红杏产量、品质的气候特征、土壤养分含量、施肥状况、红杏贮藏等要素开展了相应的科学实验，使科学实验布置在田间地头、科研论文写在了京郊大地的愿望得以实现。2021 年北寨科技小院被北京科技小院共促乡村振兴联盟基地授予"十佳北京科技小院"。

3. 平谷生态桥工程

生资学院教师刘悦萍、靳永胜、段碧华等带领学生加入北农生态桥团队。聚焦平谷桃枝废弃物利用及畜禽养殖废弃物处理处置问题，实施生态环境治理整体规划。开展大桃品质提升与品种筛选，为桃园土壤改良提供技术指导与决策参考，重点开展桃枝有机肥和基质制备技术改进，实现产业生态化、生态产业化。将农业废弃物桃枝经过粗加工粉碎，通过科技手段发酵杀菌，加工成细颗粒的有机肥，有机质含量超过 70%，生态桥团队做到了让农业垃圾变废为宝，树枝有了好去处，一吨树枝换一吨有机肥，不仅保护了环境，还为桃农们节省了肥料钱。近三年，团队共引种大桃新品种 90 多个，每年帮助消纳大量桃枝废弃物，共发放桃枝有机肥 10.69 万吨，桃农化肥使用量同比减少 1/3~2/3，每亩地为农民节省开支 2 000 余元。团队充分利用科技优势和人才力量，使老百姓得到了实惠，环境得到治理，土壤得到改良，大桃的品质得到提高。解决农业环境污染难题，保障种植品种的质量，提高经济及生态效益，为实现绿色可持续、乡村振兴作出贡献。

4. 基质产业研究

生资学院教师王顺利、靳永胜、石生伟等带领研究生加入学校基质创新团队，与龙庆生物科技有限公司合作，开展以粉煤灰为原料的新型植物营养基质研发、推广、应用，克服粉煤灰环境污染严重的难题，已成功研发出以粉煤灰为主要原料的屋顶绿化基质、园林园艺育苗基质、栽培基质等多种新型营养基质。目前，各类新型营养基质已批量生产，在承德市滦平县、平泉市、北京市密云区分别建设示范基地，基质产品在示范基地让种植成本每亩降低 5 000 元左右，节省化肥 10% 左右。实现了工业废弃物再利用，为企业、农户带来了可观的经济效益。

5. 百师进百村

生资学院教师刘云、华玲玲、王敬贤、梁琼等积极参加百师进百村项目，与顺义区赵全营镇北郎中村结对子，通过前期现场调研，考察村庄资源特点及产业现状，深入了解村庄发展需求。根据北郎中村资源现状及产业发展现状，以充分利用村庄现有资源条件为前提，打造村庄特色产业为核心，实现壮大集体经济、促进产业提升、带动农民致富为目标，形成了乡村振兴特色营造策划初步思路。向北郎中村村委会汇报策划思路，听取多方意见建议，编制了北郎中村乡村振兴特色营造策划方案。对村庄的产业发展及村容村貌提升进行规划设计，深度挖掘"千年郎中，一脉相承"的村庄历史文化和产业特色，将产业发展与乡土文化、村容村貌相结合，打造特色产业、挖掘特色文化、建立品牌效应，以进一步壮大集体经济、促进产业提升、带动农民致富，打造"美丽乡村"品牌。

6. 教授工作站

生资学院教师张爱环走下讲台，走出校园，走向农业园区，利用自身优势发挥专长，对北京龙湾巧嫂果品产销专业合作社开展科技服务。针对合作社迷你昆虫馆内容单一、主题不鲜明等问题，结合合作社场地及已有的展示材料，帮助完成了迷你昆虫馆的设计，重新规划了展区及展示内容。针对合作社开展耕读教育的需求不断扩大，开发了种子博物馆、昆虫世界等相关的系列科普课程。系统总结合作社的产业优势，凝练特色，协助合作社申报了北京市级创新工作室并获批。推荐优秀学生在合作社开展实习，拓宽合作社的服务范围，为实现乡村振兴输送人才。

三、结语

习近平总书记在海南考察时指出，推动乡村全面振兴，关键靠人。要实现乡村全面振兴，关键是要有源源不断的乡村人才支撑和有效供给。高校在人才培养上有着得天独厚的优势，人才培养是高校的一个重要职能，融入乡村振兴战略培育时代新人是高校落实立德树人根本使命的必然要求。未来，在北京农学院党委的坚强领导下，生资学院将教育引导师生把思想和行动统一到党的二十大精神上来，继续加强实践育人，做到知行合一，组织和帮助师生了解乡村振兴、支持乡村振兴、投身乡村振兴、助力乡村振兴。

参 考 文 献

李晶，2021. 高校服务乡村振兴战略的有效途径及对策探讨［J］. 山西农经（3）：67-68.

梅芬，2023. 高校助力乡村全面振兴的实践思考［N］. 中国社会科学报，2023-01-12.

王伯武，2023. 高校科技创新服务乡村振兴研究［J］. 南方农机（3）：107-109.

杨晓艳，张军成，2023. 高校人才培养助力乡村振兴的路径研究［J］. 现代农业研究（29）：55-59.

"农业昆虫学"的课程思政建设*

张民照① 郭洪刚 覃晓春 闫 哲

摘 要："农业昆虫学"是植保专业的专业必修课之一，是紧密结合农业生产实践的一门应用科学。教师通过课程教授可使学生认识北方农业生产中主要农作物、果树、蔬菜等常见害虫种类，了解主要害虫发生、发展和消长规律，掌握虫害形成机制、害虫防治技术原理及具体措施，为生产安全农产品提供理论指导。课程思政是把思想政治工作贯穿教育教学全过程的重要措施，是贯彻党的教育方针的保障，为此开展本课程的思政研究工作，针对"农业昆虫学"课程思政元素进行挖掘，共挖掘近60个思政点，为以后课程思政教学及培养新时代德才兼备的高素质农业人才奠定基础。

关键词：农业昆虫学；课程思政；思政元素；教学实践

　　"农业昆虫学"是植保专业的专业必修课，为专业骨干课之一，是紧密结合农业生产实践的一门应用科学。学习本课程可使学生认识北方农业生产中主要农作物、果树、蔬菜等常见害虫种类，了解害虫调查取样与测报技术，认识害虫发生、发展和消长规律，掌握虫害形成机制、害虫防治技术的原理、优缺点及具体措施。通过学习可使学生掌握北方地区地下害虫、刺吸类、钻蛀类、花果类及贮藏害虫的主要种类、危害特点及综合防治技术。

　　农业是关乎国计民生的基础产业，然而在农业生产中常常面临虫害威胁，"农业昆虫学"便是为解决因害虫造成的农业生产损失而设立的课程。"农业昆虫学"是人类栽培粮食作物以来，在与害虫长期斗争中发展起来的一门学科，对保障粮食丰产增收及社会稳定有重要意义。课程思政建设是在各种课程和教育过程中贯彻党的教育方针，把思想政治工作贯穿教育教学全过程的重要措施。课程思政是指将思想政治理论知识、精神追求、价值理念等思想政治元素融入专业课程中去，对学生进行思想政治教育。课程思政主要有寓德于课、人文立课、价值引领等特点，其本质是一种教育方式，最终目的是立德树人。通过将国家意识、政治认同、人格养成、文化自信等思想政治教育导向贯穿于课程，使学生在学习专业知识和技能的同时，提升学生政治思想觉悟，培养学生道德修养，并树立正确世界观、人生观、价值观。在教学中引入思政教学，发挥课程思政效应，为培养新时代德才兼备的高素质农业人才奠定基础。

　　通过以专业知识为基础，深入挖掘专业知识自身所蕴含的思政元素，从而做到专业知

---

* 本文系北京农学院 2022 增设本科教育教学研究与改革项目（项目编号：BUA2022JG23）。

① 作者简介：张民照，男，博士，副教授，主要研究方向为昆虫生态学。

识与思想政治内容深度融合，进而使专业知识讲授与思想政治教育两个环节有机地衔接在一起。科学地运用思政元素，将思政元素自然、顺畅地引入课程教学，使得思想政治教育潜移默化地进行，最终达到良好的育人效果。通过思政建设纠正学生传统植保观念，培养学生法律、安全、生态意识，在害虫发生时选择合理防治手段，衡量经济利益的同时，也要考虑到社会利益，为生产安全农产品奠定基础。

在本课程思政课程研究中，挖掘的部分思政要点有以下几个方面。

一、培养社会责任感

农产品质量安全是食品安全的源头，每天我们吃的食品70％是新鲜农产品，食品加工90％以农产品为原料。习近平总书记2013年在中央农村工作会议上指出，确保农产品质量安全，既是食品安全的重要内容和基础保障，也是建设现代农业的重要任务。要把农产品质量安全作为转变农业发展方式、加快现代农业建设的关键环节。

近年，食品中的科技"狠活"不断出现，农产品质量安全问题也屡见报端，不仅给食品安全带来很大隐患，而且极大地限制现代农业发展，作为新时代学习掌握现代农业技术专业的学生，在学习专业知识的同时也要增强自身社会责任感，树立农产品质量安全意识。只有具备农产品质量安全的责任意识，努力学习并提升自身专业技能，自觉维护和保障农产品质量安全，才能为百姓提供安全农产品，创建稳定和谐社会贡献力量。

二、培养文化自信

"农业昆虫学"是从"昆虫学"发展起来的一门应用学科，至今历史不到200年，但我国对农业害虫观察和防治，则早在春秋战国时期已有记述。我国人民对害虫的防治历史是我国5 000年文明历史的重要组成部分，是文化自信重要组成部分。文化自信是民族、国家及政党对自身文化价值的充分肯定和积极践行，并对其文化的生命力持有坚定信心。中华文明凝聚着几千年中国劳动人民的智慧，古代比较著名的记录害虫防治文献案例，充分展现了先人智慧无穷无尽，传播民族文化，弘扬国学精神。其中比较著名的古代文献包括《诗经》《吕氏春秋》等，在这些古代文献中，汇集古人智慧，对我国农业生产起到重要作用。我国古代农业发展对"农业昆虫学"发展做出了巨大贡献。

三、树立辩证思维

辩证思维是运用辩证唯物主义认识世界，运用矛盾分析的方法，认识和分析问题的思维方法。农业害虫防治是粮食安全生产中不容忽视的一环，是保证社会稳定、国家安全的一块基石。对人类而言，害虫的益与害是相对的，益可为天敌提供饲料、还可一定程度刺激植物生长，但害虫危害严重就需要控制，害虫是消灭还是控制，既要考虑经济因素，又要考虑生态因素。害虫防治用什么方法，既对害虫有效，又对环境友好。同年中，同地区同种害虫防治方法是不能一成不变的，要考虑环境、寄主、害虫状态和为害特点等因素进行灵活处理。教育学生在今后学习工作中要树立辩证思维，客观全面地认识害虫，才能处理好实际问题。

四、构建生态思维

生态思维是以唯物辩证思维方法与生态哲学思维方法来思考人与自身生存发展中的自然界、特别是生态环境之间的复杂关系，并以人和自然生态环境的协同进化与和谐发展为价值取向的现代思维方式。生态思维主要包括整体统一性、多样丰富性、开放循环性、有限与无限相统一等观念。

整体统一性观念要求把整个大自然看成一个有机联系的整体，且把人类看作整个自然界有机组成部分。"植物—害虫—环境"三者之间相互依存，相互制约，同在一个生态环境中，缺一不可，是生态系统的组成部分，虫害的发生需三者相互配合才能发生。虫害综合治理强调要从生态系统总体出发，根据虫和环境间的相互关系，通过全面分析各个生态因子之间的相互关系，综合考虑生态平衡及防治效果之间的关系，有针对性地调节生态系统中某些组成部分，创造一个有利于植物及天敌生存，而不利于害虫发生发展的环境条件，从而预防或减少病虫的发生与危害，因此，须树立整体统一性的观念，从生态系统的全局出发开展科学、有效、安全的防治工作。

多样性观念要求人们在对自然探索、改造和建设中，始终以一种宽阔视野、开阔胸怀、未来眼光关怀自然界中的万事万物，切忌为了眼前、局部利益而牺牲自然界的丰富性和多样性，生物物种灭绝速度不断加快，理应引起人类高度警惕和反思，因此虫害综合治理不是彻底干净地消灭病虫害，而是充分发挥自然控制作用，把病虫害控制在经济允许水平之下，降低对环境的破坏，保护生物多样性和生态平衡，实现人与自然的和谐共处。

五、从我做起，遵纪守法

本课程中也有些与人们生活密切相关的内容，如植物检疫，这是国家为了防治危险性病虫害传播而制定的法律，实际上植物检疫与我们生活密切相关，如远距离购买或携带各种粮食及种子、串门走亲戚带的生鲜礼品，去外地或国外购买的各种生活用品或各种食品都在检疫范围内。此外，随着人们生活水平日益提高，饲养异型宠物日益增多，如巴西所罗门食鸟蛛等，这就牵扯到外来物种入侵的问题，作为观赏物种引进的巴西龟，作为养殖品种引入的福寿螺、牛蛙等在某些地方已经泛滥成灾给当地农业造成巨大损失。在日常生活中，不少人会选择在网上购买宠物，如小猫、小狗、乌龟、金鱼等，手机下单，快递送上门，网购宠物就像买衣服一样简单。但《中华人民共和国邮政法实施细则》第三十三条规定，禁止寄递或者在邮件内夹带各种活的动物。对网络非法售卖活体动物要敢于说不。因此，在生活中要教育学生学会从我做起，遵纪守法，要有植物检疫的法律意识，为保护我国农业贡献自己的力量。

有些学生自己养的某些宠物或异宠养腻了，或大量饲养卖不出去，可能会采取遗弃或放生的措施来处理这些宠物。一部分脱离人工饲养环境的异宠可能快速死亡，但也有能在野外生存的，特别是外来物种，因为没天敌，生存和繁殖能力强大，如巴西龟、鳄雀鳝、清道夫等都是如此，它们一旦逃逸到自然环境，会造成不可预见的生态灾难，因此学生应自觉抵制违规弃养或放生。想放生，要先查阅《中国外来入侵物种名单》，看要放生的物种是否在名单中，不要让放生变杀生。

总之，课程思政是课程教学中贯彻党的教育方针，把思想政治工作贯穿教育教学全过程的重要措施。课程思政元素挖掘是一项长期系统的工作，在教学专业课的同时，把思想政治理论知识、精神追求、价值理念等思想政治元素融入课堂教授中，结合专业特点使任课教师对学生进行思想政治教育。此教育方式最终目的是立德树人，将国家意识、政治认同、文化自信等思想政治教育导向贯穿于课程，使学生在接受专业知识和技能教育的同时，提升学生政治思想觉悟，培养学生道德修养，树立正确社会主义核心价值观。本文挖掘的思政要素为将来课程思政教育奠定了基础。

参 考 文 献

景田兴，2022. 农业昆虫学课程思政元素挖掘［J］. 粮食科技与经济（2）：53-55.

李怡萍，江淑平，靖湘峰，等，2022. "农业昆虫学"课程思政教学改革的措施与实践［J］. 科教导刊（21）：89-91.

李贞，徐环李，蔡青年，等，2022. 新农科建设背景下高等农业院校"农业昆虫学"课程建设的思考［J］. 高等农业教育（3）：101-106.

张大良，2021. 课程思政：新时期立德树人的根本遵循［J］. 中国高教研究（1）：5-9.

张炬红，席景会，温海娇，2022. "农业昆虫学"课程思政与专业教育有机融合的探索与实践［J］. 黑龙江教育（理论与实践）（10）：61-63.

浅析课程思政背景下高校农林专业教学质量评价存在的问题及其成因*

郑　桐① 　王绍辉　韩莹琰　吴春霞

摘　要： 课程思政是高校在课堂教学中融入思想政治教育、挖掘课程德育功能的一种理念和实践的探索。高校农林专业的学习覆盖面很广，教学周期较长，对学校的教育水平和学生的未来发展都起着举足轻重的作用。结合当前的教学模式，本文对高校实施课程思政的必要性进行了剖析，并对其实施策略、实践经验和成效进行了论述。

关键词： 课程思政；农林专业；教学质量评价；问题

加强课程思政的教学质量评估，有助于实现创建良性教育的主要目标，提高课程思维的有效性，充分调动教师的主观能动性，促进课程思维与思维课程的互动。高校的主要功能是培养人才，德育工作的开展是高校培养人才的基础。高等教育中的思想政治工作是每位教师的职责，也是所有学科的教学任务。

一、高校农林专业教学开展课程思政的必要性

课程思政是把思想政治教育的理论知识、价值观念和精神追求纳入各个学科之中，在不知不觉中影响着学生的思想意识和行为。课程思政的本质是一种"以课程为载体、以课程为中心"的思政理念。将思政要素纳入课堂教学，是顺应时代变化过程中对课堂教学的新需求，促使教师的责任和任务回归，解决高校思政课程"孤岛"的问题。

高校农林专业教育在课程教学内容中充分融入生活反思等教学元素，不仅可以显著提高高校学生自身对日常学习的参与度，而且会更进一步加深学生个人对现代学校生活理念的初步理解，对学生形成一个正确完整的学校世界观、价值观体系和良好的生活态度都起着十分关键的作用。长期以来，思政与职业教育相分离的问题一直存在，农林专业教师把所有学习课程视为纯粹的"自然"课程，注重农林基础理论、基本方法和运用能力的培养，而思政则要通过思想政治课程的形式来实现。这一观念使农林专业教师忽视了对学生进行价值引导的教育，忽视了培养育德的基本任务。

农林专业的教师则要努力把高校思政教育工作和高校职业教育课程有机地结合在一起，把"知农爱农"和"三农"情怀融入日常教学和活动设计中，这对有效提高学生心中

---

* 本文系基层本科教学质量管理提升项目（项目编号：5046516648/059）。

① 作者简介：郑桐，女，硕士，助理研究员，教学秘书，主要负责本科生教学管理。

的自我职业认同感、学业和发展自我定位、引导学生树立正确积极的社会价值观方面起到很好、很大的作用。高校农林专业教师必须深刻领会课程思政的重要内涵，充分挖掘其在各个教学环节中所蕴含的政治思想，强化德育观念，认真做好课程思政的教学设计和实施。

二、高校农林专业课程开展课程思政的策略

（一）发挥农林专业教师的主动性

一支良好的德才兼备的教师队伍，是指能够实现教师对学生世界观、人生观、价值观等方面的引领作用。在融合思政要素的过程中，教师应全面理解高校农林专业的知识逻辑系统，理解其所包含的农林思维模式，并将之与现实相结合，从而分析出影响学生心理的正确情感、态度、价值观等因素，最后以恰当的形式呈现于学生的面前，让学生在思考中获得理解。作为农林专业的教师，更要深入地了解学校的发展历程、发展状况，更好地理解国家的"三农"政策，把自己深深地融入农林类大学的大环境中去。为了培养"三农"情怀，了解其他农林院校的发展方向，还需积极地为年轻教师创造良好的学习环境，鼓励他们参与学校及学院组织的各类"青年教师培养活动"。

（二）优化教学目标

在日常的农林课程学习中，可以按照学生的特征和专业需求，把他们分为几种类型。在原有的教育模式下，课程目标的设定以知识传授与能力训练为主，同时也应与相适应的教材建设与教学设计结合。在新的培养计划中，强化了能力培养目标，引入价值导向目标，从而使课程思政更好地融入农林知识教育。能力培养和学习的真正目的其实是提高一名学生的独立自主性、终身学习能力等，比如通过学习阅读各种批判性分析的书籍文献，增强其分析、发现、解决具体问题方法的基本能力，同时培养学习创造力和团队精神。价值引导的目的是通过对高校农林专业知识的系统学习，培养学生的求知欲望和学习兴趣，从而获得科学和人文精神的滋养。

（三）夯实基础，提高教师对农林专业课程思政的教育质量

农林类学校要明确教师的课程思政职责，提出开展任务、条件以及负责监督的具体措施，以提高其教学质量。因此，专业教师要从专业概念、理论和案例中寻找思政元素，找到思政元素的投射点，并与专业课程内容相结合，提高教学过程的思想性和人文性。学院要注意定期开展集体教研、经验交流会、教学观摩会和思想理论教育研讨会，并引导教师进行思政理论的学习。使学院本科生课程的教师和研究生课程的教师在教学和科研方面进行密切合作，建立相当数量的由资深教师领导的教学和意识形态团队，形成在学历、职称和学科水平等方面的合理结构，充分体现教师在课程意识形态中的核心作用。

（四）统筹协调，构建农林教育和思政教育协同育人

协同育人的大框架说起来很容易，但实现起来却很难，因为教师必须在机制中明晰各自的责任和义务，以避免出现"都要管"和"都不管"的问题，真正实现"协同"。学校可以组织出台关于课程思政的实施方案，构建"四位一体"的课程思政体系。构建"课程思政课导师—教师—课程导师"的发展机制，完善思政课的发展机制；构建学科—专业—课程的实施机制，完善实施机制；制定"教师—课程主讲人—专业—学生"的评价机制，

完善评价机制。通过明确各学科的职责，强化各院系的责任，实现协同创新，精准发力，以潜移默化的方式推动课程与管理过程中的思政工作。

（五）继续激励，加强完善考核评价和监督机制

加强对农林专业课程思政工作的评估和评价，有效的课程思政实施方案与学科建设、一级学科建设、学科评估和毕业生就业等工作之间存在着密切的联系。在凸显课程思政政策重要性的同时，要转变教师评价观念，打破"一人一策"的教学评价模式，构建差异化的教学评价体系。加强对师资队伍的激励，使其与岗位聘用和职称评审相结合，增强其内在动力。同时，要建立健全考核管理制度，保证考核制度和激励机制的有效实施。

（六）教学环节中融入对学生综合素质的培养

在新的教育发展阶段，教师要适应学生创新精神、探索精神和团队精神的培养，使课堂教学与全过程教育相结合。

（1）教学活动要包含对学生创新精神的培养。部分学习内容可以在上课前由教师通过慕课或微课组织学生独立学习，使其提出一些农林专业涉及的实际问题。在上课环节，教师对学生独立学习研究过程中发现的各种问题逐一做出初步反馈，再组织学生进行知识点研究或共同讨论，让他们以个人的角度寻求解决实际问题的办法。比如一些理论逻辑性较弱、实践性较强的内容，更应适于上课时以集体讨论课的授课形式去进行。通过采取这种教学方式，可以切实使大多数学生的自主学习积极性得到比较充分和有效的发挥，使过去被动学习的传统学习方式逐渐转变为主动探究的学习方式。

（2）教学环节融入对学生探究能力的培育。在掌握了较好的政治思想和知识的基础上，教师要将过去的"平铺直叙"的教学模式转变成"启发式"。对问题的反思和积极的探讨，一定会在学生今后的工作和学习中产生深刻的影响：面对问题时不畏惧，主动寻求解决方案，把大问题变为小事情，最后就能顺利地解决。

（3）教学活动要考虑到学生之间团队合作能力的发展。教师尽量为学生准备一些具有挑战性和需要团队合作的小项目。例如，在"农事学"等专业技能课中，准备一系列种植过程中的农业小问题，让学生在有限的时间内解决，对培养学生的学习能力、团队精神和知识拓展能力非常有益。

三、高校农林专业课程思政教学实践与成效

在新一轮高校教育教学审核评估更加注重全面检视高校立德树人成效，把立德树人融入评估全过程，强化立德树人基础、指标和制度建设，加强学校办学方向、育人过程、学生发展等方面的审核，引导高校构建"三全育人"格局，"五育并举"培养担当民族复兴大任的社会主义建设者和接班人。无论是量化还是定性的指标，体现的都是刚性要求，有利于真正让立德树人"落地生根"。所以，课程思政更应是思政课程的一种自然的延伸和拓宽，不能使学生觉得是农林专业教师在教思想政治，而是真正建设包涵思政点的教课程。在资源库的构建上，采用教学小组的方式，以防止因授课教师对课程思政的理解存在着随机性而影响教学效果。特别是农林专业的专项案例教学，注重收集不同特色的实际案例，让学生通过切身体验，感受到农林专业理论、专业发展和问题解决之间的高度融合，提高学生对自身专业的参与度和认同感。

一方面，通过制定课程思政教学质量管理制度和质量标准，开展常态化的教学专项评估、反馈、整改工作，规范、约束课程思政教育教学质量主体行为，强化质量责任主体的行为规范。另一方面，通过开展持续的课程思政教育教学大讨论、专项培训等，唤醒学院及教师的质量主体意识，强化质量责任，更新质量观念，营造以学生成长成才为核心、追求卓越的质量文化氛围。要真正避免学校思政教学活动、实践理论与教学工作三者间的过度交叉融合，避免单纯的思政学因素过分影响传统的理论和教学，避免混淆思政教学规律和传统理论指导教学工作的"两张皮"问题。要注重学生的思想政治教育，以学生为本，积极推进课程思政的建设。

农林院校应积极开展课程思政教学改革，增强"三农"的价值导向与情感培育，为实现农村全面发展，提供人才支撑和精神支持。思维是思想政治教育的核心，是思想政治活动的核心。高校要想真正建设成为引领改革、支撑发展、具有中国特色的专业，必须把时代和社会的正能量导入课堂中去，不断探索适合我国国情的涉农专业学生课程思政教学新模式，才能真正为高等教育的发展做出贡献。

参 考 文 献

童春燕，2022. 浅析课程思政背景下高校教学质量评价存在的问题及其成因 [J]. 吉林省教育学院学报 (6)：120-123.

肖珊珊，2018. 基于教学评价体系的高校思政课教学问题及改善对策 [J]. 科教导刊 (33)：85-86.

杨芳，2021. 课程思政视域下高校教学质量量化评价研究 [J]. 大学：研究与管理 (3)：42-43.

张凯，薛丽，2016. 浅析高校思政课教学面临的问题及其对策 [J]. 教育现代化 (20)：205-206.

"互联网＋"背景下农业院校创新创业教育改革探析

郝　娜①

　　摘　要：强国必先强农，农强方能国强。高等农业院校作为培养现代化农业人才的主要场所，肩负着强化创新驱动发展战略，深化创新创业教育改革，建设高质量教育体系，培养服务乡村振兴和农业农村现代化建设的新时代"三农"人才的重任。本文就农业院校开展创新创业教育的现有经验展开论述，并提出"互联网＋"背景下的农业院校教育改革新方式，为农业院校教育教学改革提供了新思路、新方法。

　　关键词："互联网＋"；农业院校；创新创业；教育改革

　　目前，深化高校创新创业教育改革已经发展成为教育综合改革的重点内容之一，为全面激发大学生的创造能力和创新意识，推动万众创新，为农业农村发展注入现代化的专业型主力军，加快创新驱动发展战略刻不容缓。农业院校是我国高校的重要组成，是培养"三农"人才、强化农业科研技术发展的摇篮，必须适应时代发展的客观需求，推动农业的产业化发展。所以，在广大农业院校推动创新创业教育，对于高等农业教育发展至关重要。

　　在当前国家"双创"政策的指引下，全国各大农业院校已经开始将教学重点放在"强化就业""创新创业教育"等方面，以培养农业院校学生的创新精神以及创业能力为先导，积极开展创新创业教育。通过建设优质的教师队伍，营造浓厚的创新创业文化，鼓励越来越多的大学生能够为国家农业农村现代化建设提供支持。在这种教育环境下，促进了农业院校创新创业教育与专业教育的深度融合，鼓励越来越多的大学生参与到基于"互联网＋"的创新创业示范工作中去，使得农业院校成为当前打造全要素、开放式农业领域创新创业人才的重要基地。

　　尽管各大农业院校已经将创新创业教育融入专业教学中，但仍然存在教育目标不明确、教育资源缺失、课程设置不完善等诸多问题。所以，在当前以"互联网＋"为技术支持的新时代，高校必须紧跟时代发展要求，为广大学生提供适应学生成长和发展的创新创业教育，以"创新育人"和"服务社会"为根本目标，将培养大学生创新精神和创业能力作为主要的教学任务，实现创新引领未来发展的战略目标。

---

　　① 作者简介：郝娜，女，硕士，讲师，北京农学院植物科学技术学院团委书记，主要研究方向为大学生思想政治教育。

一、浅析农业院校创新创业教育

1. 创新创业教育本质

高校创新创业教育的本质是培养更多兼具创业能力和创新意识的新型人才，提升人力资源素质，促进学生全面发展，实现学生更加充分更高质量的就业创业。其中，创新教育旨在培养学生的创新思维以及创新意识；创业教育则是让学生全面地了解创业，帮助学生进行创业谋划，指导学生进行创业实践等内容。创新教育为学生今后创业提供了基本的知识和能力铺垫，而创业教育则是学生创新能力和创新思维的具体体现，创新引领创业，创业推动创新。总之，创新与创业二者之间是相互成就的，但是在高校内部开展创新创业教育，其本质还是离不开教育这个课题。

2. "互联网＋"与创新创业教育

"互联网＋"给各行各业发展都提供了新机遇，对于高校创新创业教育来说也不例外，其推动创新创业教育与互联网时代紧密结合，为经济发展提供了全新的创业模式。2015年，我国首次提出以"互联网＋"技术推动高校创新创业教育的有关意见，并提出将互联网作为教育教学平台的基本理念，使得教育资源能够最大限度地服务于高校创新创业教育，进而打造更加开放、高效的创业新环境。实际上"互联网＋"行动计划的提出，为农业院校学生创新创业提供了更为广阔的空间，也为高校创新创业教育提供了新渠道。这种基于互联网技术的创新创业教育主要借助于信息技术和互联网平台，通过强化对互联网技术的应用，推动农业技术与互联网技术的深度融合，促使传统产业升级转型。

3. 农业院校创新创业教育体系

随着互联网时代的到来，经济形势发生了翻天覆地的变化，互联网技术为乡村振兴和现代农业发展提供了便利，这种基于创新创业为基础的新模式，也为乡村振兴和现代农业发展提供了新思路。农业院校创新创业教育需要立足学校的办学定位，结合当地农业发展优势，结合农业经济和社会发展的现实需求，围绕学校专业特色开展创新创业教育。比如，在开展创新创业教育时，可以开创以互联网技术为基础的创新创业课程，积极组织校园创新活动，将"互联网＋"创业教育理念融入教学实际中，构建适合农业院校的创新创业教育体系。

二、农业院校深化创新创业教育改革的内涵

我国的创新创业教育从初期的鼓励"创新教育"式教学，逐渐发展到以创新意识为基础的创业实践上来，实现了"创业教育"。近几年，国家又提出融合创新意识教育与创业实践教育的新型教育模式，即创新创业教育。经过一段时间的发展，创新创业逐渐成为一个整体，但是，其在根本上还存在着本质的区别，主要体现为：创业的本质在于创新，而创新则是创业能够成功的价值所在，二者相互推动，融合发展，对于深化农业院校创新创业教育至关重要。从国家层面来看，鼓励创新创业教育，并不是创新与创业的简单叠加，而是基于两种不同教育内容的深度融合，更是贯穿于农业院校人才培养始终的特色教育。

农业教育是我国高等教育的组成部分之一，横跨教育、农业两个方面，是专业教育特殊性的具体表现，担负着为国家农业发展提供教育支持与人才支持的双重使命。农业院校

在开展创新创业教育时，要以服务"三农"为教育宗旨，将社会服务与科学研究、信息技术有机结合起来，培养农业院校学生的创新精神、创业意识、奉献精神和社会责任感等，为推动我国乡村振兴和农业农村现代化建设提供强有力的高科技人才支撑。因此，深化农业院校创新创业教育改革，既是促进内涵建设、科学发展的重要方式，也是推动农业院校实现高质量人才培养目标的关键。

三、农业院校开展创新创业教育改革的措施分析

目前，我国各大农业院校已经认识到创新创业教育对于学科建设的重要性，能够采取有效措施来提升教育教学的质量，对于促进毕业生高质量创业就业和农业农村现代化建设来说意义重大。但是在实际的创新创业教育过程中，也普遍存在高校重视程度不高、创新创业教育理念落后、教学脱离实际等问题，加之创新创业教育的针对性不强、创业实践平台短缺等，都为开展创新创业教育活动增添了现实阻碍，这就要求各大农业院校要坚持以问题为导向，力求从解决教学资源短缺、强化创业平台建设等方面入手，解决当前农业院校教育教学面临的诸多问题。

所以说，农业院校在推进创新创业教学活动时，要借助于"互联网＋"技术的优势，结合学科特点以及办学实际开展创新创业教育，做到"面向全体、因材施教"，面向全体学生开展创新创业教育启蒙。此外，为推动现代农业与互联网技术的紧密融合，高校在进行创新创业教育时，还应该为有创业意向的学生提供互联网应用技术教学，开展集农业科学、经济管理、计算机技能教学为主体的创新创业教育，重在培养学生全方位的创新思维和创业实践技能。要想实现这一目标，在开展创新创业教育时，就必须借助互联网技术平台的优势，坚持课内与课外相结合，平台实践与教育教学为一体。除此之外，在农业院校创新创业教育过程中还应该革新课程体系、推进创业实践、打造师资队伍等，将大学生创新创业教育融入乡村振兴和农业农村现代化人才培养的各个阶段，推进现代农业创新驱动战略的快速实施。

四、农业院校创新创业教育改革实践

1. 搭建创新创业课程教育平台，解决教什么的问题

要想解决农业院校创新创业教育"教什么"的问题。首先，需要根据农业发展的实际需求修订教学大纲，助力创新创业教育与专业教学相融合，与互联网时代的乡村振兴和农业农村现代化需求相融合。创新创业教育要想取得根本性的改变，则需要以全新的教育教学理念来改革课堂教学，让创新创业课程能够为学生提供创业所必须掌握的相关知识和技能，所以在课堂教学过程中要坚持以创新创业精神培养为导向，整合当前的教学资源和就业指导内容。引入专业培训课程，加大农业院校的创新创业培训力度。在教师层面，可以进行创新创业导师的培训和选拔，让教师既通专业创新，又懂创业实践，能够给学生更好地指导和教育。在学生层面，大力邀请校外专家来进行创新创业培训，让学生在创新创业实践中提升能力。搭建网络培训平台，可以为学校、企业和学生三者建立实时性、便捷性交流沟通平台，打破时间和空间限制，实现彼此的共同交流和学习目标。创新创业培训网络平台建设，大大拓展了学生的学习资源和范围，全方位实现信息化交流，使得学生的实

践教学和技术训练效率得到大大的提升。

2. 打造创新创业师资人才队伍，解决谁来教的问题

教育资源是保障农业院校开展创新创业教育的关键。教师队伍不仅仅是创新创业教育的实践者，还是创新创业课堂教育的组织者，通过构建以校内师资力量联系校外专家的创新创业教学师资队伍，来丰富创新创业教学的内容和提高校内教师的创新创业指导能力。通过这种"送出去""引进来"的教育方法，为学生提供更加可靠的教育支持。除此之外，为强化校内教师的创新理念，提高课堂教学的质量，还可以组织教师定期到优秀的创业公司参观、学习，了解当前创业市场的需求，进而把握住课上创新创业教学的切入点。教师还可以采取企业挂职的方式来学习企业管理，以便在课堂教学过程中，帮助学生了解更多创新型企业的管理方式。另外，农业院校还可以强化校企合作，通过聘请互联网企业的专家、农业领域的企业家、返乡创业青年等，定期到学校向学生传授经验，分享基于互联网背景下的企业发展和管理实践，强化课堂教学与创业实践的有效衔接，进而打造一条能够满足学生创新创业教育需求的指导服务链，以满足学生的实际创业需求。

3. 构建创新创业教育实践平台，解决怎么教的问题

构建校内外创新创业教育实践平台，打造优质的线上、线下协同育人体系。校内建立大学生创业孵化园，可以为学生建设创业指导室、咨询室、培训室等一体化创新创业服务，以满足学生快速获取创新创业服务的需要，还可以线上、线下相结合为学生提供与创业项目有关的信贷、风险评估、工商注册等方面的咨询和服务，为学生提供政策上的支持和帮助，两者共同发力，全力满足学生创业项目的创业培训以及创业服务需求。校外平台主要依托专业实习实践基地、毕业实习企业和创新创业示范基地等。农业院校联系相关行业企业和科研场站，依托地方的资源优势和特色产业，建立校外创新创业教育实践基地平台，强化产学研协同育人职能，使学生参与到行业企业的生产实践过程中。除此之外，农业院校还可以遴选出专业对口、经营规范的当地特色企业，打造校企合作联盟，为学生提供更多的创业实习机会以及创业实习基地。通过这种创业实训与参与式服务一体化的联合培养方式，紧密联系校校、校企、校政各方，共同为社会培育更多全方位创新创业人才，为推动我国农业农村现代化发展奠定坚实的基础。

五、结束语

综上所述，在"互联网＋"背景下，人们获取知识、提升自我的途径多种多样，农业经济发展也亟须联系当前先进的互联网技术。其中，农业院校作为培育新时代"三农"人才的重要基地，肩负着实现农业强国的历史重任，也需要改变传统的教学方式，推动创新创业教学与互联网技术发展接轨，坚持以创新创业育人、服务社会为目标，培育学生的创新精神和创业能力，以适应新时代发展对于农业科技人才的需求。

参 考 文 献

范征宇，2022. 高职学生创新创业教育途径 ［J］. 学园 （14）：77-80.

金登宇，2016. 高等农业院校推进创新创业教育改革的探索与实践 ［J］. 高等农业教育 （3）：27-29.

万明，刘树聃，2021．基于产业学院的专业教育与创新创业教育融合的探索与实践［J］．教育观察（14）：29-31．

张璠，刘伟霄，滕桂法，2017．基于"互联网＋"的农业院校创新创业教育探析［J］．河北农业大学学报（农林教育版）（6）：83-86．

张舒敏，2020．基于校企合作的大学生创新创业基地建设方法探析［J］．科技经济导刊（8）：35-38．

以培养复合应用型人才为目标的
"兽医微生物学"思政教学探索*

刘雪威①　王星星　吴春阳　李焕荣

摘　要：农业高质量发展关键在科技与人才。面对复杂的行业需求，培养复合应用型人才是动物医学专业的重要培养方向。其中，对人才的素养方面的培养需要在专业课学习中深入思政教育。本文从"兽医微生物学"课程思政的教学改革入手，分析本课程中课程思政的必要性，并对具体的实践方法进行了初步探索。

关键词：复合应用型人才；课程思政；兽医微生物学

动物医学专业是实践性非常强的专业，单纯的理论知识的灌输不能解决实际社会人才供需关系中人才培养与生产实践的矛盾，导致很多学生就业困难或在岗位中需进行二次学习，导致社会资源的浪费并影响学生的职业发展。一名专业的兽医，不仅需要扎实的理论基础，还需要过硬的实践功夫，同时还需要优秀的职业素养。教书育人是教师的天然使命，除了"教书"，"育人"同样重要。正如习近平总书记在二十大等多场合屡次强调的，"高校立身之本在于立德树人""要坚持把立德树人作为中心环节，把思想政治工作贯穿教育教学全过程，实现全程育人、全方位育人"。目前，培养复合应用型人才是很多农业高校的育人目标，在理论知识掌握的同时，需要更为着重培养学生的实践能力和思想道德品质。

课程思政是贯彻落实党的二十大精神，推进党的二十大精神入脑入心的有效渠道。为实现培养复合应用型人才的目标，在专业课程中进行思想政治教育是非常必要的。"兽医微生物学"作为动物医学专业的一门专业基础必修课，也是兽医在生产实践中应用最多的课程之一。因此在该课程中引入思政内容是实现培养目标的重要环节。本文就"兽医微生物学"思政教学进行初步的探索和实践。

一、课程思政的必要性

（一）背景分析

目前的畜牧行业对兽医的专业水准要求较高，行业对实践能力强、具有创新精神和创业能力的复合应用型的农林人才的需求非常大。

---

　*　本文系北京农学院 2022 分类发展定额项目：都市农业背景下"兽医微生物学"课程思政建设研究（BUA2022JG18）；北京农学院青年教师项目。

　①　作者简介：刘雪威，女，博士，北京农学院动物科学技术学院讲师，主要从事动物细菌和病毒的研究。

2019 年，新农科建设"三部曲"之一"北大仓行动"在深化高等农林教育改革的行动实施方案中提出，要把思想政治教育贯穿人才培养全过程，切实发挥好思政课程和课程思政的育人功能。《北京市"十四五"时期教育改革和发展规划（2021—2025年)》强调，立德树人要谱写新篇章，要创新性探索大学生思想政治教育，使学生思想道德水平和文明素养进一步提高。为实现新农科建设背景下新时代农林专业人才的培养目标，将思想政治教育的立德树人功能贯穿渗透于教学，施行"三全育人"全过程是非常有必要的。

（二）现状分析

"兽医微生物学"是动物医学专业的一门专业基础必修课，通过对该课程的学习，要求学生掌握微生物学的基本理论以及重要畜禽疾病病原体的基本特征，并利用"微生物学"与"免疫学"的知识和技能来诊断、防控畜禽疾病和人畜共患病，保障畜牧业生产，避免农畜产品危害。同时，一名专业的兽医或动物医学相关从业人员，还需要有科学伦理精神，探索未知、追求真理的精神，科技报国的家国情怀和使命担当等。以上需要以课程思政为载体，挖掘思政育人主题，不断对学生进行价值引领。

针对其他高校相关专业的调查分析以及授课经验和心得，总结目前"兽医微生物学"课程的现状主要有以下几点不足：

1. 课程认知需深化

"兽医微生物学"作为一门专业基础必修课，内容专业性很强、难度较大、趣味性较低，且每章之间联系不够紧密。学生多数以背、记的学习方法进行学习，过于强调对知识点的"死记硬背"，而课程之间整体的联系和对创新思维等的促进作用往往被忽略。因此，如何能够将"兽医微生物学"这门课的功效发挥得更好，是一个值得探究的问题。

2. 课程实践需与实际相联系

"兽医微生物学"课程专业性强，应用性更强，实验课中学习的实验有助于学生在工作岗位上完成微生物相关的实践活动。目前，在课程内容及授课方式的设计方面针对学生实践应用、创新思维、社会责任感和职业道德等的相关思政内容尚不完善。因此，学生对自己专业的自信不足，不知如何利用专业知识服务社会。同时，在课程考核的评价中如何真正反映出学生对课程思政的掌握和理解需要进一步的思考。

3. 课程思政点需深入挖掘

"兽医微生物学"课程内容繁杂，在各个高校均学时量不足。因此，教师在教学过程中往往为了赶进度而忽略了对课程思政点的挖掘，这种情况在很多专业课的教授中均存在。导致学生认为，专业课程主要是学习专业知识，很难以与思政有效相连或者难以寻找到合适的契合点。因此，需要教师对课程思政元素进行非常深入的挖掘，将课程中涉及的思政点以恰当的方式传授给学生。

二、课程思政建设方法

（一）深入挖掘"兽医微生物学"理论课蕴含的思政元素

将传统文化、人物故事及社会热点融入"兽医微生物学"专业知识中，做到寓德于教，润物无声。结合课程大纲内容，对每章节的思政目标和元素进行设计，并在课堂中结合实际情况传授给学生，引发学生的思考，进行沉浸式的教学。结合"兽医微生物学"各章节，挖掘的思政点如表1所示。

表1 "兽医微生物学"各章节课程思政目标及元素统计

知识内容	课程思政目标和元素
细菌的形态与结构	·生物安全：细菌质粒携带耐药基因，联系到抗生素滥用，超级细菌的出现危害人类和自然。
细菌的生长繁殖与生态	·民族团结：菌落由一个一个细菌组成，从微不可见到逐渐壮大。联系到民族团结是社会主义民族关系的核心内容之一。
消毒、灭菌与兽医微生物实验室的生物安全	·生物安全：联系新冠感染疫情，强调学习好本章的重要性。 ·专业认知与自信：现代兽医或养殖场也完全按照消毒原则和无菌原则进行实践生产，专业且正规，提升学生们对本专业的认知与自信。
细菌遗传变异	·辩证思维：从超级细菌的产生和转基因大豆两个热点事件出发，强调科学是把双刃剑，需要用辩证思维来看待创新。
细菌分类与命名	·法治国家建设：没有规矩，不成方圆。微生物的命名需要规则，社会秩序更需要法律的维持。建设社会主义法治中国，是建设富强民主文明和谐的社会主义现代化国家的重要目标之一。
重要的动物病原细菌	·直面历史、社会责任感：耶尔森菌属和弧菌属联系到"731部队"。引导学生反思落后就要挨打，坚定只有在中国共产党的领导下，实现中华民族伟大复兴，才能让中国强起来、富起来。
其他原核细胞型微生物	·科学奉献精神：衣原体部分的知识可以联系汤飞凡院士，他将沙眼病毒接种在自己的眼里进行研究。
真菌学	·爱国之心、民族自信心：真菌学家、植物病理学家戴芳澜院士对国家资源十分珍视，坚持中国采集的真菌标本必须在中国鉴定。在外国专家认为中国没有鉴定能力时，他坚持承担并出色地完成了鉴定任务，并撰写了《外人在华采集真菌考》。
病毒的结构与分类	·用发展的眼光看问题：从第一个病毒40年的发展史讲到事物是在不断发展的，旧知识可能被推翻，新理论不断出现，不能一成不变，要不断学习。 ·社会责任感：讲到目前发现的病毒有4 000多种，新出现的新型冠状病毒、非洲猪瘟病毒等对人类和动物造成威胁，作为一名动物医学的学生，应该有努力学习，为之贡献力量的决心。
病毒的复制	·战"疫"决心：讲到病毒周期，可以提到万物皆有周期，新冠感染疫情也终将结束，排解学生因疫情造成的心理焦虑。 ·创新思维：病毒生物合成的方式有很多种，可以提到创新精神，科学让一切皆有可能。
病毒的遗传与进化	·"中国速度""中国方法"和民族自豪感：新型冠状病毒在新冠感染疫情控制不好的国家不断变异，造成更严峻的形势。但是中国的疫情防控速度和力度保障了中国人民的健康和平安。以此来激发学生们的民族自豪感。 ·创新精神：讲到病毒的突变和人为的突变，可以提到创新的重要性。 ·时代使命感：病毒不断变异，需要年轻一代的科学工作者肩负起时代使命，保卫生物安全和人类健康。
病毒与宿主的相互作用	·社会责任感和历史使命感：李文辉教授从美国哈佛医学院回到祖国北京生命科学研究所发现了乙型肝炎和丁型肝炎的功能性受体，实现了该领域的关键突破。告诉同学们完全可以把个人理想追求融入国家民族事业中。

知识内容	课程思政目标和元素
病毒的检测	·建立专业自信：学生在兽医微生物实验课中学到的实验技能可以用到病毒检测的过程中。 ·遵守抗疫秩序：讲到病毒检测，采样后还有繁复的工作内容，可以提醒同学们在抗疫过程中，遵守医务人员的指挥，不添麻烦。
重要的动物病毒	·"四个自信"：冠状病毒科联系到非典与新型冠状病毒，强调中国共产党始终把人民群众生命安全和身体健康放在第一位。引导学生领悟坚定"四个自信"。 ·科研伦理道德、艾滋病防控宣传：从 HIV 受体敲除克隆婴儿案例联系到科研工作者需要具有伦理素养，以及如何正确地防控艾滋病，不要谈艾色变，更不需要所谓的抗 HIV 克隆人的出现。

（二）实践环节引入真实案例

在"兽医微生物学"的课程学习中往往包含了大量的实验课和实习环节，通过实验过程，要求学生进行"兽医微生物学"基本技能的综合实践训练，具备防控畜禽疾病和人畜共患病的实践技能。以往的教学过程中，每个实验独立存在，实验间的联系及与现实的联系较少。实践是检验真理的唯一标准。为了能够使学生感受到真正生产实践中兽医专业人才能够发挥的作用，可以构建虚拟情景，将实验课模拟为生产实践中真正遇到的问题。如课程开始就给学生提供一块病料组织，告知学生这块病料是某猪场病死猪的肠道组织，该猪场委托学生将病料中的细菌进行分离鉴定，并检测其毒力。由此，可以引出实验课的细菌学部分：细菌形态的观察、细菌抹片的制备及染色、培养基的制备及常用仪器使用、细菌的分离、移植培养及培养用器皿的准备、细菌的生化实验和动物实验。学生通过完成任务的形式，能够身临其境，可以提高学习的积极性。通过这种方法，教师可以引导和启发学生进行身份模拟，清楚如何将"兽医微生物学"的理论和实验技能的经验应用到实践中，提高学生们的专业自信和职业自豪感，同时，还能够减少学生工作之初的青涩，提高培养质量。

（三）优化课程评价体系

学生是课程思政最直接的学习者、感受者、获益者，评价课程思政应立足于学生、以第一视角充分检验人才培养的效果，因此在学生评价方面，教师应依据"兽医微生物学"的课程结构特点，把结果评价转变为融入思政教育过程的动态评价＋结果评价相结合，注重学生平时德育行为规范评价，理论考核融入一定比例的课程思政和职业素养考核内容，优化学科问题思政元素评价体系。通过学生在学习过程中自己的思政感受反馈来进一步驱动教师的思政教学，为"兽医微生物学"建设课程思政的长效发展激发新鲜的视角和活力。更好地实现专业课程与思政课程协同育人效应的教学教育改革效果。

三、结语

随着我国集约化养殖及伴侣动物的增多，兽医工作在畜牧业和公共卫生安全领域等发挥的作用日渐明显。因此，高等农业院校必须准确把握行业动态，培养出符合社会需求的复合应用型兽医人才。在此过程中，课程思政教育必定会在学生素养的培养方面起到关键作用。"兽医微生物学"课程思政育人模式还在探索中，仍需要不断改进，改变生搬硬套和死板的老方式，使得专业课教师也能够对学生的思政教育起到更大的作用，引导学生思考理论联系实际，培养出具有创新能力的农业人才。

参 考 文 献

李二斌，潘宏志，丰蓉，等，2022. 董维春. 新农科建设与高等农林教育转型发展——中国高等农林教育校（院）长联席会第二十次会议暨中外农业教育论坛综述 ［J］. 中国农业教育（6）：1-9.

李永睿，谈传生，2023. 高校"三全育人"的生成逻辑、现实审视与完善路径 ［EB/OL］. https://doi. org/10.13694/j. cnki. ddjylt. 20221228. 002.

蒲清平，黄媛媛，2023. 党的二十大精神融入课程思政的价值意蕴与实践路径 ［EB/OL］. http://kns. cnki. net/kcms/detail/50. 1023. C. 20221024. 1328. 002. html.

袁万哲，孙继国，翟向和，2015. 创新人才培养模式在动物医学类专业课程教学中的研究与实践 ［J］. 高等农业教育（2）：93-95.

中国领导科学，2017. 习近平强调：把思想政治工作贯穿教育教学全过程 开创我国高等教育事业发展新局面 ［J］. 中国领导科学（2）：4-5.

动物类实验教学示范中心实践教学方式特色建设 *

陆 彦 杨 宇

摘 要：实验教学示范中心建设的落脚点是学生，以学生为本，培养学生创新精神和实践能力，促进学生全面发展是示范中心建设的目标。示范中心特色化建设从本质上讲就是培养方式的创新。以动物类国家级实验教学示范中心特色课程为建设对象，改进原有的实验教学方式，将实验基本操作技能和知识点，制作本专业标准化操作规范视频，让学生打牢实验操作基础；将实验项目整合优化，按照基础性实验项目—综合性实验项目—开创自主设计性实验项目三个层次实施实验教学，促进学生养成整体、系统、综合及设计的科学思维方法，提高学生综合和创新能力；建立一套相对科学、客观、可操作的考核评分方法，全面、客观、公平的考核学生分析问题和解决问题的能力，最终实现提升学生的培养质量。

关键词：实验教学示范中心；实验教学；特色建设

教育部于 2018 年发布的《普通高等学校本科专业类教学质量国家标准》指出，动物医学专业的主要任务是在"同一个世界、同一个健康"理念下，培养从事动物临床疾病诊疗、人畜共患病与动物疫病防控、动物源性食品安全、兽医公共卫生管理等动物和人类健康保障工作的应用型高层次专门人才。动物医学在当今社会生活中的作用已明显不同于过去，已经突破了仅仅涉及动物的局限，直接关系到人类和生态环境的健康。"新农科"建设也对动物医学专业人才培养提出了更高要求。实验教学对于培养学生的实践能力和创新能力起着十分重要的作用，它不仅能培养学生的理论联系实际能力、分析问题、解决问题的能力，而且在培养学生的独立研究和创新能力方面发挥着重要作用。实验教学示范中心能否名副其实的起到示范作用十分重要的一条就是要看其是否具有鲜明的特色，有特色才会有看点和可学之处。特色化建设从本质上讲就是创新。深入研究示范中心特色建设和创新具有一定的现实意义和重要作用。

一、实验教学示范中心特色建设的目标

"以学生为本，以能力培养为核心"的实验教学理念是示范中心建设的思想灵魂。学校是培养人才的摇篮，随着社会的发展，对人才的需求是集"文化素质与专业技能"于一

---

  * 本文系北京农学院 2021—2022 年度教育教学改革研究项目：示范中心互动显微实验平台数字化切片技术的应用。

身、掌握各种现代技术，具备较高素质的复合型人才。实验教学作为教学工作的重要组成部分，对培养学生的动手能力、分析问题解决问题的能力、正确的思维方法及严谨的工作作风等起着不可替代的作用。实验教学示范中心建设的落脚点是学生，以学生为本，培养学生创新精神和实践能力，促进学生全面发展是示范中心建设的目标。

二、实验教学示范中心特色建设的核心内容

1. 相对独立的实验教学体系

《教育部关于开展高等学校实验教学示范中心建设和评审工作的通知》中指出，重视实验教学，从根本上改变实验教学依附于理论教学的传统观念，充分认识并落实实验教学在学校人才培养和教学工作中的地位，形成理论教学与实验教学统筹协调的理念和氛围。长期以来，实验教学只是对理论课的验证，实验教学的附属地位决定了其教学内容和教学方法的局限性，实验内容单一，缺乏综合性、创新性实验内容。以此建立一个统一的与理论课内容既相互独立又有机联系的实验教学体系势在必行。既注重学科普遍规律的学习和研究方法的训练，又重视学生养成整体、系统、综合的科学思维方法，有利于学生掌握宽广扎实的实验方法与技能，并有效提高其综合和创新能力。

2. 分层次设置实验项目

实验项目是体现教学理念、实现教学目标的载体。学生实验创新能力的培养和提高都是通过完成相应的实验项目来实现的，良好的实验项目有利于激发学生的积极性，推进学校素质教育的全面实施。新型实验教学体系，以实验理论、实验方法和实验技能为主线，以培养学生应用能力与创新能力为核心，以相对独立于理论教学为特点，把分散在每门课程间的实验项目拿出来进行整合优化，遵循能力培养的规律，分层次安排实验内容：按照基础性实验项目－综合性实验项目－设计性实验项目三个层次实施实验教学。既重视学习的规律和研究方法的训练，又重视学生养成整体、系统、综合的科学思维方法，有利于学生掌握宽广扎实的实验方法与技能，并有效提高其综合和创新能力。

3. 科学的实验考核办法

考核是评价实验教学效果的重要手段。实验考核应坚持全面、客观、公平的原则，在全面考核学生基本知识、基本技能的基础上，重在考核学生分析问题和解决问题的能力。传统的考核办法以实验报告为主，同时结合学生在实验课上的动手操作表现和值日情况等。这样造成了学生不重视实验操作，只注意实验报告的撰写，严重背离了实验课的目的，不利于人才培养。建立一套比较科学、客观、可操作的考核方法非常重要。因为实验教学的特殊性，对学生实验课效果的评定，采取考核与考试相结合的形式，即平时实验课考核、实验操作考核、实验设计和期末笔试考试，目的是培养学生的实际操作能力，兼顾学生相关的理论知识。考核的目的是促使学生重视实验课，对学生施加一定的压力，增强学生参与实验的动力。平时成绩以学生每次实验的预习报告、回答问题、操作规范、态度、质量、实验报告等来进行综合评分，涉及实验课教学的各个方面，这样既保证了整个实验教学的有效进行，又避免了最后一次操作技能考试的偶然性，实验设计针对学生科学思维能力的培养和检验，期末笔试则是对学生知识的积累的检验。

三、结语

创建实验教学示范中心不是单纯的条件建设，而是一项系统性工程，涉及实验教学、实验队伍、管理模式及设备与环境等各个方面，其最终的目的是培养学生的实践能力与创新能力，实验教学的质量是实现最终目的的根本途径。在新农科背景下，必须积极探索，努力创新，建设有特色的实验教学示范中心。

参 考 文 献

教育部高等学校教学指导委员会，2018. 普通高等学校本科专业类教学质量国家标准［S］. 北京：高等教育出版社.

麦宇红，2020. 新农科背景下现代农业复合型人才培养实验教学平台的建设实践［J］. 实验技术与管理（6）：261-265.

张欣，张国中，沈建忠，等，2021. 我国兽医教育发展趋势分析［J］. 安徽农业科学（6）：258-261.

关于北京农学院本科生科研训练项目管理模式的总结与探讨

尹 伊

摘 要：本文总结了北京农学院近五年开展本科生科研训练项目的情况。从项目整体的开展情况、项目管理模式、项目管理特色以及项目开展成效几个方面进行了分析，总结了近五年项目管理的相关经验和特点。同时，对本科生科研训练项目管理模式进行了探讨。

关键词：本科生；科研训练；项目管理

一、项目整体概况

本科生科研训练项目是为在校本科生设计的一种科研项目，采取项目化的运作模式，通过本科生自主申报的方式确定立项并给予资金支持，鼓励学生在导师指导下独立完成项目研究。其核心是支持本科生开展科研训练，学生参与的过程本质上是在进行研究性学习。它注重学生参与研究的学习过程，为学有余力的大学生提供直接参与科学研究的机会，引导学生进入科学前沿，了解社会发展动态。学生通过发现问题、激发创新思维、独立完成课题等过程，积极主动地探索新的知识领域，从而体验到一种全新的研究性学习的乐趣。2018—2022 年，北京农学院共立项校级项目 178 项，其中理科 114 项，文科 64 项；立项院级项目 467 项，其中理科 252 项，文科 215 项。

二、项目管理模式

（一）经费管理

严格执行学校和计财处有关经费管理的相关规定，项目的经费预算符合计财处发布的相关文件的要求。项目经费由学校统一管理，实行专款专用，各项目指导教师负责项目经费管理。须严格按照学校财务制度执行。项目经费在合法合规的前提下，于经费下发当年的 3 月、6 月、9 月、11 月末支出进度应分别达到 28%、53%、78%、100%。

（二）项目考核

本科生科研训练项目由各个学院的教学指导委员会或学术委员成立专门的评审小组，评审项目可行性、指导项目开展、检查项目进度、评价项目绩效、组织项目验收。校团委负责对所有立项的科研训练项目进行管理与引导，为参与项目的学生进行培训；指导学生开展创新创业训练和实践，做好毕业生参与项目的组织协调和日常管理工作。同时积极开展项目团队学生与教师、学生与企业、学生之间的沟通交流。

(三) 成果验收

为更好地利用该项目支撑学生科技创新能力培养及学校教学质量的提升，北京农学院团委要求校级科研训练项目结题需要满足（达到其中之一即可）：①农工理学类项目以学生负责人为第一作者公开在核心期刊上发表论文 1 篇，经管文法学类以学生负责人为第一作者公开发表论文 1 篇，且发表论文须注明项目资助；②以北京农学院为第一专利权人、负责学生为第一完成人、获得国家发明专利授权 1 项，或国家新品种权授权 1 项，或实用新型专利授权 1 项，或外观设计专利授权 1 项，或软件著作权登记 1 项；③以负责学生为主体参加学科竞赛并取得省部级以上奖励。校团委对中期检查、结题情况进行校内公布，对逾期未能按时结题的通报项目成员（含指导教师），并且指导教师两年内不能再指导其他本科生科研训练项目。

三、项目管理特色

北京农学院为增强学生的系统性、理论性的学习，指导教师可对项目进行全过程管理，以学生团队为主体，成果为导向，任务驱动，强化团队执行能力和协作能力。

(一) 以专业特色为背景，提升学生科研能力水平

本科生科研训练项目的目标就是要将所学理论知识运用于科研实践中，这就决定了项目必须立足专业教育，结合专业特色，因地制宜地开设具有专业特色的科研实践。因此，北京农学院的本科生科研训练项目紧密结合了学生的专业知识，并具有创新价值。如果项目具备商业价值和应用前景，学校将进一步孵化，最终推向市场。通过深入挖掘和寻找专业教育和社会需求的结合点，帮助学生合理地确立项目。项目的主体是学生，项目的开展既关联学生的专业课程，又充分调动学生的主观能动性，提升学生科研水平，切实培养了学生的科研能力。

(二) 以科研项目为纽带，组建紧密型科研创新团队

本科科研训练项目的高效开展离不开教师的专业指导，离不开团队的通力协作。北京农学院以科研训练项目为纽带，优化指导老师队伍，组建专业化的科研创新团队。在学生成员方面，根据项目需要进行遴选和优化。学生专业具有互补性，便于形成合理分工；学生成员新老搭配，保证了项目的可持续性和连续性。

(三) 以实验室为依托，构建学生科研创新平台

北京农学院有丰富和完善的实验室硬件级软件设施，实验室是大学生开展科研训练项目的主阵地。通过以实验室为依托，成立项目组，指导教师牵头，研究生带领本科生，共同开展相关课题研究。从项目构思—项目申报—项目立项—项目执行—项目结题，团队分工，建立时间表等，科学地制定项目管理的训练计划，制定能力、知识和素质相统一的教学设计。指导教师也可以根据具体立项团队需求转变传统教学思维实施指导，从教师作为主导转以团队完成任务为主导。综合发展学生科研创新意识，提升项目协作能力，构建学生科研创新平台。

四、项目开展成效

以"立足学科专业，面向产业行业，构建深度融合的高水平都市型现代农林创新人才培养新机制"为出发点，有效提升了学生科研思维与能力培养和社会需求的达成度、适应度，全面提高人才培养质量。

（一）学生科研能力显著提升

通过参与科研训练项目，本科生尽早接触科学研究，破除对科研的神秘感，了解科研的基本方法，增强了本科生参与科研的兴趣，并培养了其科研动手能力，实现知行合一。本科生通过进入实验室或实践基地参与科学研究或科研实践，加深了对理论知识的掌握，也对一些高精尖的实验仪器设备进行实际操作。这不仅使本科生对科研设备有了直观的接触，而且巩固了他们相关理论知识，并有助于科研思维的培育。

（二）创新人才培养卓有成效

近五年，依托本科生科研训练项目，参加"挑战杯""互联网＋"等重要学术科研类赛事的参赛数量和质量均大幅提升。五年来，依托本科生科研训练项目，共发表论文56篇，获得省部以上奖励56项，申请专利7项。如第十一届"挑战杯"首都大学生课外学术科技作品竞赛二等奖、第二届全国农科学子创新创业大赛全国赛区二等奖、第七届中国国际"互联网＋"大学生创新创业大赛三等奖等。通过本科生科研项目，提升科研水平、实践操作能力，扩展研究视野的同时，将项目中凝练的成果进行转化，形成论文、专利、著作等。积极鼓励学生投入比赛，用比赛的形式提升学生的主动参与意识和学习的自主性，以赛促学的同时更进一步加深他们对本科生科研训练项目的理解，调动学生参与项目的积极性。

（三）科研创新平台建设成效明显

一方面，为了使本科生科研训练项目的相关成果落地，北京农学院加大专项经费投入，提升硬件与软件设施，整合校内外优势资源，加强合作，实现产学研深度融合，让科研成果实现转化。另一方面，科研创新平台的建设也反过来促进本科生的培养和管理工作，为本科生提供更多的科研创新的平台，创造就业岗位等。2018年至今，与大学科技园入园企业的校企合作关系从企业被动接受转变为主动创造，入园企业为学生提供实习就业岗位186个。近三年，累计为165个本科生创新创业团队提供持续帮扶与指导，确保学校支持项目数覆盖每年本科生招生数的20％以上。

五、探索与思考

（一）转变服务思想，角色定位合理

本科生科研训练项目需要各部门协同合作，共同提高工作质量。因此，在工作中应转变服务思想，正确合理定位，主动提高服务本科生科研训练工作的积极性，将服务的效果和质量纳入目标考核中。同时，要在现有项目开展与组织方式的基础上，进一步完善服务本科生科研训练项目的学生组织，发挥朋辈作用，建立有效的科研训练服务体系。

（二）依托各类赛事，营造科研氛围

通过参与"挑战杯"、科技文化节、"互联网＋"大赛等学科竞赛和创新创业类赛事，

对赛事中涌现的优秀成果加强舆论宣传，树立典型，激发大学生的科研兴趣。积极推动与不同地区、不同学校之间的科研活动交流。鼓励各二级学院发挥学院专业特点，开展多样化的科研或第二课堂赛事，增设学术或科研类社团等。

（三）推动科研成果落地，提升教师指导水平

一是为学生提供科研创新理论知识的实践操作平台；二是通过学院、实践基地和实验室等，将项目成果进行落地实施，从而激发本科生参与科研工作的热情，提高学生参与学科比赛的积极性。鼓励指导教师参加相关培训，提高理论与指导水平。邀请优秀的教师及专家加入指导教师库，在学生参加相关比赛和项目孵化时，给予更专业的指导。

参 考 文 献

范晓贤，周毅飞，2020. 高校共青团促进大学生创新创业工作质量提升策略研究——以湖北理工学院为例［J］. 湖北师范大学学报（哲学社会科学版）（5）：137-139.

何会芬，王保玉，2020. 高校化工食品专业创新创业项目建设的实践与探索［J］. 广州化工（20）：137-138.

索菲，2020. 大学生创新创业训练计划的过程管理［J］. 中国多媒体与网络教学学报（上旬刊）（10）：178-180.

"动物病理生理学"课程思政建设的探索与实践*

张建军　安　健

摘　要：本文将思想政治教育融入"动物病理生理学"课程教学中，将育人目标贯穿于教育教学全过程。"动物病理生理学"是动物医学专业的必修课程，蕴含的思想政治教育元素丰富。通过对教学过程中实施课程思政的意义进行分析及融入课程思政的必要性出发，探索了"动物病理生理学"课程的建设目标与基本思路，挖掘其中的思政内涵，从而实现人文教育与专业教育相结合，为培养德才兼备、高素质的动物医学专业人才奠定基础。

关键词：动物病理生理学；课程思政；探索；实践

课程思政是以立德树人为根本任务，将公共课程、通识课程、专业课程和实践课程与思想政治理论课同向同行，构建全员、全程、全课程的"三全"育人体系，形成全方位协同育人效应的一种教育理念。新时代，教育是"国之大计，党之大计"。习近平总书记在全国高校思想政治工作会议上明确指出，"做好高校思想政治工作，要用好课堂教学这个主渠道，思想政治理论课要坚持在改进中加强，其他各门课都要守好一段渠、种好责任田，使各类课程与思想政治理论课同向同行，形成协同效应"。在此背景下，课程思政既是提升高校思想政治教育实效性的有效方式，也更好地顺应了高校课程改革的要求。

当前，思政课程是大学的必修课，但仅仅依靠思政课程的教育是不能达到高校教学要求的。将育人目标贯穿于课程教育的全过程，将课程思政理念融入各学科专业知识教学中，更好地将思政教育与专业知识有机结合，不仅能使学科教育内涵更加丰富，而且让学科内容变得更加有深度，让学科教育最终回归到"育人"本身。

"动物病理生理学"是研究动物疾病发生发展过程中功能和代谢改变的规律及其机制的学科，作为"基础兽医学"与"临床兽医学"的桥梁课程，在五年制的动物医学专业教育中起着重要的作用。虽然经过20多年的教学改革和探索，并借鉴其他农业院校的教改成果，北京农学院"动物病理生理学"的教学理念、教学手段和教学效果已有一定程度的改变，但是距离目前高等教育对大学生的培养目标和要求仍有不足之处。教师在教学过程中虽然做到"以学生为中心"，但更侧重于"教"，注重于本学科所涉及的专业知识传授和学科前沿的介绍，在一定程度上专业课程教学本身的育人功能，即思政教育往往被忽略。

* 本文系2022年北京农学院教学改革项目：动物病理生理学课程思政建设的研究与实践（BUA2022JG26）。
① 作者简介：张建军，男，博士，副教授，主要研究方向为动物疾病病理。

教师将更多时间用于科学研究、改进教学内容和教学方法，致使部分学生学习目标不明确，不清楚自身的人生目标、定位、专业应有的责任感及毕业后的就业去向，缺乏学习动力，学习自主性和积极性不足。

针对上述问题，结合目前其他高校课程思政的范例，在学校本科教学项目的资助下，北京农学院动物医学院基础教研室开展了"动物病理生理学"课程思政相关内容的探索和改革。在强调"动物病理生理学"在动物医学专业基础课程体系中的桥梁作用的同时，要求专业课教师要不断加强思想政治理论的学习，真正发挥教书育人的职责，引导学生树立社会主义核心价值观，培养科学探索和创新精神。

一、挖掘思政元素，凝练思政目标，撰写授课教案

根据"动物病理生理学"课程特点，结合 2020 版教学大纲，围绕立德树人进行教学设计，充分挖掘其中蕴含的社会主义核心价值观、职业精神、中华传统文化等思政元素，并且以教学大纲和教学设计为依据逐步完善思政教学内容。将思政点归纳分类，形成适合"动物病理生理学"课程教学的核心思政教学目标，即培养学生的社会责任感、职业素养、团队精神和辩证思维。在核心思政目标下，对应不同知识点，细分二级目标。如疾病过程中损伤与抗损伤斗争、整体与局部的相互影响、内因和外因的相互作用、个性和共性的相互联系等，培养学生的辩证思维能力。再如通过讲述机体体液平衡的调节，类比构建和谐社会的重要性。根据目标将思政元素融入教学，对应知识点、选择融入点、撰写课程思政融合教学教案。

二、收集教学案例，融入思政内涵，完善教学内容

开展案例式教学，践行课程思政。针对不同知识点，通过查找网络与临床病例结合等方法收集临床案例，并对案例进行标准化处理，进一步围绕思政教学目标，梳理教学内容，凝练思政内涵，明确每个案例的思政目标，细化案例中的思政点、知识点与融合点，形成适合"动物病理生理学"案例式教学的课程思政融合临床案例集。

在讲述《水和电解质代谢紊乱》一章中关于抗利尿激素 ADH 的调节机制时，涉及水通道蛋白（aquaporin，简称 AQP），借此引入美国化学家彼得·阿格雷发现水通道蛋白的案例：他是在分离纯化红细胞膜上的 Rh 多肽时，无意中发现了一种 28KD 的疏水性跨膜蛋白，并将该蛋白看作实验过程中的"污染物"。阿格雷并没有随意丢弃此杂质蛋白，在好奇心驱使下，他耗费了近 5 年时间，终于研究清楚了其基本特征和结构，证实了此杂质蛋白就是 AQP。因此，阿格雷荣获了 2003 年的诺贝尔化学奖。在科学实验中，某些偶然现象有可能成为新的发现或解决疑难科学问题的突破口，抓住机遇、重视偶然性，是获得成功的关键。该案例强调了培养大学生严谨治学、勇于创新的重要性，这也符合国家培养高素质的动物医学专业人才的目标。

三、优化思政教学，改进教学方法

借助案例式教学法，依托"线上—线下混合教学方式"，从教学设计、教学资源、教学活动与考核评价等方面进行专业教学与思政教育改革。线上资源建设将思政元素融入教

学内容，探讨疾病发生、发展规律和机制，践行辩证思维的思政目标。线下课程教学以课程教学重点和实验部分的动物疾病模型复制为切入点，实验部分的教学以实际操作要点、相关视频资料为基础，在关注学生基本实验操作技能的基础上，更要注重学生责任感的培养，以实验动物及"动物伦理学"为基础，让学生了解研究疾病最基本的方法——动物实验。使学生明白，自己面对的不仅是动物，而且是一个生命，为了探究疾病的本质，这些动物将会为动物医学献身，借此培养学生对生命的敬畏感，践行社会责任感和职业素养的思政目标。引导学生成为有责任、有担当的动物医学专业人才，提高学生学习兴趣，拓宽学生视野，激发学生进取心，培育学生专注勤奋的学术精神和团队意识。

四、建立思政教学考核评价体系

为了客观掌握课程思政教学效果，将思政元素考核融入评价体系，通过课堂上学生的参与度、积极性、知识掌握情况以及对思政元素的认知情况进行判断评价，通过考核内容和考核形式检测课程思政目标达成度，通过课程思政考核评分表、调查问卷等形式收集学生意见。

只有建立科学合理的评价体系，才能保障课程思政的实施效果，改革原来"学期末一考定成绩"的评价机制，依托平时成绩、期中考试成绩、思政元素相关综述撰写成绩、实验课成绩、期末考试成绩进行全面的过程性评价。由于德育成效是难以评价的动态变量，课程思政的教学效果不能全面客观地被评价，因此需要不断探索和研究。课程思政教学效果评价指标和权重应适当增加，一方面是在教师制订教学大纲时，要具体写明课程思政目标、思政内容、融入思政内容的方法、学生对课程思政的收获等方面进行全方位评价；另一方面在量化测评基础上加强教学效果和教学质量的评价，如增加教学副院长、系主任、教研室主任、教学督导的随堂听课评价和学生对课程思政学习效果的满意度调查等，从而建立"动物病理生理学"课程思政评价指标体系，并进行综合评价。

五、课程思政实施的不足之处

当然，在课程思政实施过程中，教师也发现了一些亟待解决的问题及有待改善的环节。有时教师的确想把课程思政做好，也花费了不少时间和精力，但授课时没有达到理想效果，不能自然流畅地进行课程教学，教学时不自信、讲得有些牵强。因此，教师在设计思政元素时要精心备课、精确把握。从课程思政提出以来，一系列领导讲话、国家下发的诸多文件等体现出的是要把课程思政育人功能落到实处，达成课程思政目标需要一定时间，不可能通过几节课或是一门课程就让学生思想得到根本性改变；爱国主义精神、家国情怀、价值观等方面的培养和树立都是在教学过程中不断累积沉淀下来的，育人效果也不是一蹴而就的，需要教师长期、耐心的坚持，避免急功近利、形式主义的课程思政。

综上所述，课程思政实质是一种创新的教育理念，核心在于深入挖掘学科和专业课中潜在的思政教育资源，在当前社会多元文化交织、渗透的背景下，解决高校思想政治教育当下面临的局面，是解决思政教育与专业教育"两张皮"问题的根本举措。通过"动物病理生理学"课程思政改革的探索，进一步完善了思政教育体系和教学目标，丰富了专业课程内涵，将价值引领与思政教育作为教学的重要任务，逐步实现了育人与育才的双赢。在

"动物病理生理学"课程中充分发挥专业课的育人功能，引导学生树立正确的世界观、人生观、价值观，培养有情怀、有理想、有担当的动物医学人才。目前，专业课思政改革还处于不断探索与完善的过程中，但随着课程思政的建设，协同育人的效应将会得到更好的发挥，立德树人根本任务也将会完成。

参 考 文 献

成桂英，2018. 推动"课程思政"教学改革的三个着力点 [J]. 思想理论教育导刊（9）：67-70.

高德毅，爱东，2017. 从思政课程到课程思政：从战略高度构建高校思想治教育课程体系 [J]. 中国高等教育（1）：43-46.

胡霞，宋烨，2021. 课程思政理念下专业课程教学改革探索与实践：以"导弹武器系统概论"为例 [J]. 教育教学论坛（52）：76-79.

李晓宇，单清，杜华丽，等，2021. 课程思政融入病理生理学教学的路径探索 [J]. 中国继续医学教育（26）：95-98.

李晓宇，单清，李皓，2021. 病理生理学专业课程思政体系建设要素分析 [J]. 教育教学论坛（7）：177-180.

施展，刘娜，2019. 从"思政课程"到"课程思政"：谈高校如何通过课堂主渠道完成立德树人的根本任务 [J]. 才智（16）：136-137.

束玉洁，王文宇，余结根，2018. 论社会主义核心价值观导向下医学生社会责任感的培育 [J]. 锦州医科大学学报（社会科学版）（3）：34-36.

孙银辉，唐群，王理槐，2018. 基于大班教学的"案例式教学"在病理生理学教学中应用的研究 [J]. 中国继续医学教育（19）：10-11.

王永玲，刘国庆，王建刚，等，2021. 病理生理学教学中课程思政的探索与实践：以"水、电解质代谢紊乱"为例 [J]. 卫生职业教育（15）：25-26.

杨潘云，王舫，代洁纯，2019，等. 水通道蛋白：一次意外的发现 [J]. 生物学通报（7）：24-72.

云兵兵，马国超，王景波，2021. 新形势下加强和改进高校青年教师思想政治工作对策研究 [J]. 大学教育（3）：155-157.

张华莉，王慷慨，刘瑛，等，2020.《病理生理学》慕课建设中思政教育的探索与实践 [J]. 教育现代化（6）：100-102.

新型实验教学改革方式以及在培养学生
自主创新能力中的作用

杨宇 陆彦

摘　要： 大学是教书育人的地方，大学教学的重要性是毋庸置疑的，但怎么让学生做到知行合一、学以致用呢？怎样培养学生的实操能力和自主创新能力呢？这些问题引起人们的注意。其中，实验教学在解决这些问题中有着至关重要的作用。实验教学的落脚点为学生，通过对原有的实验教学进行改革，将本专业的基本实验操作以及知识点进行整理，制作标准化的视频资料，培养学生坚实的基本实验操作基础；改变原有的以教师为主体、学生机械性学习的模式，增强学生在实验教学中的自主性。最终目的是通过新型实验教学，使学生养成将理论转为实际的作风，培养独立创新的工作能力；帮助学生更好地掌握和使用理论知识，养成思考、分析和解决问题的方法与能力，从而增强可持续发展的能力。

关键词： 实验教学；新型教学模式；自主学习；创新能力

生命科学是以实验为基础的自然学科，实验教学贯穿于整个生命科学之间。作为我国高等院校专业类教学的指导性文件，2018 年教育部出台的《普通高等学校本科专业类教学质量国家标准》指出，应培养一批既具有扎实基础知识且应具备一定实验创新能力的学生。生物综合实验教学是培养具有基本生物学实验操作、具有较强的独立分析并解决问题的能力以及具有高创新能力的人才的保证。作为培养学生专业技能的重要课程，生物综合实验的教学内容和教学模式得到了社会的重视。但现阶段，生物综合实验教学中仍存在许多问题。现阶段的实验教学基本以教师示范操作为主，学生只是机械性模仿教师的操作过程而不加入自我思考。导致这种现象的主要原因为实验课程任务较重且课时较短，因此，为了在规定时间内完成任务只能采用"口头教育"的方法。综上所述，新型实验的教学是至关重要的，它不仅是衔接高校学生与社会的脐带，而且在学习过程中学生自主学习与创新能力将会不断提高。

一、实验教学的目标

实验改革要以培养学生的科研能力为总体目标，要本着以学生为中心的理念，促进学生的全方面发展。以一流的实验条件，高素质的教师队伍和完善的相关制度为保障，以现有的实验资源为基础，整合学科优势以及资源优势，保持实验教学的综合性和先进性。以开放性实验教学模式为目标，使实验逐步与社会接轨，逐步向社会开放，使实验教学更好地适应社会的发展，提高学生理论与实践相互转换的能力，最终促进学生全方面发展。

二、实验教学改进方法

1. 提高教师的教学水平

目前在大学教育中存在着很多问题，例如学生在课堂学习中注意力不集中、上课玩手机、缺课严重。这些问题的出现固然有学生本身的问题，但更重要的在于教师：一是教师自身的能力水平、人格魅力；二是教师的教学方法，虽然有时教师讲课非常投入认真，累得口干舌燥，精疲力尽，但讲课内容未必适合学生的口味和需求，也未必能让学生领情和满意。这里也有一个类似市场调节的问题，就是看教师讲课学生是否爱听、以学生是否满意来决定教师的课时量。如果教师给学生上课太多，学生自学的时间和自由就大大减少了，这不利于学生自学成才；如果教师能引起学生的兴趣，就很容易让学生自主地走进课堂。

2. 新型教学模式的应用

随着社会和科技的进步，新的教学手段层出不穷，改变了传统的教师在课堂上讲课，学生机械性地听讲的教学模式。为此，可采用"翻转课堂"，即学生在家完成知识的学习，而课堂则成为教师与学生沟通的场所，教师进行答疑解惑，以便取得良好的教学效果。"翻转课堂"提供了一个几分钟或十几分钟长的、短小精炼的课堂视频，每一个视频具有较强的针对性，可以更加有效地提升学生学习的效果。

3. 反馈和互动机制

反馈和测评对教学工作而言是至关重要的，它可以帮助老师了解学生是否跟上了教师的思路；把课堂放手给学生，提高了学生的参与度，指导学生通过独立思考、独立设计、独立操作、独立选用不同的试验手段、独立纠正在实验中的过失等，并通过综合评估实验过程和结果，以培养学生在实验过程中的自主性。师生互动越快、越多，教师就越能够了解学生对自己讲解的知识的理解度，提升课堂教学的效率，有效评价学生的课堂成绩和课堂表现，从而保证教育质量稳步提高。

三、结语

实施教学改革是一项系统性工程，其最终的目的是培养学生的实践能力与创新能力。实验教学的落脚点是学生，通过对原有的实验教学进行改革，将本专业的基本实验操作以及知识点进行整理，制作标准化的视频资料，培养学生坚实的基本实验操作基础；改变原有的以教师为主体、学生机械性学习的模式，增强学生在实验教学中的自主性。最终的目的是通过新型实验教学，使学生养成将理论转为实际作风，培养独立创新的工作能力；帮助学生更好地掌握和使用理论知识，养成分析问题和解决问题的能力，从而增强可持续发展的能力。

参 考 文 献

邓延敏，涂敏，王玉凤，2010. 高校生物科学专业开放式、研究型课堂教学模式及评价体系的构建

［J］. 当代教育论坛（管理研究）（11）：65-66.

教育部高等学校教学指导委员会，2018. 普通高等学校本科专业类教学质量国家标准［S］. 北京：高等教育出版社.

薛健，徐亚维，王霞，等，2015. 基因工程实验教学改革初探［J］. 当代教育实践与教学研究（2015）：180.

易忠君，2019. 教学质量国家标准下民族地区高校本科专业建设对策初探——以百色学院为例［J］. 教育与教学研究（2）：79-88.

赵东旭，杨新芳，谢海燕，等，2016. 生物技术综合实验教改的探索［J］. 实验科学与技术（2）：138-141.

动科学院青年教师导师制培养的研究及效果分析 *

郭　玮①　王星星　蒋林树　党登峰　李焕荣②

摘　要： 党的二十大报告指出，要深化教育领域综合改革，培养高素质教师队伍，为提高青年教师的思想素质和业务素质，建立一支高水平的青年教师队伍。北京农学院动物科学技术学院一直坚持实施"青年教师导师制"，本文就青年教师导师制培养过程和效果进行了探讨，总结了导师制实施在提升青年教师综合素质和业务水平方面发挥的作用，反思建立有效的激励与约束机制等策略来更好地促进青年教师的培养，充分调动广大教师特别是青年教师的工作积极性，持续提升动科学院学生培养质量。

关键词： 青年教师；导师制；效果分析

党的二十大报告指出，"深化教育领域综合改革，加强教材建设和管理，完善学校管理和教育评价体系，健全学校家庭社会育人机制。加强师德师风建设，培养高素质教师队伍，弘扬尊师重教社会风尚"。报告进一步明确了要深化教育领域的改革方案，而在教育领域改革中，高等教育质量决定了我国高等教育事业的总体发展水平。提升高等教育质量，教师是关键。据统计，我国目前各类高校拥有青年教师超过 90 万人，占我国高校教师总人数的 60％以上。北京农学院动物科学技术学院 40 岁以下的青年教师占学院教师总数的 64.6％，青年教师是北京农学院及动科学院教师的重要组成部分，也是教学和科研的中坚力量。为帮助青年教师尽快适应高校教学工作，尽快融入教师队伍，做好青年教师培养，并能够充分调动教授们的示范和传帮带的积极性，使青年教师能够系统学习教学经验，提高其自身的政治站位和业务水平，动科学院一直坚持实施"青年教师导师制"，特别是 2021 年以来，对青年教师培养导师制进行了责任细化，并制定了具体的考核指标。本文旨在实施导师制两年来，总结青年教师导师制实施的相关经验，分析在导师制实施过程中存在的问题和不足，进一步完善导师制实施的具体方案。

---

* 本文系 2020 年教育部新农科研究与改革项目：基于信息化智能化的畜禽全产业链安全改造大都市动物类专业；2021年北京高等教育本科教学改革创新项目：新农科背景下都市特色动物类本科专业实践教学体系构建与实践；2023北京农学院项目：基于"党建引领、科教融合"的动科学院基层教学组织创新模式构建与探索（项目号046516650/195）。

① 作者简介：郭玮，女，主要研究方向为高校教育教学管理。

② 作者简介：李焕荣，女，主要研究方向为本科教育教学。

一、青年教师导师制的概念

青年教师导师制指从动科学院选拔一批师德高尚、学术造诣高深、教学经验丰富的副教授及以上的教师，并鼓励德才兼备的教师积极主动报名，选取与本专业、教研室和科研方向相近的青年教师，导师对青年教师进行一对一的培养，为保证质量，导师同时指导的青年教师人数原则上不超过二名，从师德师风教育、教学改革培训、课堂和实践教学培训、科研工作引导等多方面对青年教师进行指导，从而帮助青年教师快速成长的培养管理模式。本文的青年教师特指新进入学校的应届毕业生、新转至教学岗位的教师、从事高校教学工作不满三年或其他确需培训的青年教师，青年教师导师制同时伴随相应的考核制度，以保证实效。青年教师导师制的实施有助于青年教师尽快适应和熟悉学校及学院的规章制度以及教学方法等，并根据学科发展需要，实现多学科领域均衡培养。

二、青年教师导师制的实施情况

动科学院在实施青年教师导师制过程中，主要依据以下三个环节进行，分别是遴选导师、规范培养和严格考评。

1. 遴选导师

选择合格的导师是确保青年教师导师制顺利实施的基础和关键。首先，导师应该具有高尚的品格、扎实的知识基础、丰富的教学经验、优异的教学效果，并熟悉各教学环节。其次，导师要积极参与教学研究，弄清畜牧兽医研究前沿，具有较高的专业水平和学术素养。此外，导师应具有较强的沟通能力，善于进行有效的教学和沟通。动科学院在遴选导师时，采用了导师和青年教师的双向选择的方式，青年教师在充分了解即将进入的教研组里相关的课程大纲和科研团队研究方向后，选择自己的导师，导师也要依据学院引进人员的具体教学课程，选择本课程组的人员做好传帮带，通过新、老教师的充分交流，既能够使青年教师快速成长，又能促进导师更好地了解行业和教学方法的最新知识。

2. 规范培养

人才培养是大学的基本职能，教师的教学能力是大学办学质量的根本和基础。在导师制具体实施中，动科学院通过制订详细完善的培养要求来规范青年教师导师制的具体实施。

（1）青年教师要尊重导师，虚心请教并接受导师的指导，学习导师的敬业精神和教学经验，努力完成学院安排的各项工作任务。

（2）青年教师要认真参加各类教育教学的培训，听取导师及同教研室教师的教学，每学期要完整听至少两门课程，还要积极观摩学习精品课程。

（3）在日常教学科研等各项工作的各个环节力争得到导师的指导和检查，主动向导师汇报自己近期的工作情况，每月至少汇报交流1～2次。

（4）青年教师应积极参与导师教改及科研项目、教材编写、课件制作、课题申报和研究及论文的撰写等。

（5）导师应根据课程教学实际情况，利用雨课堂、腾讯会议、在线虚拟实验课程等网络平台，使青年教师更快掌握线上教学的手段和方法。

3. 严格考评

动科学院实施青年教师导师制的期限一般为一年，但会依据实际情况适当延长时间。学院负责不定期考核导师以及青年教师执行导师制的情况，对于存在的问题通知责任方进行整改。每学期末，导师和青年教师应将听课笔记交由所在系，并写相关总结交由学院备案。培养期满后，导师、青年教师需填写年度考核工作表，学院组织对导师的工作和青年教师在培养期间的学习和教学情况进行全面考核，并形成考核意见。

（1）采取有效的考核监督评价方式。有效的考核监督评价方式是实施青年教师导师制的重要保障，学院在青年教师导师制具体实施过程中，依据实际情况不断完善考核评价的方式方法：一是进一步加强本科和研究生教学督导的反馈作用。培养结果的具体认定方式之一就是青年教师在课堂和实践教学过程中的教学效果，学院一直以来非常重视教学督导的作用，从退休教师中选择教学经验丰富、责任心强的优秀教师担任督导，采取月报的形式进行教学反馈，反馈内容涵盖教师具体的备课情况、课堂实际教学上有关学生抬头率、课堂互动、教学课件的制作和课后学生作业反馈等多个方面，有问题及时通报，并要求教师限时进行整改。二是改革学院有关评优评价的考核制度。学院近两年针对青年教师的培养效果，多次研究有关教师个人业绩的统计以及资源分配方法，并经过充分讨论发布了业绩考核评分标准，避免随意化和形式化，强化针对性和可操作性。考核过程既要有一年期满考核，又要有阶段性总结；考核方法也是依据评分标准，将成果量化，既强调个人的贡献度，又重视对学院公共事务的贡献度。

（2）采用有效的考核激励制度。青年教师培养过程中，除了要制定行之有效的培养方案，还需要一定的激励制度，推动青年教师不断前进，激励政策也呈现多样化，通过评优评奖激励、情感激励、物质激励等，同时还得有相应的约束机制。动科学院在青年教师培养中，根据发展需要，要求青年教师必须进行师德师风和教学能力相关培训，对不能按时参加的青年教师，要如实记录，并及时进行公开；此外，关于青年教师导师制的实施，也划归教研室统一管理，由各教研室定期开展教学研讨，并和基层党支部学习活动紧密结合，由经验丰富的老教师提供适当的建议，由青年教师分享日常工作中遇到的挫折、相关的困惑和一些学习心得，也可以召开科研学术沙龙，分享最新的科研前沿，从而形成一个良好的互动交流模式。同时，建立导师制培养双向激励的模式，对于青年教师，通过考核，对完成度高的，取得较好成绩的，可参照作为评优评先评奖、年度考核、职称评审等的依据，而对履行导师职责较好的导师，适当发放指导津贴，并作为推荐职称晋升、年度考核的依据。

三、青年教师导师制的总结反思

1. 加强导师和青年教师师德教育

教师是立德树人、人才培养的实施主体，加强导师和青年教师师德教育，由导师进一步引导青年教师学习贯彻习近平新时代中国特色社会主义思想，从而坚定正确的政治方向；进一步重视青年教师的科研诚信教育，引导青年教师爱岗敬业，把科学道德教育纳入学院教师的日常教育中。

2. 建立青年教师导师制培养体系

动科学院在实施青年教师导师制两年时间里，每一位青年教师均收获颇丰，其中有8

位青年教师在入职两年内获得了国家青年基金，5 位老师在市级和校级的青年教师基本功比赛中获得名次。多名刚刚走出校门的博士生，在导师的悉心指导下，能比较容易地完成学生身份到教师身份的转换，并能够充分总结本人的科研方向，积极指导本科和研究生参加国家级、北京市级等举办的挑战杯、生物竞赛、创新创业大赛，并获得荣誉。另外，也积极参与北京市级和校级的教育教学改革项目、创新创业项目、"火花技术"项目资助等，学院也展现出蒸蒸日上的发展势头。青年教师本身也具有很强的学习能力，通过学习导师的各种教学经验，能够举一反三，琢磨出更适合自己的教学方式。例如，在新教师培养总结中，不少青年教师均提到了导师丰富的经验、引入式教学模式、因特殊时期采取雨课堂授课和虚拟实验室授课方式等，这些宝贵的经验都使青年教师受益匪浅。

3. 青年教师导师制的反思与重构

（1）青年教师教学能力的提升。刚刚踏上工作岗位的青年教师，在教学工作中缺乏相应的教学经验，虽然努力学习导师以及其他老教师，但在短时间内还不能完全融会贯通。"台上一分钟，台下十年功"。只有刻苦钻研，自己先吃透课本内容，才能给学生展现一个好的讲台，引领学生能更好地学习专业知识，使学生获得更好的专业技能。导师通过示范，让青年从模仿到自悟，由借鉴到创新，逐步增强了青年教师两方面的能力：一是熟悉教学常规；二是乐于教学研究，从而提升自己的教学能力。

（2）巧用激励助力导师制实施。动科学院青年教师导师制实施过程中，也曾遇到不小的问题。核心是如何调动导师的积极性。因为导师平时也有自己繁忙的教学和科研以及很多公共事务需要完成和处理，与此同时，还要占用大量的精力和时间来指导青年教师。为了助力导师制的顺利实施，学院也积极寻找激励措施：一是学院层面积极召开全体教职工大会，鼓励优秀教师作为典型代表介绍先进经验；二是对考核优秀的导师在职称晋升、年度考核等方面适当倾斜；三是积极鼓励相关教师申报教学改革项目等，从而使导师制实施中的相关导师和青年教师都实现自己的价值。

总之，动科学院青年教师导师制培养方式的实施取得了一定的成绩。后续，学院将继续贯彻执行青年教师导师制培养，积极寻找存在问题的解决方法，不断改进，更好地促进学院教师的培养，达到更好的人才培养质量。

参 考 文 献

刘海娜，梅运东，丁祎，2022. 青年教师导师制的研究与实践 [J]. 山西青年（11）：104-106.

亓媛媛，宋娟，2022. 青年教师导师制的实施探讨——以有机化学课程为例 [J]. 长春大学学报（2）：65-68.

王诺斯，彭绪梅，2019. 生态位理论视阈下高校教师教学能力的结构表征与培育路径 [J]. 现代教育管理（8）：55-60.

杨森，陈晨，2020. 新时代教师队伍建设背景下青年教师导师制的实践及效果分析 [J]. 南方医学教育（2）：12-14.

中华人民共和国教育部，2023. 专任教师年龄情况（普通高校）[EB/OL]. http://www.moe.gov.cn/jyb_sjzl/moe_560/jytjsj_2018/qg/201908/t20190812_394267.html.

二级学院新冠感染疫情防控期间在线教学质量、保障措施和效果分析

王星星　郭　玮　李焕荣

摘　要：本文从基础保障工作、在线教学过程管理两方面阐述北京农学院动物科学技术学院新冠感染疫情防控期间在线教学质量保障工作措施。通过在校生和用人单位的问卷调查结果对在线教学效果加以分析。调查显示，54.80%的学生表示在线实践教学效果不如线下，64.29%的学生表示理论部分在线学习效果和线下差不多，77.78%的学生能够掌握大部分内容，73.47%的单位表示新冠感染疫情防控期间就业学生和非新冠感染防控疫情期间就业学生工作能力差不多，没有明显区别，21.83%的单位表示动手能力和以前学生比较有一定差距。可见，在线教学虽存在一定的缺点，但是优势也很明显，没有时空限制，优势资源共享。相信随着科技的发展，在线实践教学质量也会进一步提高，后疫情时代，线上线下优势互补、相互结合是一个必然的教学趋势。

关键词：新冠感染疫情；在线教学；措施；效果

2020 年春天新冠感染疫情席卷全国，肆虐神州，持续 3 年之久，按照教育部《关于在疫情防控期间做好普通高等学校在线教学组织与管理工作的指导意见》中提出的"停课不停教、停课不停学"和"确保'线上线下同质'"等要求，学校在新冠感染疫情之初就制定好在线上课的政策，3 年里在线教学得到了空前的发展，学校的授课方式根据疫情防控政策不断调整，在线教学和线上线下混合教学之间不断切换，不断调整优化在线上课模式，提高教学质量，可以说，在线教学在疫情暴发初期，帮助学校渡过了难关。那么在线教学效果如何，是否达到了线上线下同质的目标呢？本文将全面总结动科学院新冠感染疫情防控期间在线教学质量保障措施，并就教学效果进行分析，为后期教学改革探索提供一定基础。

一、基础保障工作

兵马未动，粮草先行。做好基础保障工作是打赢新冠感染疫情防控阻击战的前提，也是保障在线教学质量的重要因素。

1. 做好充分的调查研究

只有做好充分的调研和准备，才能达到事半功倍的效果。疫情之初，学院就展开了本科教学各项工作的调查，包括全体教师和学生居住地的网络和上课设备的条件、学期开课

情况、课程是否具备在线开课条件、师生情绪是否稳定等。后疫情时代，随着疫情的发展，政策的变化，上课模式也在线上和线下之间切换，其间学院同样做了大量调查研究包括授课平台、上课模式、上课效果等。调研结果为后期制定在线上课的政策起到有效指导作用，包括偏远地区学生个性化学业完成方案、思想不稳定学生的一对一心理辅导、在线上课平台和模式的选择等。

2. 做好在线教学提供技术平台保障

学院成立了在线教学保障小组，为全体教师配备视频、小白板等教学设备，解答学生和教师在线上课过程中遇到平台问题等。在线教学各种平台和软件种类繁多，各有优缺点，多平台联合完成教学是相对最合理、有效的，也是最安全的在线教学模式，教师由于课业繁忙，不能逐一比较，学院通过调查各专业不同课程内容特点、学生人数多少等情况，简化优选 2~3 个平台和软件，包括腾讯会议、雨课堂和企业微信结合学校原有的课程中心，实践教学采用直播和虚拟仿真，指导教师结合各平台和软件的特点优劣自行选用，减少学生和教师的负担。

二、加强在线教学过程管理，激发学生学习内驱力

线上学习对于学生来说，是在虚拟的环境中进行学习，和传统课堂学习相比，学习时间和学习状态更加自由，没有固定的上课时间和空间的约束，没有老师的课堂管理，学生对在线学习失去新鲜感后，产生学习倦怠，致使学习效率下降，激发学生的学习内驱力显得尤为重要。

1. 加强教学检查，严管课堂阵地

成立检查小组，院长和书记牵头主抓本科教学检查工作，院系其他领导、实验中心实验室负责人、教研室主任为组员，安排值班，每日进行理论课和实验课程的检查，做到日日查、课课查，记录当日检查结果，包括主要检查教师上课情况、学生学习效果，小组每日对检查结果进行讨论，做到问题不过夜。学院督导对全体教师的课程进行检查和评价，及时反馈到学院，学院结合检查小组检查结果，定期进行研讨，就整改结果进行院内公布，对教学效果优秀树典型进行表扬，并安排交流活动，分享优秀的在线教学经验。

2. 开展在线教学相关培训和教学研讨活动

在线教学在北京农学院由来已久，新冠感染疫情之前学校开展多模块的尔雅公选课，建立精品在线课程，但覆盖范围较小，如此大规模，全校师生参与，以往经验难以应付，过程中遇到很多困难，尤其对于老教师来说，信息化素养不如青年教师，对各种软件的使用存在一定困难。上课的阵地由教室转向在线，教学结构和教学方法均要调整为适应网络化教学，大多数教师没有线上课程建设基础。对此，学院开展了全方位培训，从上课模式、软件选择、在线课程的设计、教师心理、思政课程等各方面对教师进行培训，多次组织教师进行经验分享，包括雨课堂的使用、在线实践课程优秀案例分享、优秀课程思政案例分享等。院系教研室各层面组织教学研讨，共同商讨攻克在线教学过程中遇到的共性难点，并鼓励全院教师进行在线教学改革与创新。

3. 激发学生学习内驱力

首先，要针对线上教学特点更新教学内容，因地制宜，因时制宜，有效开展教学；要从"课前精心备课，优化在线教学课件，努力提高在线教学水平；课堂上关注学生的学习状态，利用弹幕、交流讨论等方式调动课堂气氛，注重激发学生学习动机并管理好虚拟课堂，及时反馈学生提出的问题和疑惑；课后重视在线学习效果检测和学生答疑辅导"三个方面做好充分准备。其次，针对实践课程，通过直播和虚拟仿真结合的方式上课，教师直播演练之后，学生进入虚拟仿真课堂进行实操演练，引起学生浓厚的兴趣，提高教学效果。最后，思政教育以润物细无声之态融入课堂教学，结合课程学习与抗击疫情中体现出来的中国之治、家国情怀、信仰信念等，坚持正确的价值引领，组织学生思考讨论，加强与学生的在线互动交流。教师在课堂上应结合专业教育教学开展健康理念教育，深化生命教育、感恩教育、责任教育和爱国主义教育。

三、教学效果分析

1. 问卷调查分析

笔者针对全院学生发放线上教学效果调查问卷，共计回收有效问卷 252 份，其中大一学生占比 31.0%、大二占比 24.5%、大三占比 24.6%、大四占比 19.9%。调查显示，22.22% 的学生表示在线上课提高了学习效果，64.29% 的学生表示在线学习效果一般，4.76% 的学生表示没啥变化，8.73% 的学生表示学习效果降低。50.00% 的学生表示在线上课积极认真、22.22% 的学生表示会懒散、开小差，27.78% 的学生表示会比较倦怠。15.08% 的学生表示在线上课内容能够全部掌握，77.78% 的学生认为能够掌握大部分内容，7.14% 的学生认为不能很好掌握内容。针对在线实践教学，32.26% 的学生表示在线实践教学效果不错，54.80% 的学生认为不如线下，12.94% 的学生认为比线下差得多。认同线上教学效果更好的学生认为，线上教学更好的原因主要是线上教学资源更丰富、可反复回看教学视频、教学方式灵活、学生可以更轻松自由表达自己等；而认同线下教学效果更好的学生则认为，长时间面对电子屏幕，眼睛、精神易疲劳，且不少学生自我约束能力不够，缺乏主动学习的能力，在线氛围没有课堂氛围好。

2. 毕业生质量分析

2020—2022 年学院共计毕业学生 422 名，完成毕业论文 422 篇，获得校级优秀论文42 篇，市级优秀论文 3 篇。如表 1 所示，2020—2022 年，学院连续三年学生就业率分别是 100.00%、99.13%、100.00%，学生考研升学率分别是 33.11%、42.61%、36.10%，和新冠感染疫情之前 3 年比较均有上升的趋势，新冠感染疫情防控期间学生的毕业率也明显高于前三年。笔者对用人单位就毕业生质量进行了调研，获得有效问卷 98 份，73.47%的单位表示新冠感染疫情防控期间就业学生和非新冠感染疫情防控期间就业学生工作能力差不多，没有明显区别，21.83% 的单位表示动手能力和以前学生比较有一定差距，4.70% 的单位表示学生表现更优异。其中，表示学生能力不如之前的单位，从事临床和科研实验类岗位的较多，由于疫情导致学生动手实操机会减少，线上实践教学效果到实际运用中还是存在差距。

表 1　近 6 年动科学院学生毕业和就业情况

年份	应毕业人数 （人）	结业人数 （人）	延期人数 （人）	毕业生考研录取率 （%）	毕业生就业率 （%）
2017	128	2	10	36.92	98.46
2018	147	2	4	35.42	100.00
2019	122	0	3	42.02	99.16
2020	150	0	2	33.11	100.00
2021	113	0	2	42.61	99.13
2022	159	0	1	36.10	100.00

四、结语

全面在线教学是学校一次难得的尝试，一次全国范围内的教学改革，通过三年线上教学的数据比较分析，显示线上教学质量与线下比较还存在很多问题，尤其在实践教学方面不足较突出，但是线上教学的优势也是很明显，在线教学没有时空限制，学生可以远程学习，后期还可以观看视频回放，方便了教师授课和学生的学习，在线教学具有极高的资源共享优势，教师可以录播一些课程，也可以引用网络上一些高质量的慕课最为教学资源辅助教学帮助师生完成教学活动，提高学习效果。尤其是一些公选课或者其他非实践类课程，可以引用国内外高校的优势课程或者特色课程，丰富学生的知识体系，开拓学生的视野。后疫情时代，线上线下优势互补，相互结合是一个必然的教学趋势。

基于"三分四讲法"的课堂教学有效性探索

陈　娆①

摘　要： 高等教育处于教学改革的转折点，由重视培养模式转向重视教学模式，由重视教学过程转向重视教学有效性，由重视教学内容的改革转向重视教学方法的改革。本文在分析高校课堂教学现状基础上，为提高课堂教学有效性，提出了"三分四讲法"教学新模式。

关键词： 教学理念；教学模式；教学方法；教学有效性

一、高校课堂教学改革的基本动力

目前，高等学校教育教学出现了转折点，由重视培养模式转向重视教学模式，由重视教学过程转向重视教学有效性，由重视教学内容改革转向重视教学方法改革。高校改革新形势的出现，是多种因素影响的结果。一是高校规模的迅速扩张给教育质量带来的冲击，加剧了高等教育体系目标与实践的矛盾。二是市场机制的形成和社会经济的持续发展带来的社会环境诉求，导致文凭和自主择业的矛盾。三是知识经济与教育全球化的挑战，加深了传统教育与现代教育的矛盾。这三个方面共同构成了当前我国高等教育改革的基本动力。

二、高校课堂教学改革的现状

（一）人才培养模式与目标趋向多元化

近年的教学改革中，分层分类培养开始受到各级政府主管教育的部门和各类学校的重视。重点大学注重培养具有国际竞争力的宽口径、创新型人才；地方院校以人才市场需求为导向，着力培养具有实践创新能力的应用型人才。人才培养模式目标趋向多元化发展。

（二）注重学生实践能力培养成为教学改革的重要理念

实践教学作为培养人才的一个重要环节，越来越受到各级各类学校的重视。不少学校坚持"基础理论与实践训练并重"的培养模式，通过狠抓实验室建设、实习平台与实践基地建设，努力提高实验实践教学水平和学生的实践创新能力。

（三）现代教育技术普遍运用，教学手段和方法日益更新

用多媒体和网络形式开展教学活动已经普及，多媒体和网络教学环境已经形成。不同

---

① 作者简介：陈娆，女，博士，教授，主要研究方向为农业经济管理。

的学科还结合现代教学手段的发展和自身的特点，创造性地探索出了许多新的教学方法。

（四）双语教学普遍受到重视

随着经济的全球化和高等教育的国际化，高等学校培养的人才不仅要掌握深厚的理论知识，培养较强的实践创新能力，还必须具有参与国际竞争的实力。为此，双语教学在各类大学中都得到了逐步推广。

三、改革课堂教学方法成为当前课堂教学改革的重点

当今社会科学技术突飞猛进，特别是随着我国经济一体化、教育全球化和人才标准国际化进程的加快，对高校培养的人才质量提出了更高的要求。但是，不少高校仍然沿袭传统的教学模式，在教学中多采用"灌输型"教学方法，特别是大学扩大招生以后，学生的整体素质与学生学习的主动性下降，"灌输型"教学方法的弊端更加突出，越来越不能够适应培养高素质、创新性人才的时代要求。特别是教学方法陈旧而且单一的问题，已经引起各级各类学校的重视，创新教学模式，改革教学方法，已经成为高校改革的重点。

理想的课堂教学模式，应该是教师在掌握多种教学模式（包括各种教学模式的理论依据和所包含的教学策略），并了解不同模式的适应条件及其局限性的基础上，根据具体的教学目标和教学情景所选择的最适当的教学模式。学科课程教学内容的多样性、教学过程的复杂性以及教师对教学过程理解的差异性等因素决定了教学模式的多样性。从另一方面来看，学生智力的差异性和学习风格的多样性，也导致了学习方式的多样性和学习过程的个性化。所有这些，都要求教师运用开放的、多样化的方法和策略，培养学生的综合素质和创新能力。

但是，任何模式都不是僵死的教条，而是既稳定又有发展变化的程序框架和方法组合。

四、探索提高课堂教学有效性的教学法

怎样提高教学有效性，做到教师"会教、教会"，学生"会学、学会"，教学背景不同，都存在不同的认识和做法，教学模式和方法也应该不同。对于学生而言，学习背景不同，学习模式和方法也会不同。对于教师，就是"教学有法，法无定法，贵在得法"；对于学生，就是"学习有法，法无定法，贵在得法。"所谓"三分四讲法"课堂教学方法，是试图从"教"和"学"两个方面，探索一种提高课堂教学有效性的新途径。

（一）"三分四讲法"的内涵

"三分四讲法"具体内涵包括以下几个方面。

（1）"三分"，即把教学内容分为三个部分："教师精讲部分""学生参与部分"和"学生自学部分"。第一部分"精讲部分"，主要由老师讲授。第二部分是"学生参与部分"，在老师引导下鼓励学生参与完成教学任务。第三部分是在老师的指导下的"学生自学部分"。"三分"，可以是全教材的"三分"，也可以是某一章的"三分"。

对于学生成绩的核定，也采用"三分"。"教师精讲部分"是考核的重点，一般用答卷形式，放在期末，占到学生总成绩的 40%～50%。"学生参与部分"在参与时间同时进行，占到学生总成绩的 20%～30%。"学生自学部分"可以采用自主命题、自我测试、自

行评价的方式，即学生自拟一份试卷，给出标准答案，说明出题依据和体会，或用口述形式，占到总成绩的 20%～30%。考核可以根据学生的学习状态增加一项或两项，如根据"出勤""互动"等给出成绩，并占有一定的比例，一般占 10% 左右。

（2）"四讲"。教师讲解精讲部分的内容，不能照本宣科，应采用"四讲"的方法，即"讲述重点""讲解难点""宣讲创新点""演讲"。"演讲"贯穿于前三"讲"之中，就是讲授过程要风趣、幽默、能吸引学生的注意力，同时要能边教书边育人，使学生能形成有意义的价值观、态度或意向。

同时，教学方法要多元化，要形成教师自己特有的教学方法体系。比如，以"讲授（不是满堂灌）"为主，辅之以"启发式教学法""参与式教学法""互动式教学法""案例教学法""探究式教学法""合作式教学法""自学加辅导教学法""课外调研法"等。不同的教师针对不同的教学背景应该采取不同的教学方法的组合，应该是多元的。

（二）"三分四讲法"的特点

1. 有创新也有继承

不能一谈国外就什么都是好的，一谈本土就一无是处。毕竟我国有 5 000 年的文明，高等教育也有上百年的历史，教学经验和方法也有雄厚的沉淀，应该发扬光大那些成功的有效的教学经验和方法。讲授法和启发式，就是我国课堂教学经验的结晶。

2. 在互动中探索

在课堂教学中，教师与学生要互动，教师要扮演多重角色，使学生处于"教"与"学"的博弈之中。教师不仅是知识的传授者、组织者和指导者，同时也是与学生共同学习与探索的伙伴，师生间应具有更加密切和深度的交流。在互动中，一方面要强调学生的主观能动行为；另一方面，也要通过教师的提示或引导，促使学生发现真理、发现问题并提出问题，共同寻求解决问题的途径和方法。

3. 综合使用教学方法

多种方法的综合运用，使得教师和学生同处于一个学习的殿堂，给学生提供更多学习和探索的机会，使得学生的分析问题、解决问题能力及其对知识的综合运用能力得到有效提高。

4. 自主学习有创新

通过学生的自主学习，能使得每一个学生都处于自主求索的场景之中，能使每一个学生具有利用所学知识、展开创新思维和实践能力、最大程度发挥学习积极性与才能的机会，更好地把握自己，在相关的知识领域中施展自己的智慧和才能，有所发现，有所提高。

5. 联系实际求真知

"三分四讲法"强调联系实际，强调实践在知识获得中的作用，如"案例教学法""课外调研法"等。目的是使"理论与实践紧密结合"真正成为掌握知识、验证所得、求得真知的有效渠道。

五、结论

高校中的"教与学的关系"是教学观念改革上的基本关系，"传授知识"与"培养能力"的关系是教学方法改革上的基本关系。由"以教师为主体"向"以学生为主体"转变，实现新兴的"教师"与"学生"的关系；由"传授知识"向"组织学习"转变，实现新型"教"与"学"的关系；由"传统型教学"向"创新型教学"转变，处理好"教材"与"教案"的关系；由简单的"一卷式考试"向"综合考核"转变，处理好"知识"与"能力"的关系。这些都是高校教师应该实现的教学理念的转变。

高校的教学过程本身就是一个"知识创新"的过程，也是"育人创新"的过程，教师应该是在系统介绍本学科经典理论的基础上，将最新的、最前沿的研究成果引入课堂，激发学生的讨论和质疑，建立新思维、形成新观点、新理论，培养学生的问题意识和批判精神。这就要求教师能始终站在学科的前沿将学生引入由已知到未知并对未知进行探索的过程中。不能"照本宣科""照屏宣科"，不能把"讲课"变成"读课"；不能简单地"把教材当教案"，也不能"教材搬家"；更不能简单地把考试分数看做衡量教学成果和教学质量的唯一标准，也不能把考试分数看做评判学生学习进步的唯一标准。

高校教育教学改革在不断进行之中，无论是教师的"能动的、与时俱进的教学"，还是学生的"批判性、创新性思维的养成"，皆不是孤立存在的，而是互相联系、互相渗透的，是靠高校教师与学生"共同努力、相互交流与密切配合"才能取得的较好效果。探讨在当下，教师怎样教书才能"育人"，教师怎样教才算是"教得好、会教"；学生怎样做才算是一个"好学生"，学生怎样学才算是"学得好、会学"，是高校和教师永恒的研究主题。

参 考 文 献

刘雪芹，2020. 大学生研究性学习的实施现状及其影响因素研究——以 J 大学为例 [D]. 无锡：江南大学.

彭建兵，2020. 研究性学习与高校课程教学方式改革 [J]. 兴义民族师范学院学报（6）：79-84.

张音，2020. 大学生研究性学习主动性的影响因素与提升 [J]. 高教学刊（2）：53-54.

基于 OBE 理念的"农业项目投资评估"课程思政建设的探索 *

郭爱云①

摘　要：根据 OBE 理论，以立德树人和以德为先的育人理念，指导课程思政为目标的"农业项目投资评估"课程教学。按照"课程目标→教学内容→教学方法→评价体系"的路径，反向设计"农业项目投资评估"课程的教学体系，在思政价值意蕴指导下重构课程教学目标。从思政设计和教学内容重构两方面积极挖掘课程内容中蕴含的思政元素，整合思政教育资源，加强课程思政教学设计，创新教学方法，构建基于 OBE 理念的课程思政教学质量评价制度，建设持续改进的课程思政教学质量管理制度，将思政教育融入课程教学的全过程，推动课程建设和学生培养的高质量发展。

关键词：OBE 理念；思政设计；内容重构；效果评价；持续改进

OBE（outcome-based education，简称 OBE）理念又叫做成果导向理念，即按照学生完成教育过程所取得的学习成果来进行教学设计和确定实施目标，强调以人为本，通过成果导向和闭环改进等来进行人才培养。该理念强调成果导向，重视学生完成所有学习过程后获得的最终结果，以及将结果内化于心的过程。OBE 理念强调教师要按照"反向设计、学生中心、持续改进"的内涵要求对学生进行教学效果评价。教学效果可以通过学生的学习成果予以反映，学习成果涵盖不同层面，可以是一堂课、一个教学单元的学习成果，也可以是一门课程，甚至专业学习的成果等，不仅体现为知识与技能的掌握情况，而且包含学习过程中价值观的培养塑造和情感态度的养成等。

这一理念强调课程思政教学效果评价体系，考察的是具体某门课程中的教学内容、教学方法、考核内容及手段与标准是否激发学生学习的积极性、主动性和创造性，提出从课程对思政元素的支撑关系明确课程目标、教学内容与考核方法是针对相关指标点进行的，评价的设计和实施必须有依据，且评价依据可信，据此进行评价反馈后实现持续改进。

"培养什么人、怎样培养人、为谁培养人"是教育的根本问题，立德树人成效是检验高校工作的根本标准。课程思政是要把思想政治教育融入课程教育教学的各个方面，落实到各个环节，将知识传授与价值引领统一结合。在各门专业课程的教学过程中，教师对学生进行价值观引导的教育活动，将思想政治教育与专业课程教学有机结合，向学生输出合理的知识价值观念。

---

*　本文系 2022 年北京农学院教学改革研究项目：课程思政项目（编号：BUA2022JG10）。

①　作者简介：郭爱云，女，管理学博士，北京农学院经济管理学院副教授，主要研究方向为都市型现代农业。

根据 OBE 理念，对学生完成学业或某一课程应掌握的知识和培养的能力等，教师应有清晰的培养方案指引和实施路径构想，以实现教育预期目标的达成。作为专业任课教师，应充分把握主讲课程的性质、地位、作用与社会价值，深入理解课程思政内涵，明确知识传授和能力培养要与世界观、人生观和价值观引领统一结合的课程目标。课程教学活动的开展以思政学习效果为导向，将思政教育融入课程教学的各环节，不断创新教育教学改革与实践，努力实现课程目标，推动课程建设和学生培养的高质量发展。

"农业项目投资评估"课程是农林经济管理专业本科阶段开设的一门选修课程，实践性和应用性都很强。课程教学内容与社会经济生活密切相连，教学中强调理论联系实际，有较多的社会实践案例可供选择，有较多的课程思政元素可挖掘，开展课程思政教学具有较好的理论和实际条件。在课程思政建设背景下，"农业项目投资评估"课程的教学既要实现对专业理论知识的掌握，又要将学习过程中所掌握的方法内化为解决实际问题的能力，从政治认同、国家意识、价值观、人生观、社会责任、文化自信等方面对学生进行正确塑造，努力达成课程教学的知识目标、能力目标与价值目标的有机统一。

一、基于 OBE 理念的"农业项目投资评估"课程思政建设内容构建

（一）建设思路

根据 OBE 理论，以立德树人和以德为先的育人理念指导课程思政为目标的课程教学。积极挖掘课程教学内容中蕴含的思政元素，整合相关思政资源，做好课程思政设计和教学内容重构，调整教学设计，在课程教学的全过程融入思政教育，积极发挥课程的思政教育功能。基于此，提出基于 OBE 理念的"农业项目投资评估"课程思政建设思路（图1）。

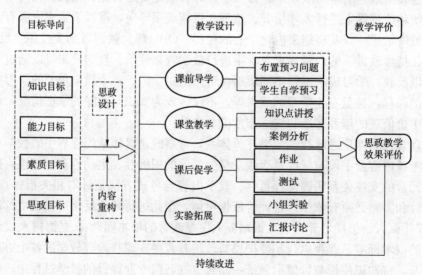

图1 基于 OBE 理念的"农业项目投资评估"课程思政建设思路

（二）建设路径

根据 OBE 理念，按照"课程目标→教学内容→教学方法→评价体系"的路径反向设计"农业项目投资评估"课程的教学体系。

1. 基于思政价值指导的课程教学目标重构

结合农林经济管理专业人才培养目标和"农业项目投资评估"课程教学目标，以 OBE 理念为指导，除课程的知识传授和能力培养目标外，要突出对学生素质目标的塑造，重构课程教学目标。将爱国情怀、科学精神、职业素养、社会责任、文化自信等思政元素纳入课程教学的素质目标，为课程设立价值塑造目标。

"农业项目投资评估"课程思政的建设，要以新发展理念作为指引，突出新发展格局构建，强调高质量发展目标。启发学生在"农业项目投资评估"理论学习时重视中国社会实践，重视从国家层面来分析评估农业投资项目对国民财富的影响和对社会资源的耗费，既追求项目市场价值，又追求国民财富的增进，以国民财富增进为评估项目投资的价值理念，有效渗透思想政治教育，引导学生树立正确的价值观与精神文化追求，培养学生爱国强国意识，推动理论教育与思政教育的同步前进，实现育人与育才的统一，促进优秀思想品质内化于心，加强实践后外化于行，努力培养德才兼备、全面发展的经营管理型人才。

2. 重视课程思政教学设计

根据课程特点和专业要求，积极更新教育教学理念，按照 OBE 的教育理念，凝练课程思政主题，深入挖掘教学内容中蕴含的思政元素。思政元素的挖掘，首先关注与专业课程的核心内容高度匹配的元素，之后要结合中国特色社会主义的伟大实践，以及国内、国际的时事热点。同时，还可以结合实际案例展开思政教学设计。

从课程知识体系挖掘与思政元素相关的教学内容，编写或选择契合思政元素的教学案例，丰富课程思政的教学内容，将专业知识传授与思政教育有机联系，在课程教学全过程实施思政教育。在课前导学、课堂教学、课后促学和实验拓展等环节上，设计科学的课程思政教学方案，培养学生坚定的理想信念，增强爱国情怀，强化"四个自信"的价值认同，并突出实践指引，有效实现教学目标。

3. 创新教学方法

OBE 理念强调按照"课程目标→教学内容→教学方法→评价体系"的反向路径设计来选择教学方法。由构建主义发展出的支架式、抛锚式与随机进入式三种较为成熟的教学方法，都强调情境进入、小组协作在教学过程中必不可少。所以，教学方法的选择要以教学目标的实现为导向。课程思政教学方法的正确选择与持续创新，能够最大限度提升教师课堂教学的生动程度和感染力，激发学生学习兴趣，更好地调动其学习积极性和参与度，发挥课程思政的最大效能。针对课程教学的知识、能力和价值等目标，选择和创新教学方法更要专注于学生需求，关注学生的群体特点，结合课程特点，以课程思政的价值意蕴为导向，采用情景式、启发式、专题式、互动式、反转式等教学方法激发学生的学习主动性，加强师生互动和生生互动，在潜移默化中统一专业教育与思政教育，实现赋能学科建设与落实立德树人。

实验拓展部分是"农业项目投资评估"课程教学中的重要环节。基于小组对涉农投资项目进行评估，在对项目可行性分析、评估论断的阶段，教师可跟进了解小组学生所依托的指导理念中体现出来的价值动态；汇报交流中的观点碰撞和知识提炼，可以升华价值主题，统一价值观的引领。

二、基于 OBE 理念的"农业投资项目评估"课程思政教学的思考

(一)围绕课程思政教学调整和完善教学体系

课程思政的开展,需要从结果导向来进一步明确和完善课程教学目标,以此反向设计融入课程思政的教学体系。以学校人才培养目标和专业人才培养方案为依据,在"农业项目投资评估"课程的教学大纲、教学设计、考核评价等方面,以课程思政为导向,更新调整体现课程思政改革思路的课程大纲、教案、课件、作业、实验实习和考核等教学文件,完善课程思政教学体系的建设。

(二)基于 OBE 理念创新课程思政教学质量评价制度

1. 构建多元化主体协同评价的教学质量评价体系

教学效果评价涉及对教学工作质量的测量、分析和评定。通过这种活动可以判断教师教学的质量和水平,监督强化教师与学生的课堂表现,及时调整教师的教学行为。以学生为中心,重视学生的主观感受,强调学生的能动性,其成果导向提出要充分考虑教学相关者的要求与期望。因此,课程思政教学质量的评价应构建以学生评价为中心,突出学生、辅导员、教师、督导、用人单位等多元化主体作用。通过构建多元化主体协同评价体系,多角度开展教学效果评价。

2. 设计多维度教学效果评价指标体系

结果评价指向课程思政实施效果,主要包括教学效果和课程影响,是对课程思政质量进行有效检验的重要指标。课程思政是学校开展德育工作的重要切入点,是落实立德树人教育目标的重要抓手。基于此,借鉴 OBE 理念,建立"农业项目投资评估"的课程思政系统分析框架,初步构建课程思政教学质量评价指标体系,主要包括知识传授效果、情感培育效果、价值引领效果和行为指导效果四个测量维度,依托评价维度内涵选择确定科学的评价方法。围绕学生的价值塑造目标达成情况进行全面、客观、公正、科学地评价,结合学生问卷、访谈等定性评价手段,动态掌握学生在课程学习中思想政治认识的提升情况,科学评价课程思政教学效果,为后面的教学工作提供有益指导。

(三)建设持续改进的教学质量管理制度

成果导向理念下的课程教学是一个持续改进的闭环过程,在有效的持续改进机制支撑和保障下,才能实现课程培养目标与社会需求、教学活动与培养目标等相匹配。常规的教学质量管理更多关注的是教学环节的质量监控,具有监督、反馈和调控等功能,但改进功能较弱。科学完善的教学质量管理体系应具备"闭环"特征,可以对教学进行高效率的质量管理。因此,需要打造教学质量管理的"评价—反馈—改进"的有效闭环,使用信息技术,推动教学质量管理从关注"质量监控"转变为关注"持续改进",进一步提升教育教学质量。

秉持改进的质量保障理念,借助过程性、阶段性和期末考试考核,形成常态数据监测,对学生学习效果及时进行评价,认知诊断并反馈教学问题与存在不足,分析讨论进行总结,提出有针对性的改进策略与方法,在开展下一阶段或下一轮教学时全面改进,并加强总结提炼,为持续改进提供方向指引。同时,还要加强自我评估,以日常教学督导意见、学生学习过程追踪、教学竞赛结果反馈、毕业生调查以及其他社会评价机制为手段,构建全过程的质量保障机制。

参 考 文 献

崔卫生，魏则胜，2022. 高等教育课程思政的价值基础及其管理 [J]. 高教探索（6）：55-59.

高德毅，宗爱东，2017. 从思政课程到课程思政：从战略高度构建高校思想政治教育课程体系 [J]. 中国高等教育（1）：43-46.

鲁艺，陈瑶，杨超，2022. 基于 OBE 理念的教师教育人才培养研究 [J]. 学术探索（12）：130-138.

申天恩，申丽然，2018. 成果导向教育理念中的学习成果界定、测量与评估——美国的探索和实践 [J]. 高教探索（12）：49-54，85.

都市型农业发展视域下高校人才
培养与乡村振兴耦合性研究

宋沂邈①

摘　要：党的二十大对农业现代化发展提出了更高的要求，都市型农业是农业现代化发展的典型。懂科技、有技能、善经营的农业人才是大力发展都市型农业现代化和乡村振兴战略目标实现的重要一环。本文从教育机制与人才振兴、技能培养与产业振兴、文化传承与文化振兴、绿色农业与生态振兴四个角度对如何加强都市型农林高校人才培养与乡村振兴的耦合度进行研究。

关键词：都市型农业；农林高校人才培养；乡村振兴

一、都市型农业的乡村振兴与人才供需关系

（一）都市型农业的特征

都市型农业（agriculture in city countryside）一词最早起源于美国的 20 世纪五六十年代，意指在城市区域内的农地作业。中国的都市型农业起步于 20 世纪 90 年代末，北京最早提出了都市型农业的发展概念。在我国，都市型农业是指地处城市间隙地带或周边地区的新型现代复合农业，主要目标是为城市提供农副产品和农业服务。

都市型农业有如下特征：①城乡融合性，即城市与农村在空间分布上相互渗透；②功能多样性，即不仅有经济功能，还有文化功能、生态功能和社会功能等；③现代集约性，即依托城市区位优势，具有资本、技术和人才的密集性；④市场开放性，即以市场为导向，农产品贸易化程度高；⑤产业延展性，即与二、三产业相互渗透，与其他行业交叉融合。

（二）都市型农业乡村振兴对高校人才培养的需求

乡村振兴包括产业振兴、人才振兴、文化振兴、生态振兴、组织振兴五个方面，人才振兴是乡村振兴的关键要素。结合我国乡村振兴战略总体要求，以及都市型农业的内涵和特点，都市型农业乡村振兴对高校人才提出了以下需求：①复合型技能人才需求，以实现农产品的多元素、多层次转化增值；②应用型技能人才，以促进新技术、新设施在都市农业的使用和推广；③新型经营管理人才，以缩短都市农业商业流程，引领农业品牌和特色产业蓬勃发展；④新型创新创业人才，以推动产学研合作，强化都市农业发展内驱力。

---

①　作者简介：宋沂邈，女，博士，北京农学院经济与管理学院会计系讲师，主要研究方向为绿色低碳农业政策研究。

（三）乡村振兴与京津冀都市型农林高校人才培养

京津冀地区是我国重要经济增大极，都市农业为京津冀地区人民的食品供给和粮食安全提供了重要保障。京津冀地区具有专业办学特色的农林高校有北京农学院、天津农学院、河北农业大学等，都市型农林高校是京津冀地区乡村振兴的重要人才输出地。

以北京农学院为例，都市型农林高校的人才培养有如下特点：①对标都市农林行业需求设置课程内容，例如"农场智能化管理""果树文化"等课程；②注重都市农业的应用技能培养，例如实践学分占比30％以上，并于大北农等农林行业龙头企业合作实习基地建设；③注重培养"三农"情怀，例如三下乡社会实践，以及与高校周边都市农业发展典型村镇进行共建；④创新都市农业人才培养模式，例如创建"3+1"培养模式，3年理论与实验课程，1年综合实训课程，后者由校外导师和校内导师联合培养，拓宽了复合型人才培养路径。

二、都市型农业发展视域下高校人才与乡村振兴的耦合问题

（一）结构性供需矛盾突出

都市型农林高校以培养都市型农业人才为首要目标，都市农林类特色专业，如植物保护等专业与都市型农业发展需求匹配以外，一些配套专业则重视度欠佳。目前，除了农学专业人才以外，农村现代化治理对涉农管理人员的需求激增。然而，近几年我国重点农林高等院校农科人才培养普遍存在学农不务农的情况，特别是管理类毕业生，在就业时往往由于工作环境、回报率等原因，没有选择农业农村相关岗位，而是主动或被动地选择了远离农村农业领域。

（二）课程体系结构有待优化

随着我国农业现代化水平发展日益迅速，高校人才培养亟须紧跟时代脉络。目前，农林院校的课程设置仍需对都市农业现状和未来发展方向进行更科学翔实的研判。需要进一步更新课程体系，使得培养方案更加体现实用性、都市农业专业性与方向性。比如，会计专业作为农业农村领域的"万金油"专业，在学习基本专业课的基础上，都市农林主题的通识课和专业拓展课的重视程度不够。此外，专业课与都市农业的结合性欠佳。

（三）教学的实践性有待加强

农业由于其自身学科特征，对于实践性具有很高要求。农林高校的实践育人要坚持"从农村中来到农村中去"的方法论，坚持"学之于农村，用之于农村"的价值观。都市型农林院校往往与所在地的农业农村联系更多，因此其实践应该具有更强的针对性。然而，目前的实践教育到农村的频次还不足，学农村的深度还不够。在合作时往往抓大抓强，忽略了与小农户的联动机制，在一定程度上背离了服务乡村振兴的主旨。

三、都市型农林高校与乡村振兴的耦合路径

（一）创新教育机制以推进都市农业人才振兴

服务都市农业是现代农业在大城市的主要表现方式。教育机制的主要创新方向为立足于"三农"服务方向，根据乡村振兴战略要求优化育人方案，培育与乡村振兴相契合的复合型人才。

首先，对教育机制的完善是建立在城市中对农业的需求基础上，并据此有的放矢地培育学生。这样能够使学科的发展不仅站在原先强势专业之上，而且进一步适应了当前农业的特性和需求，从而以更具专业性和适应性的方式大大提升学校及学科的竞争力。在具体学科建设中，学校可根据本学校特色专业和专业整体发展情况，结合区域农业发展情况和趋势，以优势学科带动其他学科，提升学科整体的水平，使学科建设既符合学校发展要求，又与经济发展和农业发展相依存，从而能够为产业发展提供更多专业人才。

其次，学校在推进教育机制完善时，需着重关注科学性的人才培养方式方法。应深度探索区域农业发展条件，结合农业发展趋势和需求，整合学校、企业、乡镇三方有利资源，深化农林高校经济圈建设，实现农业科研、农业产品、农业种植养殖多方面全方位的有序发展。在发展农业经济的过程中，学校应当充分发挥科学研究的优势，以更加敏锐的眼光抓住农业发展的重点方向，以乡村农业发展的真实需求为基础，打造符合农业发展、乡村振兴规律的具有时代性和实践性的学科。

（二）推广实用新型技能以推进乡村产业振兴

与传统农业相比较，都市农业的农民有着更高的技能潜力和技术需求。

首先，要将焦点集中于对政府、产业、学校、科研机构等多方面的建设，通过多组织主体的共同推进，保持和提振我国农业和农村发展的步伐。以不同类型的众多主体的共同参与确保维护乡村振兴的机构能够通过非营利的方式实现对农业产业的全方位推进。同时，强化政府和社会在农村发展上的合作，由政府牵头，社会上的组织或企业以赞助的方式对农业发展的方向进行保障，并结合农村主要盈利方式和服务于农民的非营利组织，将农业发展格局进一步扩大。在以农业类高校为主要基础科研力量的情况之下，融合政府和产业的特点和力量，将农业资源的利用效率大幅提升。

另外，以农村的根本情况为依据建设具有创新性的农民队伍，使其能在农民当中起到带头作用。在这一过程中，高校作为农业方面的重要智囊型组织，应当将其先进的理论和经验与农民实际生产需求进行结合，从而培养出真正掌握农业基础理论，懂得农业发展规律，精通农作物种植实践的专业型农民。高校还需要结合其科研力量，将产业进行融合，并提供更多的就业机会，同时提高就业的质量。

（三）加强文化传承以促进乡村文化振兴

都市农业文化不仅是乡村文明的重要体现，也是缓解都市人焦虑的精神家园。农林高校肩负着都市农业文化传承的重任，文化底蕴是农林高校可持续发展的基础。

应当结合高校的枢纽作用，将其吸收的各产业知识和经验以农业发展为目标进行扩散，以高校的人才储备和知识储备为依托，搭建起各类平台，使农民能够基于自身不同的需求在不同的平台上获得自己需要的东西，如农产品的销售需要一个具有融通性的网络平台，农产品种植问题需要一个能够解决各类问题的问答平台等。

高校还可以和具有生态特色的农村地区进行联合开发，使当地的农业特色进一步科学化，从而提升农业生态吸引力，使景色更加优美。通过生态环境的优化及其与城市的差异来吸引更多游客体验农村生态，并利用具有持久吸引力的生态环境维持长久的游客来源；同时，利用线上方式对农业产品、农业生态旅游进行推广，使更广泛的人群能够发现农业产品，并消费农业产品和旅游。

(四) 发展绿色农业以促进乡村生态振兴

当前绿色农业的发展涉及生态环境的保护、经济发展水平的提升以及社会责任的承担和对社会就业等方面的贡献。

农业类高校需要重点关注通过生态的方式扶持并发展农村，最为重要的观念便是"绿水青山就是金山银山"。站在生态推动农业振兴的角度，人类如何与自然相处更加和谐有序是生态发展顺利程度的保障，这一点便是高校在教学和科研过程中应当重点关注的内容。高校对学生的培养中必须通过对其生态意识的重点培养来提升学生对农业农村的认知水平，学生需要深切意识到农业对于生态环境尤其是实现"双碳"目标的重要性。

对生态发展科学技术的推进也应当是重点关注的内容。农业发展的持续性离不开科学技术的发展，科技能够使绿色发展更加贴合社会经济发展实际情况，各类节能减排措施的实施也离不开科技水平的提升。

四、结语

提升乡村发展水平，增强乡村振兴程度，是农业类高校的历史使命，也是未来发展的重要契机。需充分结合农村实践经验，以农村发展和农民真实需求作为高校发展方向的引导，使成果能够真实应用到农业发展当中。在这一过程中，高校需要结合农业发展的实际需要进行课程讲授，将解决农业面临的关键问题作为重点公关对象，并在授课和科研过程中培养学生对农业发展的敏感性，为未来农业的持续发展培养人才。

<h2 style="text-align:center">参 考 文 献</h2>

包晓斌，2020. 北京都市农业绿色发展新路径 [J]. 前线 (10)：80-82.

范小强，2015. 和谐宜居之都视域下北京市区发展都市农业文化路径探析 [J]. 北京农业 （中旬刊） (35)：163-165.

矫健，聂雁蓉，张仙梅，等，2020. 加快推进都市农业高质量发展对策研究——基于成都市对标评价 [J]. 中国农业资源与区划 (7)：201-206.

刘京国，2022. 乡村振兴背景下复合应用型都市农林人才培养的研究与实践——以北京农学院为例 [J]. 北京教育 （高教版） (2)：68-70.

谯薇，张嘉艺，2017. 我国都市农业发展困境及对策思考 [J]. 农村经济 (3)：61-65.

屈焕能，2021. 基于都市农业发展背景的高职教育教学改革 [J]. 黑龙江粮食 (9)：51-52.

王航，2015. 服务都市现代农业的涉农高校农业推广模式创新与思考——以上海交通大学为例 [J]. 农业科技管理 (6)：64-68.

周晓旭，胡博禹，吕雅辉，等，2020. 河北省都市农业发展水平评价 [J]. 北方园艺 (21)：151-157.

浅析新时代高校二级学院的师德考核评价

王艳霞[①]

摘　要： 新时代高校贯彻党的二十大精神，落实立德树人根本任务，关键在二级学院。二级学院肩负着师德师风建设的重任，其中师德考核是重要一环。笔者从高校二级学院师德考核评价的重要意义出发，找出师德考核工作中存在的问题，提出师德考核评价的优化策略，以激励教师提高师德素养，成为以德立身、以德立学、以德施教的"四有"好老师。

关键词： 高校；师德；考核

深入学习贯彻党的二十大精神，要把关于立德树人的重要论述领会到位、落实到位，全面贯彻党的教育方针，坚持为党育人、为国育才。党的十八大以来，习近平总书记围绕如何落实立德树人根本任务发表了一系列重要讲话、作出了一系列重要指示、批示。从中央到地方、从大学到幼儿园、从社会到各级教育行政部门都高度重视师德师风建设，"师德"一词高频次出现在各层级规范性文件、规章、制度中，然而师德师风建设不是挂在嘴上，写进制度就行了，关键在落实。高校落实立德树人根本任务，加强师德师风建设的"最后一公里"在各二级学院。新时代新征程，高校二级学院师德考核评价是立德树人的重要一环。

一、高校二级学院师德考核评价工作的重要意义

（一）新时代高校师德建设目标要求

中国特色社会主义现代化建设进入新时代，实现中国式现代化目标，实现中华民族伟大复兴，需要强有力的人才支撑。全面落实立德树人根本任务是中国式高等教育现代化发展的必由之路。高质量人才培养离不开教师，为党育人，为国育才，师德师风建设是第一要务，育人的根本在立德。中国高等教育现代化特色发展之路必须坚持党的全面领导，坚持马克思主义指导地位，回答好"为谁培养人、培养什么人、怎样培养人"这个教育的根本问题，坚持全员育人、全程育人、全方位育人"三全育人"、德智体美劳"五育并举"[②]。高校教师首先要为"人师"，再成"经师"。

（二）新时代师德内涵

新时代新要求，做好师德考核评价，首先就要明确新时代师德内涵，才能明确考核评

---

① 作者简介：王艳霞，女，公共管理硕士，教育管理系列副研究员，北京农学院经济管理学院办公室主任，主要研究方向为师资队伍建设。

② 李建军：《勇担时代使命　扎根中国大地　走中国高等教育现代化特色发展之路》，《光明日报》，2023年1月6日。

价的具体内容。"师德"从字面意思理解，既是教师的职业品德，又是教师在教育教学过程中表现出来的政治态度、思想观念、法治意识、个性心理等方面的稳定行为特征。时代在发展变化，新时代对高校教师的德性要求更加全面，层级也更高，既要明大德，又要守公德，还要严私德，要成为"四有"好老师，要符合"四个统一"的新要求，及《新时代高校教师职业行为十项准则》。

（三）高校师德考核评价的内存逻辑及重要性

教育部等七部门印发《关于加强和改进新时代师德师风建设的意见》中指出，要严格考核评价，落实师德第一标准，将师德考核摆在教师考核的首要位置，坚持多主体多元评价，以事实为依据，定性与定量相结合，提高评价的科学性和实效性，全面客观评价教师的师德表现[1]。高校进行师德考核评价是各级教育部门的要求，也是师德师风建设的重要一环。教师引进、年度考核、评奖评优、职务晋升等环节都要求把好政治关、师德师风关，科学客观的师德评价关系到教师的切身利益，尤为重要。

教师通过个人的自我修养、教育培训、环境影响，使内在深层次的思想动机能量集聚，形成强大的内驱力，转化成一定师德的行为效果，师德考核评价是考察教师在某一时期内的个体言行表现和倾向总和。对师德考核评价的内存逻辑是教师内在的思想感情、意志信念与外显的师德行为大体上是一致的，少量的言行不一、表里相异是偶然的，师德的内外统一性是我们可以通过教师的外显行为进行内在德性评价的理论依据。

二、高校二级学院师德考核评价工作中存在的问题

上层各级教育管理部门高度重视师德师风建设，强调师德师风考核评价放在首要位置，师德失范"一票否决"，各级文件的贯彻落实最终都集中到二级学院，二级学院加强师德教育培训，加强思想政治建设，学习师德相关的各种制度文件，进行反面案例的警示教育，这种重视仅仅落实在会议和文件上，考核评价也是在自评的基础上，通过考核领导小组会议，凭借少部分人的感知，商讨出年度考核优秀人选，其他教师均为合格。在普通教师眼中，师德考核评价仅跟极少部分人有关，没有业务考核实在。高校二级学院师德考核评价存在着评价主体有限，重质轻量，重奖惩轻发展的问题。

（一）评价主体有限，观点容易片面化

师德考核评价说起来重要，但只对有违反《新时代高校教师职业行为十项准则》的极少数人有用，对于有师德失范行为被"一票否决"的教职工尤其重要。这些师德考核评价制度对于大多数教职工具备一定的威慑力，但存在着操作层面主体有限，难以区分大部分教职工师德考核中的差异性。相对于业务考核评价，师德考核难度更大，仅凭二级学院师德考核小组几个人认识，很难避免观点的片面化。

（二）评价方法单一，定性有余定量不足

二级学院的师德考核评价以年度考核为主，教师引进、奖评优劣、职务晋升过程中，

---

① 教育部、中央组织部、中央宣传部、国家发展改革委、财政部、人力资源社会保障部：《文化和旅游部教育部等七部门印发〈关于加强和改进新时代师德师风建设的意见〉的通知》，http://www.gov.cn/xinwen/2019-12/16/content_5461529.htm.

只是由党支部和党总支给出思想政治、学术道德、工作表现等文字表述，是否存在某种行为的质性评价，落实师德第一标准，是前置性的"一票否决"，是对相关人员师德的基础性判断，没有程度评判。受人情事故及思想道德品质有一定隐蔽性的影响，师德考核都会给出正向评价。

为了强调师德的重要性，将师德考核从教师年度考核中分离出来单独进行，教职工对师德的关注度有所提升，但在实际考核工作中，教职工对业务考核关注较多，感觉自己没有触碰底线，在师德考核自评表上简单填一下"是""否"就可以了，甚至都没有仔细看一下考核指标内容的文字，直接在正向指标后填"是"，负向指标后填"否"。师德考核小组对教职工的师德考核评价方法单一，有人提出观点，大家附议，按上级给出的优秀比例推荐考核优秀人选。这种评价方法优点是简单、省时、省力，缺点是忽视客观性、科学性，精准有效性不足，缺少有效的评价依据。

（三）重奖惩轻发展，师德评价功利化

师德考核评价的最终目的是让他律转化成自律，不仅仅是评奖评优的工具，而是通过师德考核评价激励教师不断提高自身修养，在工作生活中找到自己的不足之处，在下一年度中弥补自身的不足，实现更好的发展。现有评价强调师德诊断决策，忽视反馈督导功能。

利益驱动只能让教师完成表面的工作，有显示度的工作，增加对每一个学生的关爱，花费时间精力与学生谈心，增加备课时间，这些重要但无法考量的、但能提高人才实现高质量培养的工作，需要的是"师德"这一强大的内驱动力。在师德自律的作用下，高校教师才能始终保持进取精神，站在知识发展前沿，坚持勤勉的工作态度，不断改进教学方法，提高教育教学能力，潜心科学研究，在追求自身高质量发展的同时，提高人才培养质量，"五育"并举，把学生培养成德、智、体、美、劳全面发展的人才。

三、高校二级学院师德考核评价策略的优化

（一）师德考核评价指标体系构建的原则

1. 时代性原则

当前，我国正处于世界百年未有之大变局，社会主义建设进入新时代，高校二级学院师德考核评价指标要有新时代的特点，要严格执行国家的法律法规及各类教师相关规范性制度文件，要把握好习近平新时代中国特色社会主义思想的世界观和方法论。符合国家和时代发展的主旋律，能够在错综复杂的形势面前明辨是非，在融媒体时代澄清网络信息的真伪，坚定正确的方向，给学生以正确的引导。

2. 系统性原则

高校二级学院师德考核指标体系设计时要在上级文件要求的基础上，要全面深入反映高校教师的师德内涵。高校教师师德的评价要做到完全的客观全面是不可能的，但应尽可能将相关的思想道德表现考虑全面，既包括政治思想信仰层面的大德，也包括作为高校教师的学术职业道德，还包括社会生活中的个人品德。在考核范围全面的基础上还要加大考核的深度，既有对行为表现的测评，也要有对思想动机的考量。

3. 以人为本原则

教育的本质是人点亮人，师德考核要以人为本，高校教师是学生智慧的启迪者，要有

关爱学生的情怀，从人性成长的角度，引导启发学生，教师在点亮学生的同时也实现自我的道德成长与提升。师德考核评价以人为本的原则就是要实现评价主体多元化，教师自评、学生、同事、专家、领导增加改进指导利益相关多主体评价。通过自评实现自我教育反思，自我约束激励，发挥人的主观能动性。多主体综合评价，避免评价出现片面性和偏差，从不同视角对教师的道德状况做出客观公正地评价。

（二）选择适当的师德评价方法

为保证师德评价的科学有效，根据实际情况科学选择适当的评价方法非常重要，教师自评的方法、学生评价的方法、考核领导小组的评价方法应该有所区分，高校二级学院可以从以下师德测评方法中选择。

1. OSL 品德测评法

OSL 品德测评法是一种以品德素质开发为目标的行为测评方法，适合用教师师德自评，O 是英文 on（做到）的缩写，S 是英语 short（稍差）的缩写，L 是英文 long（较差或需要努力）的缩写。教师在全面理解评价指标的基础上，进行自我对照检查。

2. 问卷调查法

问卷调查法是师德考核评价的主要方法，是一种实用、方便的方法，问卷调查法的关键在于师德评价点的设计，评价题的质量，题目措辞表述的准确性。问卷可以有是非题、量表打分题、选择题、重要性排序题等，可以把定性和定量评价有机结合。适合应用于各测评主体。

3. FRC 品德测评法

FRC 品德测评法是事实报告计算机测评法的简称，基本思想是借助计算机分析技术，建立个体品德行为信息库，从大量评价点上的行为事实，通过综合评判，给出结果报告。行为是外在表现，思想内隐于心，俗话说，"日久见人心"，从量变到质变，无足轻重的小事积累多了，就有了质的变化，一定时期足够量的师德行为考核，可以给出客观公正的师德评价。

（三）新时代高校二级学院师德评价指标体系的内容

新时代高校二级学院师德评价指标体系的内容首先要体现时代性，例如，2022—2023学年度师德考核应包括学习党的二十大精神、两会精神、中央 1 号文件精神等内容。还要体现二级学院工作和学生特点，完成学院工作目标的积极性，因材施教，帮助学生成长等内容。最后，要分类分层确定师德评价指标内容，加强对普通教师的关注，避免师德评价成为奖惩两级少数人的工具。让师德评价形成立体丰满的指标内容体系，使评价落到实处，避免考核走过场，形式化，让师德考核评价真正成为激励高校教师审视自身、提高素养、激励发展的有效工作。

1. 教师师德自评指标内容

应用 OSL 品德测评法，依据《新时代高校教师职业行为十项准则》中的十项内容作为评价指标。指标要求是全方位的，让教师自查哪些方面做到，哪些稍差一些但基本做到，哪些地方还需要努力。每项内容给予三个选项。在评价结果统计时将每个选项赋予不同的分值，定性定量相结合给出师德自评分。

2. 学生评价指标内容

学生对教师的师德评价包括课程思政，育人情况，仁爱之心，尊重学生，耐心细心，一视同仁，明道、信道、传道等相关指标。利用问卷量表评分法，将相关师德评价指标植入课程评价系统中，在问卷后期处理中再将师德部分分离出来，得出师德学生评价结果。

3. 相关同事评价指标内容

相关同事是与指被评教师有工作交集的同事，可以是一个支部的同事，一个系的同事，从事教务、行政管理工作的同事。相关同事之间相处时间较多，对彼此的政治思想、工作态度、日常行为等表现最为熟悉，能够对教师的师德素养水平做出判断。应用问卷调查法进行相关同事师德评价。同事评价工作量比较大，需要信息化评价指标系统，通过计算机数据处理才能完成。

4. 二级学院考核领导小组评价指标内容

师德考核领导小组主要有三项工作任务：一是应用 FRC 品德测评法对教师日常工作行为进行累积性评分，并将自评和他评相关结果赋予不同的权重再进行综合评价，应用大数据将量化评价与质性评价有机结合，给出相对科学公正的师德评价结果。二是高标评价，重点优秀工作加分项，选出师德优秀教师，树立榜样。三是底线评价，师德失范减分项，一票否决。

参 考 文 献

曹晶，2021. 浅析高校师德评价中教师主体性的缺失与回归 [J]. 改革与开放（22）：44-49.

黄岩，杜佳炎，杨海莹，2022. 新时代高校师德评价指标体系构建探析 [J]. 评价与管理（2）：40-44.

教育部，中央组织部，中央宣传部，等，2019. 文化和旅游部教育部等七部门印发《关于加强和改进新时代师德师风建设的意见》的通知 [EB/OL]. http://www.gov.cn/xinwen/2019-12/16/content_5461529.htm.

李建军，2023. 勇担时代使命 扎根中国大地 走中国高等教育现代化特色发展之路 [N]. 光明日报，2023-01-06.

黎庆兴，2021. 困局与破解：新时代高校师德评价的实践审思 [J]. 赣南师范大学学报（1）：49-53.

周宏武，余宙，2022. 做好新时代高校师德师风考核的策略探析 [J]. 中国高等教育（1）：15-17.

"三全育人"视域下教学秘书学业预警工作的角色探索 *

王兆洋①

摘 要： 学业预警是高校本科教学管理的一项重点工作，教学秘书作为高校教学管理工作的直接参与者，在学业预警工作中担任着重要角色。从"三全育人"理念角度出发，明确教学秘书在学业预警工作中的角色定位及作用，通过对影响其积极发挥的因素进行分析，提出提升学业预警工作成效的对策。

关键词： "三全育人"；教学秘书；学业预警；角色

随着高等教育逐步由精英教育转型到大众化教育，为了严把"出口"关，保证教育教学水平，学业预警工作越来越多地受到高校重视。学业预警由江西理工大学实施的"学业预警"制度演变而来，是一种将学生管理和教学管理相结合的新的高等教育管理方式，也是一种保障机制，即通过打造一个学校、学生和家长甚至社会共同参与平台，对学困生的学业情况及时预警，告知其和家长可能会引起的不良后果并通过有效的管理和干预手段，形成合力，进而提升学困生的转化率，实现高校人才培养质量目标，充分体现了"三全育人"教育理念。教学秘书全程参与育人过程，是教学管理活动中的关键一环，如图1所示，由于熟悉修读要求和学生学业情况，在学业预警工作中更是不可或缺，尤其在下达预警通知单和家长函以及后续跟踪过程中，在学业情况答疑和学业帮扶方面发挥着重要作用。从"三全育人"视角，以提高学困生转化率为目标，探讨教学秘书在学业预警管理与帮扶工作中的角色定位，重视和充分发挥其积极作用，并在此基础上提出提高预警成效对策，为促进高校人才培养质量提升提供借鉴。

一、教学秘书在学业预警工作中的作用

1. 快速识别学困生

学困生，即在学分制培养模式下，大学生在修业过程中因不能按时完成修读要求而面临毕业难的学生，是学业预警工作的主要对象。学业预警的首要工作，即依据学生的成绩和获得学分情况识别学困生，目前大多数高校学困生的识别工作由二级学院完成，教学秘书作为二级学院教学数据的处理人员，在快速、准确识别学困生方面发挥着重要作用。

---

* 本文系 2022 年北京农学院 2022 分类发展定额项目：人才培养质量提高经费——基层本科教学质量管理提升项目。

① 作者简介：王兆洋，女，硕士，助理研究员，主要研究方向为教育管理。

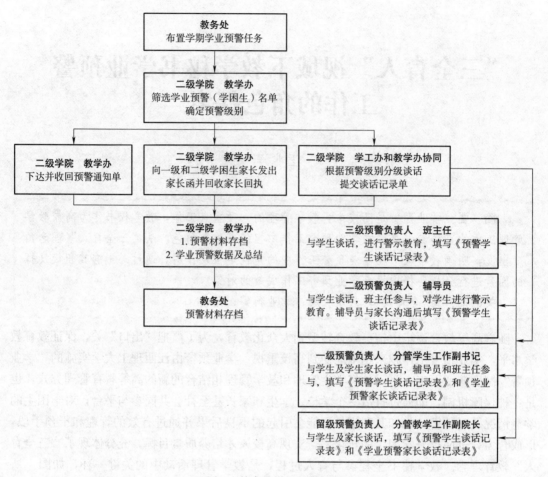

图 1　某高校学业预警流程

2. 制定学院学业预警工作方案

　　教学秘书作为二级学院教学管理工作的具体执行者，在学业预警工作中承担着学院工作方案的起草制定，包括学困生预警级别的确定，预警工作的分工及工作要求，工作时间节点安排等。

3. 发出预警通知单和家长函，并进行答疑

　　在下达预警通知单并对重点预警对象家长发出家长函后，由于教学秘书相对学工部门教师更熟悉学生修读情况，因此就学生成绩数据、修读要求和修读差距为学生和家长进行答疑，并承担学生后续帮扶中的成绩跟踪作用。

4. 学业预警档案管理

　　每学期学业预警工作结束后，教学秘书负责针对学业预警名单、学业预警通知单、家长回执函、学生谈话记录和家长谈话记录等材料进行档案收集和归档工作，同时负责起草学院学业预警工作总结报告。

二、教学秘书在学业预警工作中的角色定位

1. 管理者角色

教学秘书在学业预警工作中承担着组织、协调、评价、档案管理等职责，被赋予管理者角色。由于学业预警数据多以学生课程成绩为判断依据，因此学期学业预警工作存在一定的滞后性，甚至学业预警工作与学期补考工作同时进行，这就对学业预警管理工作提出了较高的要求，如果工作安排不够紧凑合理，学生在收到预警通知后补考成绩已出，预警数据与实际数据不一致，会严重降低警示教育的效用。

2. 服务者角色

教学秘书在学业预警工作中不仅要下达预警通知单、发送家长发函、按照学业预警级别下达任务，同时还担任着沟通、协助的服务者角色，为学生和家长就学业问题答疑解惑，尤其在预警后的帮扶工作中，通过分析学生学业情况帮助其对比修读要求找出差距，提醒其及时补考、重修、补修各模块课程等，这是一项相对繁杂的"一对一"的服务工作，也是预警后正向干预的重要手段之一。

3. 育人者角色

教学秘书全程参与培养方案、教学大纲乃至学期教学计划和授课计划的制定，以及新生从入学教育到毕业审核的教学工作全过程，发挥着教育、引导、立德树人的育人者职能，尤其在学困生的帮扶工作和思想政治教育工作中起到一定的辅助作用，因此，学业预警工作中承担着育人者角色。

三、影响教学秘书在学业预警工作中积极性发挥的因素

1. 学生因素

学业预警工作由学校、学生和家庭共同参与，其中学生是影响学业预警工作成效的关键因素，其心理因素、学习态度以及学习能力直接影响学业预警效果。教学秘书工作本身比较烦琐，完全实现"一对一"帮扶比较困难，因此学生是否配合后续干预手段直接影响教学秘书工作积极性的发挥，如学生重视预警工作、端正学习态度、主动寻求帮助将极大刺激教学秘书工作积极性，协助学生找差距、补短板积极向学优生转化。

2. 家庭因素

家庭教育在很大程度上影响着学生的价值取向，在学生完成学业的过程中起着至关重要的作用，尤其对于学困生而言，家庭对于警示作用的重视以及预警后的密切跟踪和督促将极大提升教学秘书工作积极性，通过及时发布学生修业进程和不足并及时进行干预，最大限度发挥学业预警作用。

3. 教务系统是否完善

精准识别学业困难学生，是学业预警工作的基础和前提。目前，由于学籍异动频繁等因素，很多高校现有教学管理系统学业预警模块还不能做到数据精确化，不具备快速识别学困生的功能，需要教学秘书针对学生尤其是学籍异动学生的数据手工审核，工作效率低且预警数据不够精确，制约教学秘书工作积极性的发挥。

4. 学业预警工作机制是否完善

科学的学业预警机制，是在精准掌握学生学业情况的基础上，综合考虑学生学习过程、出勤情况、心理情况、家庭情况等因素来开展的，需要学校多部门与学生和学生家长协同努力方能实现好的预期的一项工作，是维护高校安全稳定的基础，也是立德树人的重要环节。目前，很多高校学业预警工作仅停留在预警阶段，对于事前的预防和预警后的管理和帮扶工作关注不够，缺乏有效跟踪和预警效果评价机制，加上教学管理和学生管理脱节且不协调，教师在学业预警工作中参与度不够，教学工作只停留在学业情况，学生工作仅停留在大而空的思想政治教育层面，致使分工不明，落实不严，无激励措施，参与者的完成度不同，无法形成合力。

四、提升教学秘书积极性，保障学业预警工作成效的对策

1. 进一步明确职责分工，协同育人

学业预警是一项系统工程，不是个人或者一个部门的简单的告知工作，需要学校各个部门特别是学生管理、教学管理人员，任课教师，家长，学生乃至社会等协同配合共同育人。学业预警工作重点不是预警本身，而是预警后的管理和帮扶工作，因此，需要学校决策部门在构建学业预警工作机制时，明确各岗位、各职能部门甚至学业预警各个节点上全体参与者的职责与权限，加大思政课教育力度，实现全员、全程、全方位育人，通过提高全员积极性形成合力，实现学困生向学优生转化。

2. 进一步完善教学管理系统

学业预警考虑的首要因素是学生成绩和获得学分的情况，教学管理系统是两项数据的载体，也是学业预警工作开展的重要依据，进一步完善教学管理系统应从以下几个方面着手：第一，保证系统数据的准确性和有效性，尤其实现针对有学籍异动史的学生学业有效数据调用功能；第二，开发学业预警模块，通过分析有效数据，准确、快速识别学困生，同时构建学业预警评价机制检验学业预警工作成效并对存在的问题予以改进；第三，教学管理系统要实现数据共享，保证学业预警工作各个节点人员在权限内查询数据，了解学生学业动态，满足其有目的地开展预防、预警和相关工作需要；第四，对于课堂教学，教师评教不仅仅在期末进行，要给任课教师创建一个可以随时反馈学生课堂表现的渠道，为学业预警工作开展提供指标参考。

3. 进一步明确学业预警指标设定

学业预警仅依据学生成绩数据来作为评价指标显然过于单一，已不再适应实际工作需要，首先学业预警需要多个部门协作完成，教学部门熟悉学生课业成绩，但对学生的家庭、心理、学习态度等方面了解不足；学工部门通过思政教育和日常接触了解学生生活和思想状态，但对学生专业修读要求和学业情况不够了解；教师只能通过课堂教学接触学生，可从学生听课状态和出勤状况掌握学生平时表现，但无从反馈学生状态。因此，仅靠某一项指标来进行学业预警将制约各部门作用的发挥，要进一步细化学业预警指标，改善学业预警滞后性弊端，将"事前预防""事中预警"和"事后帮扶"纳入学业预警工作机制，同时为预警评价机制指标的制定提供参考依据。

4. 建立帮扶机制

根据表 1 所述预警指标，按照预警的三个阶段以及执行人的对应的指标要素建立帮扶机制。

表 1   学业预警指标要素

预警阶段	指标要素	执行人
预防阶段	入学教育 学习态度 心理状况 家庭环境	学工部门
	课堂表现	任课教师
警示阶段	学习成绩 学分情况 选课情况	教学部门
	对警示作用的重视程度	全体人员
帮扶阶段	心理因素	学工部门 心理咨询部门
	选课情况	教学部门
	课堂表现	任课教师
	学籍预警 毕业预警 违纪情况	学工部门 教学部门

首先，在预防阶段，由学生工作部门，即辅导员和班主任（导师制院校还包含学业导师）负责，从学生入学伊始，通过对学生档案分析、心理测试以及学生表现对学生整体状况进行把握，同时通过任课教师及时反馈课堂教学中学生的学习状态，筛选需要重点关注的学生，进行引导教育，使其免于出现学业困难。

其次，在警示阶段，对于已经出现学业困难的学生，需要教学工作部门快速、准确识别进行预警，同时对其学情进行分析，找出与修读要求的差距，在下达预警通知和发出家长函的同时，以"三全育人"的教育理念开展工作，积极投入，帮助答疑，提供支持。尤为重要的是，需要全体人员参与到学业预警工作中来，引起学生和家庭重视，学校和社会提供帮扶，帮助学生实现向学优生转化。

最后，在帮扶阶段，对于学困生，尤其需要关注其心理状态，学业预警并非学籍处理，但如果学生不够重视或者心理压力过大，极其容易引起留级或退学等，更有学生"破罐破摔"而发生违反校规校纪等，最终无法正常毕业。因此，需要学工部门和教学部门从学生的心理、学情、学籍预警和毕业预警几个方面着手，发挥教师主动性，通过课程思政教育调动学生学习积极性，搭建家校全方位通力协作平台，使家长全程参与，定期跟踪，及时修正帮扶计划，实现学困生转化，顺利毕业。

5. 建立激励机制，明确奖惩措施，及时复盘预警工作成效

学业预警工作需要多重角色协调完成，要明确分工，还需要建立相应激励机制，明确

奖惩措施，实现对人员的有效监督和积极性调动。具体措施应包括工作目标、岗位目标、参与者的职责与权限以及帮扶工作考核办法等，同时还要加大对相关人员的培训，提升其理论水平和工作能力，保证工作效果。

目前，有些高校的学业预警成效的评价依据比较单一，甚至缺乏，较为常用的评价指标为转化率，即学困生向学优生转化的比例。此外，还需要对帮扶人员的工作态度，帮扶方式和效果进行综合考核，可与评优评先、职称职务晋升等挂钩，考核优秀的人员按照相关规定进行奖励，对于考核成绩不理想的人员，要给予相应的处罚。相关人员要定期总结帮扶效果、进行经验交流，对帮扶措施好的经验进行推广，帮扶效果不佳的要进行反思和改进。

6. 优化学业预警档案管理机制

无论在预防阶段、预警阶段还是在帮扶阶段，完善的学业预警档案管理机制不仅从法律的角度为学校管理提供支撑，而且是检验学业预警工作成效和实施激励机制的依据，因此要求帮扶过程各项工作记录完整，如预警通知单、家长回执、谈话记录、各负责人制定的转化方案和转化成效记录等，通过系统化、电子化管理手段实现随时随地调取档案记录。

五、结论

目前，学业预警机制研究还停留在探索阶段，未来还需就如何构建更加完善的预警系统，推进"教、学、管、家"四位一体的协同互动机制，拓宽教书育人的工作内涵和形式载体，激发教学相长的内生动力，帮助学生走出困境，顺利完成学业。教学秘书作为其中一员，需切实践行"三全育人"教育理念，充分发挥其育人职能，促进高等教育事业高质量发展。

参 考 文 献

邓春远，2022. 高校学生学业预警管理与帮扶工作思考及探索［J］. 船舶职业教育（6）：45-47.

王晓蕾，毕菁华，2017. 应用型大学学业预警机制初探［J］. 兰州教育学院学报（7）：124-126.

徐升槐，2017. 高校学生学业预警机制的构建与应用探索［J］. 大学教育（8）：196-198.

杨德江，2021. 高职院校学生学业预警机制的优化策略研究［D］. 桂林：广西师范大学.

叶大慧，黄雪敏，2019. 新形势下高校教学秘书学业预警工作改革探讨［J］. 北极光（2）：166-167.

高等农业院校"市场营销学"课程思政教学设计与实践[*]

吴春霞[①]

摘　要："市场营销学"是农业高等院校经济管理类专业的必修课。在明确"市场营销学"课程思政必要性的基础上，结合都市农业院校特点，本文阐述了"市场营销学"专业课程思政的总体设计框架，并以农产品品牌策略授课章节为例，详细分析了课堂思政教学的具体实施内容，并提出将营销课程思政教学过程纳入整体课程考核体系。

关键词：市场营销学；课程思政；教学设计

一、农业高等院校"市场营销学"课程思政的必要性

习近平总书记在全国高校思想政治工作会议上强调，"我国高等教育肩负着培养德智体美劳全面发展的社会主义事业建设者和接班人的重大任务，必须坚持正确的政治方向""高校立身之本在于立德树人"。高等学校所培养的大学生不但要掌握扎实的专业学科知识，还要具备良好的道德品质。德育教育一直以来都排在学校育人的第一位。因此，高等院校的所有课程都应承担德育教育这项任务。但是，从现实情况来看，负责大学生道德品质的教育工作主要依靠我国高等院校思想政治理论课程。在实际的高等学校教学实践中，专业教育和思政教育不能很好地配合，德育教育效果表现欠缺。可见，我国高校目前面临的一项重要任务就是把"立德树人"融入所有大学专业课程的教学实践中，真正落实育人先育德的目标。我国高等院校课程思政的建设过程就是要补充和完善专业课程的育人功能，而不仅仅着眼于高校的思想政治理论课程。

作为北京市都市农业特色的高等院校，培养既懂得现代农业知识又懂现代营销理念的人才是北京农学院培养人才的目标之一。"市场营销学"是一门实践性、应用性的专业课程，与人们的经济生活密切联系，能充分反映经济社会的各个环节。作为高等农业院校的"市场营销学"课程，借助学校农科专业背景，针对农业行业、"三农"背景以及农产品市场特点，在课程教学中引导学生思考市场营销战略和策略在涉农行业中的具体运用，是高等农业院校"市场营销学"课程思想政治教育的重要内容。

---

　*　本文系北京农学院2021—2022年度本科教育教学研究与改革项目：都市农业背景下高校市场营销学课程思政研究。

　①　作者简介：吴春霞，女，北京农学院经济管理学院副教授，博士，主要研究方向为市场营销、农产品营销。

二、"市场营销学"课程思政元素的总体框架设计

"市场营销学"课程思政内容的总体设计将从市场营销概述、市场营销观念、市场营销微观与宏观环境、市场营销战略以及市场营销组合策略等进行展开。借助学校都市农业特色背景，针对农业和农产品的特性，在课堂讨论中引导学生思考农业企业、农产品流通中的营销策略运用。一方面将思政教育元素与"市场营销学"主要章节内容相结合，努力找到市场营销知识点与思政理论知识点的相关性；另一方面，通过科学的营销理论体系设计，将营销知识点、企业案例、思政元素、课堂实训相结合，有层次有计划地推进市场营销理论教育与思政教育相融合。本文围绕"市场营销学"课程五大教学模块设计了课程思政元素（表1）。

表1 "市场营销学"课程思政元素设计

教学章节	课程思政点	思政设计及导入案例
绪论部分： 市场营销的含义、相关概念、市场营销观念的演变	市场营销观念的演变是随着时代和经济环境变迁，可讲授历史唯物主义价值观	通过知名企业北大荒进入发达国家市场的案例，让学生搜索信息并评析北大荒进入美国市场的营销策略。在教学设计中把企业营销观、强农兴邦中国梦、社会主义核心价值观结合起来
市场营销环境 宏观环境中社会文化环境	探究文化因素对企业营销行为的影响	讲解文化因素时，以可口可乐中国年为案例，讲解跨国公司如何适应中国传统文化。一方面启发学生思考企业营销活动如何适应社会文化环境，另一方面追溯中国传统文化元素，让学生深层次体会中国传统文化的内涵和博大
战略导向的市场营销管理	企业战略目标：企业使命和社会责任	北京天安农业发展有限公司，作为北京一家知名蔬菜种植企业，它的使命与社会责任是：民以食为天，食以安为先。结合天安农业的内外环境，让学生分析该公司的企业战略尤其是营销战略。激发学生思考一家农业公司在行业中的战略定位
消费者市场及购买行为	消费者购买行为的影响因素：个人因素、参照群体	联系社会因素，重点分析参照群体。可以结合课堂调查，询问班级学生心目当中的偶像是谁？并让学生选择，是偶像明星，还是科学家、学者、教师、工程师？并结合当下新冠感染疫情，启发学生认识到钟南山等一线抗疫卫士才是真正应该崇拜的英雄
价格策略	影响定价的因素：政府因素 引导学生思考政府如何对价格进行干预	新冠感染疫情防控期间，某些超市蓄意提高蔬菜、生鲜等农产品价格，扰乱市场，政府应当采取哪些整治方案？让学生进行角色扮演，一组学生扮演政府部门，另一组学生扮演企业管理人员。让学生设身处地思考企业和政府的行为，明白企业应当具有基本的商业道德

（一）绪论部分课程思政元素的设计

绪论部分主要讲述市场营销内涵、市场营销相关概念、顾客价值与顾客满意以及市场营销观念。在绪论部分的引例中，通过北大荒农垦集团有限公司进入发达国家市场的案例，让学生查找资料并分组讨论北大荒集团进入发达国家市场采取的营销策略，从而激发学生思考中国农业企业如何走向海外市场，实现强农兴邦中国梦。中国农业企业在走向国际市场时，缺少市场经验，品牌意识不强。随着国际化程度加深，中国越来越多的农业企

业开始走出国门，开拓国际市场，塑造国际化品牌，进行全球化传播。此外，在讲解生产观时，导入福特汽车生产 T 型车的案例，通过视频让学生了解福特汽车的生产观念。在讲解产品观时，结合劳斯莱斯的例子，强调该企业追求产品质量的营销理念。在讲解社会营销观念时，导入英国的 Bodyshop 化妆品营销案例，该企业不用动物做实验，所用的产品包装都是可回收的绿色包装，启发学生思考企业不仅要考虑自身利益，还要承担环境保护和可持续发展的社会责任。

（二）市场营销环境部分课程思政元素的设计

市场营销环境可以从宏观角度和微观角度进行分析。宏观营销环境主要包括政治环境、经济环境、科学技术环境、社会文化环境等。微观营销环境包括原材料供应商、渠道商、顾客、社会公众及同行业竞争者。如讲解社会文化环境因素时可以导入课程思政元素，引入"可口可乐回家过年"的营销案例，不仅可以启发学生思考可口可乐作为一家跨国公司如何适应中国的本土文化，而且让学生了解中国传统文化的源远流长，激发学生对中国传统文化的热爱。此外，一方面可以让学生感受中国传统文化如何影响企业营销策略，另一方面让学生树立对中国传统文化的自豪感。在讲解科学技术环境时，通过播放视频短片，让学生了解中国现代科技进步的成就，引入信息技术、高铁技术、航天技术、物流技术等新技术的快速发展，培养学生科学求实的创新精神。

（三）企业营销战略课程思政的设计

企业在生产运营发展中往往会面临各种选择，决策选择就涉及战略方向问题。企业制定总体战略规划要明确三个终极问题，即使命（为什么存在）、愿景（成为什么样的企业）、价值观（基本信念和目标）。在课程思政设计方面，可以引入北大荒集团的案例，北大荒作为国内一家从传统农场到现代农业的企业，它的使命与社会责任是中国粮食、中国饭碗。引导学生思考北大荒集团将"建设现代农业大基地、大企业、大产业，努力形成农业领域的航母"作为企业追求的价值观。同时，以天安农业为例，讲解天安农业的发展战略，明确天安农业的使命是民以食为天，食以安为先。启发学生思考，企业不仅要追求利益，而且要为社会做贡献并承担社会责任。

（四）消费者市场及购买行为课程思政的设计

消费者市场购买行为表现为一个投入产出的过程。消费者在接受各种外部信息刺激之后，会做出各种相应的购买行为。影响消费者购买行为的主要因素包括社会因素、文化因素、个人因素和心理因素。社会因素包括参考群体、家庭、身份与地位。其中，参照群体是非常重要的因素。可以结合课堂调查，联系当前大学生追星的现状，探讨年轻群体真正应该崇拜的对象是谁。是偶像明星，还是科学家、学者、教师、工程师？结合新冠感染疫情防控期间，最值得社会认可和敬佩的人，如钟南山等抗疫英雄，树立保家卫国的时代大爱精神。

（五）价格策略课程思政的设计

影响企业制定产品或服务价格的因素包括产品成本、竞争对手、消费者需求、政府政策以及货币数量等。其中，政府的政策法规是非常重要的一类因素，尤其是关系到民生的农产品市场与价格。在讲解影响定价的因素时，引导学生思考商品定价是否需要考虑政府的干预。结合新冠感染疫情防控期间，某些企业在经济利益的驱动下趁机抬高蔬菜及生鲜产品价格，政府应当采取哪些整治方案？让学生设身处地思考企业和政府的行为，明白企业应当具有基本的商业道德。

三、课堂思政教学的实施：以农产品品牌策略为例

（一）教学目标

知识目标方面让学生理解品牌的概念、品牌的要素、品牌和商标的区别、品牌资产的概念。能力目标方面，根据教师给予的信息，组织学生为北京农学院研发的五悦猪肉设计品牌标识。育人目标方面，通过对学校研发的农产品设计品牌，植入公民责任感，引导学生美与丑的价值观判断。

（二）教学内容

作为在北京农学院经济管理学院开设的"市场营销学"课程，借助北京农学院都市农业特色背景，针对农业、农产品市场的特殊性，在课堂授课中启发学生思考农业企业、农产品流通中如何科学运用市场营销策略，同时结合课程思政元素，充实营销授课内容。下面以《第十一章品牌策略》为例，设计课程思政元素和内容，并导入案例进行课程思政的实际应用（表2）。

表2 《第十一章品牌策略》的思政教学实施设计

知识点	思政教学内容	教学实施
品牌的基本含义	品牌不仅指名称、标识等外部识别，还包括品质、信誉等不直接可见的部分	教师讲授：品牌的内涵和基本要素 学生讨论：引导学生联想自己脑海中的品牌，探讨品牌内涵要素
品牌资产	品牌资产包括品牌美誉度、品牌忠诚度等要素，向学生渗透崇德向善、诚实守信的思想	教师讲授：引入我国"品牌日"的由来 学生讨论：2022年度全球最具价值品牌中的中国品牌
品牌策略	品牌策略包括品牌归属、品牌扩展、品牌统分、品牌危机管理等策略。让学生了解品牌危机产生的原因及应对策略	教师讲授：乳制品安全危机事件，三鹿奶粉的三聚氰胺事件引发了国内的乳制品危机 学生讨论：农产品品牌引发的信任危机
品牌识别	系统学习企业识别系统，让学生了解品牌识别系统是多层次的。品牌识别贯穿企业品牌传播全过程	教师讲授：引导学生联想国内农产品品牌，如猪肉"一号土猪""黑六"等 分组实训：为北京农学院的北农庄园葡萄酒设计品牌标识

（三）教学实施

首先，引导学生思考品牌的含义是什么，引出品牌的本质。在明确品牌内涵的基础上，向学生讲述我国自2017年开始设立每年的5月10日为"中国品牌日"，了解国家把打造自主品牌放到非常重要的高度。以农产品品牌为例，启发学生联想并说出国内的农产品品牌，如乳制品品牌"三元""伊利""蒙牛"，畜产品品牌"黑六""一号土猪""科尔沁"等，让学生搜索更多农产品品牌，讲述他们的品牌故事。在整个教学过程中提高学生对我国农业企业、民族产业的认同感。

其次，讲授品牌策略时需要结合当前社会上的一些热点事件，以辩证性和批判性思维来对事件产生的积极作用和负面效果进行研讨。以三鹿奶粉的三聚氰胺事件为例，该事件

由不法奶农在奶源中加入三聚氰胺，企业监管不力引发了食品安全危机事件，该事件最终引发了乳制品行业危机。引导学生思考农产品危机事件如何影响品牌信任，如何重建消费者信心，维持农业企业市场份额。

最后，在讲授品牌设计时组织学生进行课堂实训，以北京农学院食品学院研发的北农庄园葡萄酒为例，组织学生设计品牌标识。在强化学生理论知识学习的同时，培育学生的爱国情怀、道德修养和责任担当，让学生不再被灌输专业知识，而是让学生积极主动地参与到专业实训中解决实际问题，享受学习的乐趣。

四、结语

"市场营销学"是一门建立在管理学、经济学和行为科学基础之上的综合应用科学。目前国内高等院校、农业高等院校的管理类专业都将其列为专业基础课程。市场营销学里有不少营销理论知识点都可以设计思政元素。为此，需要教师认真思考，结合教材、查阅案例，联系实际挖掘现有的思政元素融入课程教学中去。教师在挖掘营销思政元素时要联系网络时代背景，在思政元素中引入网络元素、网络语言等内容，拉进教师与学生的距离。另一方面，"市场营销学"传统的考核方式关注市场营销理论知识点及案例分析的运用，而对职业道德和品质素养的考察不够重视，应该完善专业课程考核体系，将思政元素教学的过程和结果加入其中。此外，教师可改革现有的考核体系，采取企业营销案例分析、课堂实训、课程习题等形式，全方位、多维度地考查学生的职业素养和职业道德。

参 考 文 献

封俊丽，2021. 课程思政理念下《市场营销学》课程教学设计与优化［J］. 老字号品牌营销（6）：155-156.

陆凤英，陈刚，2020. 课程思政理念下"市场营销学"教学内容的设计与实践［J］. 兰州教育学院学报（10）：79-81，117.

孟雷，2021. "市场营销学"课程思政的实践探讨［J］. 改革与开放（4）：56-60.

新华社，2016. 习近平：把思想政治工作贯穿教育教学全过程［EB/OL］. http://www.xinhuanet.com/politics/2016-12/08/c_1120082577.htm.

晏凡，2022.《市场营销学》课程思政教学设计方案之《解析品牌》［J］. 产业与科技论坛（14）：123-125.

"理论—实验—实习—实训"四位一体的农林类院校"风景园林规划设计"课程思政教育教学探索与实践*

付军① 刘 媛 卢 圣 华玉武 史雅然

摘 要："风景园林规划设计"是风景园林硕士点的学位必修课程。该课程的核心内容是讲授城乡户外公共空间的规划设计方法，从而协调人与自然、人与人之间的关系，创造美好生活空间境域；该课程的目标是培养能够创造美好城乡人居环境的高水平综合人才。本文从理论授课、设计实验、实习、实训四个教学过程，论述课程全方位融入思想政治内容的方式方法。实践证明，风景园林规划设计课程思政教育教学取得了良好的效果，有助于培养学生深厚的家国情怀，培养学生树立城乡生态环境建设、美丽乡村建设的神圣使命，也是大力弘扬中华民族优秀传统文化，提高学生文化自信的必要环节。

关键词：农林类院校；风景园林规划设计；课程思政；教育教学

在我国，设置风景园林专业的院校类型涵盖工科类、师范类、综合类、农林类等。作为农林类院校，如何将"风景园林规划设计"课程办出特色、突出优势，培养出政治信念坚定、专业基础稳固、实践能力突出、爱祖国爱农村的大学生，其合理的思政教育教学设计具有重要意义。

一、课程概况

(一)课程内容及目标

"风景园林规划设计"课程内容主要包括城乡景观规划、城市与乡村公园设计等。培养目标是使学生对设计理论和方法有系统认识和理解，培养分析推理、空间想象和自学能力，抽象概括问题和综合运用知识分析解决问题的能力，能熟练运用规划技法进行规划设计的能力。

(二)课程章节分配

该课程一共包括48学时，其中讲课16学时，课程设计实验32学时，实习实训2天。讲课内容包括五章：《第一章现代城乡风景园林发展》《第二章中国古典园林精髓与国外风

* 本文系北京农学院2021年北京高校研究生课程思政示范课程（编号：5076516022/026）。

① 作者简介：付军，女，博士研究生，教授，北京农学院园林学院副院长，主要研究方向为风景园林。

景园林经典理论》《第三章园林设计程序》《第四章风景园林布局》《第五章园林要素设计》；课程设计实验包括乡镇公园设计、高校校园景观规划设计两个内容，分别为 14 学时和 18 学时；实习带学生到现场进行参观、实测。

二、课程思政建设总体规划和顶层设计

（一）确定课程思政方向和重点

该课程契合学校高水平应用型农林大学的办学定位和专业特色，确定以下思政方向和重点：第一，让学生深刻领悟风景园林规划设计核心价值观和终极目标：激发其科技报国的家国情怀。第二，让学生担负起国家生态环境建设、乡村振兴建设的使命；第三，让学生增强"文化自信"，传承中华文化；第四，聚焦首都"四个中心""和谐宜居之都""美丽乡村"建设目标。第五，培养学生"以人民为中心"的服务宗旨。第六，强化工程伦理教育，培养学生精益求精的大国工匠精神。

（二）形成多元化教师团队

形成"专业教师＋党政干部教师＋思政教师＋辅导员＋校外资源"教学团队，分阶段承担大纲、授课、设计辅导、实训指导等教学任务，相互协作，达到教学效果最优。

三、思政教育与教学路径

根据课程综合性强、实践性强的特点，从理论授课、课程设计实验、实习、课下实训四个环节，找到恰当的思政教育切入点。

（一）思政教育与教学内容：一体化、系统化、全覆盖

1. 理论教学：精准对接思政要点

在理论教学环节，以课程业务知识为基础，深入挖掘能自然融入社会主义核心价值观、家国情怀、法治意识、社会责任、文化自信等思想政治元素的知识结合点。

（1）围绕"理想信念和核心价值观"，在《引言》部分，通过风景园林取得的成就和国际影响，鼓励学生树立远大理想和坚定信念，厚植爱国主义情怀。

（2）围绕城乡生态文明建设目标，通过《第一章现代城乡风景园林发展》，引入"北京绿心森林公园""通州区美丽乡村建设"等经典案例，培养生态设计观、城乡一体化观。

（3）围绕"文化自信、家国情怀"，通过《第二章中国古典园林精髓与国外风景园林经典理论》中"中国古典园林精髓"部分，引入圆明园案例，让学生认识到中国园林博大精深，激发其爱国情怀。

（4）围绕"职业素养，职业敬畏"，通过《第三章园林设计程序》，列举设计施工事故案例，教导学生敬畏法规、遵守规范、坚守职业道德。

（5）围绕"以人民为中心"，在《第四章风景园林布局》中，引导学生关注人民大众需求，最大限度满足人民日益增长的对美好生活需要。

（6）围绕"大国工匠精神"，在《第五章园林要素设计》中，教育学生在设计时，要高标准、严要求。

2. 课程实验：深化思政教学内容

根据课程要求，通过课程设计的辅导过程，有意识地强调思政点，对两个课程设计精

心规划，提前布置课程设计任务，学生按命题要求，围绕"生态、文化、人本、工匠精神"等几方面，完成规划设计作业，通过32学时8次设计实验课，分阶段融入思政教学。

3. 课程实习：现场推进思政精髓

选择对标思政点的典型园林作为实习地点，教师实地讲解和要点解读，合理嵌入思想政治教育元素，提升课程思政教育引领力，形成理论与实训课程整体育人的联动效应；引导学生树立社会主义核心价值观，坚持生态理念、传承中华文化、发扬工匠精神，服务好人民群众。

4. 课下实训：实际操作实现思政目标

通过项目实操，带领学生完成不同类型实践项目，并找到课程思政融合点，培养学生树立爱国、爱党、爱人民的坚定信念。

（二）思政教育与教学方法：灵活运用、多样化

根据课程特点，创新设计了多维度、全方位、不间断思政教育方式：①课堂讲授"启发引领、系统全面"；②案例教学"案例典型、重点突出"；③课程设计（实验环节）"层层递进、步步深入"；④实习环节"类型多样、形式多元"；⑤实训环节"内外联动、深入实践"。

（三）思政教育与教学评价方法：强过程、重结果

评价方法包括"过程评价＋课程作业评价＋调研实习评价"。

1. 过程评价

课程每个阶段安排汇报环节，提前下达汇报内容和思政点要求，师生共同打分。

2. 课程作业评价

对设计作业进行生态、文化、人本的达成度考查。

3. 课程实习

结合思政点，根据实习作业的思政结合度进行考核。

四、课程实践——高校校园景观规划设计

高校校园景观规划设计是本课程的课程设计环节。课堂除了理论授课，还包括案例介绍、现场解析、学生研讨，通过丰富的授课形式，达到课程知识点深入结合思政教育的目标。

基于规划设计课程的特点，本课程一大节课为4节课连上，共180分钟。

（一）教学设计思路

1. 整体思路

除了让学生掌握规划设计的技术方法以外，结合课程的核心内容，应做到：①思政内容精准化、过程全覆盖、教学方式多样化、案例库建设典型化、成绩考评标准化。②将思政教育分为三个阶段，即课前准备阶段、课堂阶段、"课堂＋"阶段。

2. 思政要点

①理想信念和核心价值观教育。②培养城乡生态文明建设意识。③引导学生坚定"文化自信"，设计中弘扬和传承中华优秀传统文化。④培养学生良好的职业素养，增强职业敬畏精神。⑤树立以人民为中心的设计理念。⑥培养工匠精神和创新精神。⑦培养团队协

作精神。

3. 教学方式与过程控制

①理论讲述（理论＋案例）。②汇报研讨。

（二）教学设计内容

1. 课堂前——集体备课

教学团队进行思政教学研讨，做好顶层设计。明确思政要点，规范教学教案，形成统一的授课标准。

2. 课堂中——教学过程

（1）理论讲述。该部分采用"理论讲述＋案例分析"的授课方式，针对每一个重要知识点，选择针对性的经典案例进行解析。

按照课程主要内容，分解为以下几部分。

①围绕"原则1：自强不息、积极向上的原则"。

理论讲解：高校校园环境对于大学生的健康品格的塑造起着潜移默化的作用。高校的主体是代表着时代精神的学生，他们的思想活跃、开放，积极向上。校园景观设计应营造开放、积极向上、激励青年学子发扬自强不息、奋发向上的环境，这对于培养高素质人才具有重要作用。

案例解析：清华大学校园景观设计。通过以下两方面对清华大学校园景观设计进行分析研究："自强不息、厚德载物"的精神与文化传承；校园景观特征。

思政结合点：核心价值观、理想信念。

②围绕"原则2：文化自强原则"。

理论讲解：高校肩负着培养人才、传播和发展科学文化的重任，其景观环境要结合"精神环境"的塑造，营造充满文化气息和人文内涵的环境。一方面要根据学校性质、历史文脉为依托，反映学校人文精神。另一方面，让学生认识到中国园林艺术源远流长、博大精深。

案例解析：清华大学校园景观设计。清华校园历史悠久，有着深厚的文化底蕴，通过深入挖掘学校的历史文化和人文精神，分析整体布局、景观分区、空间安排、山水、植物、雕塑、公共艺术等要素特点，秉承历史与现代的融合、自然景观与人文景观融合方法。

思政结合点：文化自信、传承中华传统文化。

③围绕"原则3：生态及可持续发展原则"。

理论讲解：结合中国碳达峰、碳中和的远景目标，使学生理解生态及可持续设计的意义。校园设计中应遵循的生态原则和方法，包括：A. 挖掘场地特色。B. 丰富生物多样性。C. 复层结构种植方式。D. 材料再生。E. 减少碳足迹。引导学生尊重自然，因地制宜。

案例解析：浙江农林大学校园景观设计。浙江农林大学作为浙江省唯一获得"国家生态文明教育基地"的单位，在生态校园建设方面成效突出。课程通过介绍生态校园的建设途径——海绵校园和生物多样性校园，让学生理解校园的每个角落都可以成为生态课堂，将生态教育融入人才培养全过程。

思政结合点：生态文明建设及可持续发展理念。

④围绕"以人民为中心原则"。

理论讲解：引导学生关注人民大众需求，尊重人的自然需要和社会需要。设计时既要满足教学、工作、学习、生活的物质功能，更要满足增进师生交流、激发灵感、创造智慧、提高修养、陶冶情操的精神功能。

图片解析：对公共空间中满足人性化需求图片进行分析。

思政结合点：以人民为中心。

⑤围绕"安全好用原则"。

理论讲解：通过列举代表性绿化设计反面案例，教导学生敬畏法规、遵守规范、坚守职业道德。

图片解析：对公共空间中不满足安全好用原则的图片进行分析。

思政结合点：职业素养、职业敬畏、大国工匠精神。

（2）感想汇报研讨

通过课前的布置以及当天的课堂教授、现场解析等环节，给学生分好组，每组学生讨论10分钟，形成汇报材料，汇报主题是：如何进行风景园林设计，我们为谁设计。旨在让学生更深入理解坚持正确价值观的重要性，理解设计的原则和本质。

3. "课堂＋"——实施过程

（1）课后实验作业。

形式：设计作业。

思政点：学生按教师布置，以"生态性、文化性、人本性"为主题，完成校园景观设计作业，要求设计充分体现思政内容。

（2）专家说课（课堂内讲座＋课堂外实习）。

形式：结合规划设计内容和思政点，邀请优秀设计师进入课堂，进行"专业＋思政"专题讲解。

思政点：给学生讲解在实践和设计过程中，融入正确价值观、世界观、设计观、发扬工匠精神、坚持理想信念的重要性，讲解建立在正确原则基础上的技术方法路径（图1、图2）。

图1　课堂说课：优秀设计师进校内课堂

图 2　校外说课：优秀工程师带队到其设计完成的
通州区美丽乡村建设项目基地现场说课

（3）实践实训践行。基于上面的学习内容，进一步从实践环节加强思政教育。让学生实际动手完成设计，并建成实施，比如带领学生完成"平谷区庆祝建党 100 周年花卉及花坛设计""延庆区水峪村美丽乡村建设规划"（图 3、图 4）等实践项目，将立德树人贯穿"教·研"全过程。

图 3　学生在平谷区设计建成四个"庆祝建党 100 周年花坛设计"，
充分体现了"平谷大桃"的乡村与产业特色

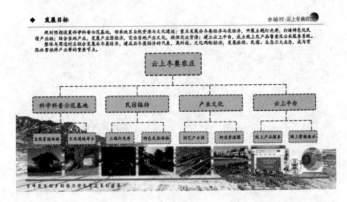

图 4　学生完成的延庆区水峪村美丽乡村建设规划

五、小结

"风景园林规划设计"教学立足学校"都市农业"办学特色，恰当地融入思政内容，并形成以下特色和亮点：①做好顶层设计。②建立"专业教师＋党政干部＋思政教师＋辅导员＋校外资源"的多元化教学团队。③与城乡环境建设、乡村振兴、美丽乡村建设紧密结合。④构建系统化、全覆盖的思政教学内容体系，涵盖课堂讲授、案例教学、课程设计、实习环节、实训环节。⑤教学形式多样化、思政过程层层递进。通过课程学习，学生掌握了技能、培养了情怀、了解了历史、学习了文化、融入了社会、养成了自信、学会了合作、提高了站位，为今后走向社会打下了基础。该课程 2021 年被评选为"北京市优秀思政示范课程"。

参 考 文 献

郭晓华，卢冰莹，2022. 风景园林规划设计课课程思政融入策略与途径探究 [J]. 智慧农业导刊（9）：107-109.

陆道坤，2018. 课程思政推行中若干核心问题及解决思路：基于专业课程思政的探讨 [J]. 思想理论教育（3）：64-69.

以赛促教，推进"植物学"教学改革创新[*]

王　聪① 　王文和② 　张睿鹏　田晔林　关雪莲

摘　要： 教学改革与创新是提高高校人才培养质量的必要途径，教学技能竞赛则是提升高校教师教学能力以及促进教学改革创新的重要手段。通过团队分析参与全国高校教师教学创新大赛的过程，从更新教学观念、创新教学设计、拓展教学空间等方面进行反思、总结和建议，推进"植物学"课程教学改革创新突破。

关键词： 以赛促教；植物学；教学创新

教学竞赛是提升教师教学能力和促进教学创新的有效手段，增强教师的教学能力是提高高校人才培养质量的直接途径。习近平总书记向全国广大教师致慰问信时指出，"教育大计，教师为本"。2018 年，教育部召开的新时代全国高等学校本科教育工作会议上，教育部党组书记、部长陈宝生强调全面提高人才培养能力，坚持"以本为本"，推进"四个回归"。中国高等教育学会发布的《全国普通高校教师教学竞赛分析报告（2012—2019）》中指出，"全面提高高等学校教师质量，建设一支高素质创新型的教师队伍是当前我国高校教师队伍建设的重要任务，教师教学竞赛在提高教师教学能力、教学水平和教学质量方面发挥了重要作用"。为此，教育部启动了全国高校教师教学创新大赛，2020 年开展了第一届，2022 年完成了第二届，2023 年启动第三届。在全国范围内掀起了"以赛促教"的教改热潮。本文结合笔者参加第二届创新大赛的经历，从教育教学观念更新、教学设计创新、教学空间拓展等方面反思参赛教学何以创新、教师队伍何以培育，总结思路、经验和不足，进一步提升"植物学"课程教学改革和团队建设以及对北京农学院其他教学团队建设提供借鉴。

一、参加全国高校教师教学创新大赛对教育教学观念的更新

全国高校教师教学创新大赛目前已经开展到第三届，是目前列入《教育部直属单位三评—竞赛保留项目清单》的唯一全国高校教师教学竞赛活动。前两届大赛分设校赛、省赛、国赛三级赛制，包括正高组、副高组、中级及以下组三个级别。第三届大赛分成 6 个大组、18 个小组，分别是新工科（正、副、中级及以下）、新农科（正、副、中级及以

＊ 本文系 2023 分类发展定额项目：人才培养质量提高经费——2022 年北京高校课程思政示范项目《植物学》（5046516650/031）；2023 分类发展定额项目：人才培养质量提高经费——标本数字化在林学实践教学中的探索与应用（BUA2023JG48）联合资助。

① 作者简介：王聪，女，硕士，实验师，主要研究方向为植物学实践教学、实验室管理。

② 作者简介：王文和，男，博士，教授，主要研究方向为植物学教学。

下）、新医科（正、副、中级及以下）、新文科（正、副、中级及以下）、基础课（正、副、中级及以下）、课程思政（正、副、中级及以下）。类型更加多样，为教师参赛提供了更多机会。笔者所在团队参加校级比赛并推荐参加了北京市市级初赛，通过参加比赛及赛后对省级、国家级获奖课程网上公示材料及视频等观摩学习，教育教学观念得到很大的转变和提高，对教师创新大赛的参赛目的有了深刻的认识。

1. 以本为本，构建学习共同体

首届大赛就提出了"落实以本为本、推动教授上讲台、推进智慧教育、强化学习共同体、引导分类发展"的宗旨，以"师生为本、师生同台"为特点，解决以往教学过程"只是老师的独角戏，较少学生亮相"的不足，将教学活动的过程性与真实性作为重要的评价方面。第二届大赛进一步强调落实立德树人根本任务，高校教师应将教书育人摆在首位，引领育人方向，打造育人标杆，切实解决教学中的实际问题。第三届大赛同样重点立足教学一线问题，以本为本，构建教学共同体。

2. 立德树人，培养一流人才

大赛主题由"推动教学创新，打造一流课程"到"推动教学创新培养一流人才"，紧紧围绕建设高质量教育体系要求，聚焦一流人才培养，促进"新农科"建设。通过全方位的推进课程思政，不断挖掘课程中具有特色的思政元素，从而于润物无声中落实好高校立德树人这一根本任务（薛栋，2022）。

3. 围绕两个维度，开展智慧教学

从知识教学到智慧教学的高阶转变。以往教师只注重知识的传输，没有过多地考虑学生深层能力和智慧的提升。以往所采用的所有教学手段也只是为了把知识中的重点、难点内容讲清楚而已，忽视知识的升华。智慧教学，重在充分运用信息技术，使教学活动从知识向智慧转变，旨在培养智慧型人才。智慧教学既是一种教学手段，又是一种教学目标。

4. "五维一体"的教学模式

教学应该是一个具有完整体系的系统工程，包括目标、内容、实施、资源、评价的"五维一体"教学模式。"植物学"课程"五维"总结为：目标维度，对标各专业人才培养具体方案；内容维度，与学科前沿、农业教育问题、农业人才成长等形成交集，不断地补充相关的思政内容到教学过程中；实施维度，将教学目标分解为具体教学任务，同时将教学任务具体到课堂问题，同时重视学习成果产出，"线上＋线下"贯穿全过程的混合教学模式，从而使"植物学"知识由"植入"到"植觉"再到"植悟"，完成自主学习过程，突破简单知识传输的教学困境；资源维度，建设具有都市农林特色的主编配套规划教材，录制视频微课程，共享国家精品公开课程，建设数字切片资源库，挖掘和甄选课程思政优秀案例等；评价维度，建立以生生、师生、师师互评机制，建立二级督导评价体系，同时结合问卷调研补充和检验评价结果，形成课程评价分析报告，从而及时发现并解决问题，持续不断地进行教学改革创新。

二、"新农科"理念下的教学创新

1. 新理念下的教学设计创新

2019年，"六卓越一拔尖"计划2.0启动大会对新工科、新医科、新农科、新文科建设提出总体部署，全面实现高等教育的内涵式新发展（林健，2020）。从引领到助力再到教学设计关键点，三届大赛都紧紧围绕着"四新"。农业院校的基础课——"植物学"要融入"新农科"建设，创新优化课程体系，要从单纯完成教学培养方案的知识储备要求逐渐提升为培养具备科学思维和创造精神的高质量综合性农林人才，从而实现为国家培养高水平人才的目标。

2. 思政同行的教学设计创新

课程思政已经成为教学设计中不可或缺的重要组成，深挖课程思政元素，有机融入课程教学，才能实现教学与育人的"双向奔赴"。当然，过程中也会存在许多问题：单独的课程思政教学设计不能盲目地等同于整体课程教学设计创新，它只是其中的一个环节，不应以偏概全；思政内容应契合并延伸专业知识，使二者能够协同开展。知识话语与思政话语"两张皮"问题普遍存在，德行培育与知识传授同行，促进双向转化，从而激发学生的主观能动性，主动思考专业知识中蕴藏的深层价值（刘兴璀，2022）。在"植物学"教学实践过程中，教师要尽量做到突破单一课程内容，打破知识灌输的壁垒，以问题为导向，实现课程内容的"四化"：第一，国际化。通过引入"植物学"最新国际研究热点，开阔学生视野。第二，社会化。紧扣国家时政要点，树立民族自信。第三，行业化。关注行业重大需求，讲解相关技术背后蕴藏的"植物学"原理。第四，人才化。立足学校和专业办学特色，让课程内容与高水平复合型农林人才定位相契合。在仅有的几十课时的时间中，真正实现知识学习与思政教育同向同行。

三、超越课堂的教学空间创新

教学空间是教学活动的主要属性和存在方式，不同的教学时空观必然影响教学行为活动（张涛，2021）。"植物学"教学空间除了教室外，校园、北京植物园、百花山自然保护区、校农场和林场都是线下教学环境实体空间，近年北京农学院以云平台、植物数据、互联网、多媒体等新兴的信息化技术为媒介，不断地拓展教学形式，从而打破了教学的时空限制，建设了不少线上资源，实现了线上线下结合、课内课外融通、国内国外共享的教学环境（王聪，2020）。但信息化技术高速发展，应用尚不充分，要坚持立足校本课程，不断推动知识深度运用，与国内外高校共建开放性专业课程，实现跨越时间、空间、内容的多维度教学场景，是今后课程建设的重点方向。

四、小结

北京农学院"植物学"课程教学团队尽管经过多年的建设，学缘结构、年龄结构、科研研究方向日趋合理，日常教学组织有序，合作顺畅，团队效应显著，一直是校级优秀教学团队，也曾获得市级课程思政优秀教学团队。但是通过参加全国高校教师教学创新大赛，深刻体会到在推进教学改革时还需要凝聚教学团队的力量和智慧，扩大教研范围，建设更加开放广阔的教研共同体。在达成课程的高阶目标、准备参赛材料、设计教学文本和录制视频课程、总结教学经验、凝练创新特色等过程中，全体教师通过参与"准备一次教赛"全面提升教育教学能力，这是日常教学过程很难短期内达到的，教师成长极快，尤其对于青年教师实现了经快速"显性成长"之径及长期"隐性成长"之境的效果（王虎清，

2021）。"以赛促教"，积极参与各类教学比赛，并把比赛中在课程思政和课堂教学设计与实施等方面的探索与收获进行完善和凝练（王杰，2022），并在日常教学中实践和应用，成为全面促进"植物学"课程教学改革创新的有效途径。

参 考 文 献

刘兴璀，2022. 走向融合：高校课程思政话语冲突及其逻辑重构 [J]. 江苏高教（3）：64-72.

林健，2020. 面向"六卓越—拔尖"人才培养的挑战性学习 [J]. 清华大学教育研究（2）：45-58.

孙文丽，2016. 库尔勒市义务教育阶段师资队伍建设研究 [D]. 大连：大连理工大学.

薛栋，冯亚萌，2022. 教学何以创新——基于首届全国高校教师教学创新大赛获奖作品的分析 [J]. 山东高等教育（3）：1-9，23，101.

王聪，张睿鹏，关雪莲，等，2020. "线上+线下"混合植物学实验教学模式探索与实践 [J]. 教育教学论坛（44）：209-211.

王虎清，高震，巩雨，等，2021. 浅谈临床医学教师参与综合大学教学竞赛的体会 [J]. 医学教育研究与实践（6）：916-919.

王杰，刘本香，2022. 基于"以赛促教"的高职英语教师教学能力提升策略研究——以第十一届"外教社杯"全国高校外语教学大赛获奖作品为例 [J]. 青岛远洋船员职业学院学报（4）：65-68.

张涛，2021. 教学空间研究 [D]. 南京：南京师范大学.

应用型大学食品科学与工程类专业学生创新实践培养体系的构建与实践*

丁　轲① 袁　烁②

摘　要：应用型大学主要培养应用型人才，食品科学与工程专业作为工科专业很重视学生实践能力的培养。在国家大力提倡创新创业教育的背景下，应用型大学食品科学与工程专业实践培养体系增加了新的建设目标和内容。针对创新创业教育存在的问题，结合专业特色，构建了"一个目标、两条主线、三个模块、三个层次"的创新实践教学体系，并开展与之相应的教育教学方法研究，在平台建设和学生发展方面都取得了明显的成绩。

关键词：食品科学与工程；应用型大学；创新；实践

自 2015 年国务院办公厅下发《关于发展众创空间，推进大众创新创业的指导意见》（国办发〔2015〕9 号）和《关于深化高等学校创新创业教育改革的实施意见》（国办发〔2015〕36 号）等文件以来，深化高等学校创新创业教育改革成为国家实施创新驱动发展战略、促进经济提质增效升级的迫切需要，成为全面贯彻落实《国家中长期教育改革和发展规划纲要（2010—2020 年）》，推进高等教育综合改革、提高人才培养质量的重要举措。为进一步做好大学生的创新创业教育，激发大学生创新创业热情，提高人才培养的质量。2016 年北京农学院在修订 2016 版各专业本科生培养方案的过程中，也明确要求各专业将创新创业教育的内容体现在新版的培养大纲中，力求在新版大纲实施的过程中增加创新创业教育和实践的内容，2016 年至今，食品科学与工程类专业学生实践创新培养体系经过近 5 年不断地探索与实践，现在已经构建出较为成熟和完善的体系。

一、本科生创新创业教育存在的问题

高校针对本科生开展创新创业教育大多采取了增加"创新创业教育"课程的做法，或把这些课程计入公共课，或把这些课程计入专业课，学生学习之后仅仅是获得几个学分，学生学到的也多是一些空洞的创新创业理论，能够结合专业或就业实际的典型案例少之又少，更不要说获得实战技能训练的机会十分难得。根据专业特色和创新创业教育的要求，

* 本文系 2020 年度北京高等教育本科教学改革创新项目：食品科学与工程类专业学生实践创新培养体系的构建与实践。

① 作者简介：丁轲，男，博士，北京农学院食品科学与工程学院教授，主要从事农产品加工及贮藏研究。

② 作者简介：袁烁，男，硕士，北京农学院食品科学与工程学院助理研究员，主要从事教学管理。

在食品科学与工程类专业学生培养过程中如何构建"创新创业教育的教学内容与教学方法"，并"突出实践"是在大纲实施之前迫切需要解决的问题。

食品科学与工程类专业都属于工科专业，课程体系都是按照基础课（公共课）、专业基础课、专业课三大模块进行设置的，由于长期以来只注重课堂和实验教学，实践教学也多以技能训练为主，创新教育如何与课程内容进行深度融合，特别是在实践教学环节体现创新教育的内容一直是一个具有挑战性的问题，无论是对办学条件还是对师资水平都提出了很高的要求。另外，实践教学本身也长期存在着缺乏系统性的问题，这样的培养过程会导致学生的理论学习和实践脱节难以学以致用的突出问题。实习课程集中安排在最后一年容易造成实践教学的滞后性和效率低下，不利于循序渐进地培养学生的创新创业能力。与实习单位没有做好前期的沟通工作，学生在单位的实习过程中通常被固定在某个基层岗位，通过较长时间的实习，学生能够了解和掌握的也仅限于企业的局部运作流程和一些具体的操作技能，缺乏对企业整体运作流程和完整生产工艺的认知，更不用说对创新创业及企业运行管理知识的学习。学习环境缺乏浓厚的创业氛围，学生也缺少成熟的创业意识，传统的课程体系特点和实践内容设置不能给学生提供具有可操作性的创业知识储备，这些问题的存在都为本科生开展创新创业教育带来难度和挑战。

二、食品科学与工程类专业学生创新实践培养体系的构建

食品科学与工程类专业是应用性极强的专业，作为地方院校和应用型大学的食品科学与工程类本科专业只有依托行业、立足地方积极开展创新创业教育，打造出适合北京农学院食品科学与工程类专业大学生创新创业的平台和双创教育模式，才能建设具有自己鲜明特色的专业。因此，根据国家经济社会发展以及北京和谐宜居之都建设对食品科学与工程类专业技术人才的实际需求，依托学校的农科优势，基于对动物、植物原材料生物特性和生理生化特征的全面了解，以即用、即食食品和农产品深加工领域为重点，聚焦于保持物料原有营养和安全品质的绿色食品加工技术和工艺开发，形成从源头、加工、流通到餐桌的全产业链为主线，提出构建"一个目标、两条路径、三个单元、三个阶段"的"一二三三"实践教学体系，即以培养掌握食品科学理论和现代食品加工技术原理，综合素质高、实践能力强、满足区域经济社会发展和都市型现代农林业发展需要的、具有创新精神和创业能力的复合应用型食品科学与工程卓越技术人才为目标，围绕"食品生产的安全控制"与"食品加工和营养品质保证"两条路径，以"食品加工与保鲜""食品营养与健康"和"食品安全检测与控制"三个实验教学单元为依托，在每个单元的内容都按照"验证型实验""综合型实验"和"创新型实验"三个阶段三种层次的要求进行设置并据此进行实践能力的培养。"一二三三"型实践教学体系旨在通过递进的方式系统培养学生的行动力和执行力，特别是分析、发现问题和解决问题的综合能力，达到学生的知识、能力和素质全面获得提升的效果，并具备创新的意识和创业的常识。还要充分利用和发挥社会资源的作用，实现协同育人达到提高人才培养质量的效果，建立校外人才培养基地，让企业和社会提前介入和参与实践教学，让学生通过社会生产实践得到真正实战训练的机会，为学生创业埋下希望的种子。

三、食品科学与工程类专业学生创新实践培养体系的实践

食品科学与工程学院依托食品科学与工程学院的北京市级实验教学示范中心和北京高等学校食品类专业校内创新实践基地，以及1个国家级和1个北京市级为引领的30余个校外人才培养基地（这些基地涵盖了都市现代农林业全产业链中的植物类食品加工、动物类食品加工、食品流通、执法监督、市场监管等各种类型的企事业单位）构建了分阶段、多层次的实践及创新能力培养体系（图1），强化了学生实践创新能力的培养，打造了以"北京农学院大学生食品节"为核心的校内创新实践平台和以"挑战杯""创青春""盼盼杯""萌番姬"等创新创业类杯赛群和学科竞赛群为主的校外创新实践平台。

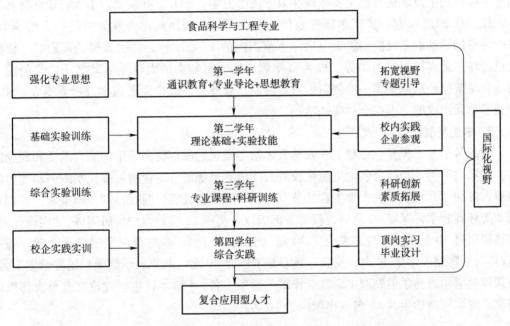

图1 食品科学与工程专业实践及创新能力培养体系

四、与食品科学与工程类专业学生创新实践培养体系相适应的教育教学方法研究

在创新实践培养体系的建设中，对学生进行理论指导也是非常重要的内容，由于这些内容突出的应用性和实战性，对其教育教学方法的研究十分重要。针对这部分知识的特点重点进行了案例教学和项目教学的方法研究，案例教学可以邀请创业成功的校友回到学校在课堂上以案例的形式为学生讲述自己的创业历程，特别要把创业过程中遇到的困难，以及如何解决问题走向成功的过程分享给学生，让学生对创业过程有全面的认识；在允许学生提前或推迟毕业的政策导引下，也可以采用项目教学的形式，具体可以采用以下三种形式：第一种形式是由学生根据专业学习内容自行提出感兴趣的创业项目；第二种形式是由学院或者系为学生提供一个项目清单，由学生根据清单中的项目进行选择，这些项目的来

源可以通过征集企业面临的问题或委托实施项目列出;第三种形式就是前两种形式的结合。通过这三种形式构筑开放式创新实践平台,实施特色鲜明的"一二三三"实践教学新体系,探索实践"产学研一体化"人才培养模式,努力培养出实践能力和创新能力突出的食品科学与工程类卓越人才。

五、学生创新实践培养体系建设成效

1. 平台建设成效

食品科学与工程类专业学生实践创新培养体系的建设需要为学生提供更大和更高水准的创新实践平台,在这样的背景下,"北京农学院大学生食品节"的办赛规模和参赛作品的水平都得到了显著提升,主要体现在以下两个方面:①开放办活动,引入行业资源和兄弟院校。从 2018 年起,将京津冀三地食品学会引进该项活动作为发起单位扩大影响力,成功将参加活动的高校范围扩大至京津冀范围内的 13 所学校,并引入赞助商冠名,该活动已经在三地高校间接力举办,成为京津冀地区有影响力的大学生活动之一;②覆盖全面:食品节已经从原来单一的创新创意食品制作竞赛拓展成全面覆盖学院所有专业,由 3 个竞赛单元组成的一项综合性实践活动。

2. 学生发展成效

食品科学与工程专业卓越 1.0 农林人才培养模式的改革提高学生的综合素质和职业能力。2016 年至今,260 余名学生前往校外人才培养基地进行专业实习强化实践创新能力的培养;参加"北京农学院大学生食品节""挑战杯""创青春""盼盼杯""萌番姬"等创新创业类杯赛和学科竞赛 60 余项,获得省部级以上奖项 23 项;参加科研训练、"实培计划"等科研项目 40 余项,参与发表论文 10 篇(SCI/EI6 篇),参与授权发明专利 2 项;通过"双培计划"培养学生 19 名,交换生项目培养学生 10 名,北京农学院项目培养学生 5 名,与新西兰尼尔森马尔伯勒理工学院合作培养学生 1 名;4 篇本科生毕业论文获得省部级优秀奖;继续深造学生共 69 名(出国深造 10 名)。

六、结语

针对卓越农林人才 2.0 的培养目标以及新工科建设背景下对食品科学与工程类专业人才培养的新要求,在 2020 版食品科学与工程类专业的培养方案中将构建的实践创新培养体系体现其中,以达到提升食品学院本科生素质和能力的目的,通过 2020 年北京高等教育"本科教学改革创新项目"(食品科学与工程类专业学生实践创新培养体系的构建与实践)的执行以期达到食品科学与工程类专业上水平、争卓越的目标。

参 考 文 献

贺旭辉,余茂辉,2021. 应用型高校创新创业实践能力培养体系构建与实践 [J]. 湖北第二师范学院学报 (7):100-104.

江洁，胡文忠，姜爱丽，等，2019. 食品类专业应用型人才培养模式创新实践研究——以大连民族大学为例 [J]. 大连民族大学学报（5）：463-466.

柳艳芳，田甜，汪沉沉，等，2020. 应用型人才培养实践教学内容体系构建——以上海应用技术大学材料科学与工程学院为例 [J]. 山东化工（3）：124-126.

王新荣，张霞，丁海娟，2017. 应用型人才培养实践教学体系改革研究 [J]. 黑龙江教育（高教研究与评估）（11）：48-49.

周博，嵇云，任耀庆，2017. 应用型高校大学生工程实践能力培养模式探索 [J]. 才智（28）：54-56.

"食品质量安全管理学"课程思政教学改革探索

刘慧君　丁　轲　高秀芝　罗　蕊

摘　要："食品质量安全管理学"是食品质量安全的专业核心课，根据课程性质和专业培养目标，本文对课程思政素材搜集、思政元素挖掘、多元化教学方式和思政元素的融入设计等进行了探究，以培养德才兼备的复合型应用人才。

关键词：课程思政；食品质量与安全管理学；教学改革

2018年9月，习近平总书记在全国教育大会上指出，教育"以凝聚人心、完善人格、开发人力、培育人才、造福人民为工作目标，培养德智体美劳全面发展的社会主义建设者和接班人"。高校要培养德智体美劳全面发展的社会主义建设者和接班人，就要始终坚持正确的政治方向。2020年5月28日，教育部印发了《高等学校课程思政建设指导纲要》，要求"把思想政治教育贯穿人才培养体系，全面推进高校课程思政建设，发挥好每门课程的育人作用""落实立德树人根本任务，必须将价值塑造、知识传授和能力培养三者融为一体"。因此，高校各专业课程应"深入研究不同专业的育人目标，深度挖掘提炼专业知识体系中所蕴含的思想价值和精神内涵"，将思想政治教育有机融入和贯穿专业课程教育的全过程，帮助学生坚定理想信念、厚植爱国情怀、恪守职业道德，培养有理想、有道德、有文化、有纪律的四有新人，激励学生为全面建设社会主义现代化国家、全面推进中华民族伟大复兴踔厉奋发、勇毅前行。

一、"食品质量与安全管理学"课程思政教育目标

食品质量与安全是关系国计民生的重要领域，食品质量安全若出现问题，将严重危害广大人民群众的身心健康、造成巨大的经济损失、影响社会安定团结和损害国际形象。因此，社会需要培养具有开阔的国际视野、强烈的爱国主义精神、高度的社会责任感、良好的职业道德素养、过硬的专业技能和富有创新精神的食品质量与安全专业技术人才。

"食品质量安全管理学"作为食品质量安全专业的专业核心课程，在专业人才的培养中具有至关重要的地位。课程帮助学生了解和掌握食品质量管理的发展历史和重要地位，食品质量安全管理相关的工具方法、政策法规和标准体系，质量成本管理，食品质量检验等。将食品质量安全意识、质量强国战略、"诚信守法、客观独立、科学准确、公平公正"准则和良好职业道德规范等思政元素融入"食品质量安全管理学"，培养具有高度社会责任感和良好政治文化素养的专业性技术人才，是本课程的思政教育目标。

二、"食品质量与安全管理学"思政素材的搜集

围绕《高等学校课程思政建设指导纲要》中的五大内容：习近平新时代中国特色社会主义思想、社会主义核心价值观、中华优秀传统文化、宪法法治教育、职业理想和职业道德，搜集思政素材和挖掘思政元素。观看围绕"质量强则国家强，质量兴则民族兴"主题回顾质量发展、反思质量问题、探索质量规律、展望质量前景、探讨我国质量提升意义和实践途径的《大国质量》系列纪录片。学习 2022 年国家市场监督管理总局官网发布的《食品相关产品质量安全监督管理暂行办法》，《办法》强化了食品相关产品质量安全监督管理、彰显了我国保障公众身体健康和生命安全的决心。通过"土炕酸菜"事件分析讨论，反思企业失信引发的行业信任危机，强化职业道德和社会责任意识教育。了解传承千年的四川眉州生产的"眉山泡菜"，其营销网络走出国门远销美英日韩等 100 多个国家和地区，年营销额达上百亿元，弘扬优秀传统文化，增强文化自信。学习《中华人民共和国食品安全法》、ISO9000、农药残留限量标准等法律法规和相关标准，培养质量安全意识。

三、"食品质量与安全管理学"课程思政多元化教学方式探索

1. "互联网＋"混合式教学

充分利用网络学习资源、信息化教学手段和网络教学平台等，开展"互联网＋"教学模式，丰富教学资源、培养碎片化学习思维、提高学生自主学习能力。如要求学生在网上自行观看学习《大国质量》等系列纪录片，让学生了解质量管理的发展历史和重要地位等；通过雨课堂对系列片相关知识在线测试，如"质量强国被写入报告的是哪一次大会""宜家家居产品在市场上遭遇信任危机的原因"等，一方面考查学生自学情况，另一方面强化自学效果；在网络教学平台上开设《大国质量》系列纪录片的专题学习讨论版块，鼓励学生进行主题发言，通过充分交流，引发对"质量强国"等的深入思考，使"质量"意识入脑入心；将课堂测试、专题讨论等纳入课程考核，提高学生学习和讨论的积极性等。

2. 案例分析教学

引用国内外典型和热点食品安全教学案例，结合食品质量安全管理学相关教学内容，让学生开展分析和讨论，加深学生对知识的认识、理解和运用。如让学生从生产者、消费者和社会三个角度分析"三聚氰胺奶粉"事件中的质量损失，讨论"费列罗巧克力沙门氏菌污染"发生后质量成本的变化，从而引发学生对食品安全事件的起因、危害和控制等的深入思考，培养学生分析问题和解决问题的科学思维能力，牢固树立食品安全责任意识，弘扬诚实守信的职业精神。

3. 小组任务型教学

成立学习小组，让学生利用所学"食品质量与安全管理学"相关知识，开展小组任务，培养学生系统思维、团队协作和沟通交流能力。学生成立 6～10 人的质量管理（QC）小组，针对校园中存在的共性问题，各小组自主选题，运用排列图、鱼骨图等质量管理的工具方法，分析问题存在的主要原因，并通过小组成员头脑风暴，制定措施，实施方案，跟踪评价，最终形成项目报告。在教学过程中，学生成立了"提高网课效率""反诈名探"等 QC 小组，针对新冠感染疫情防控期间提高网课学习效率、校园诈骗、校园吸烟、学生

晚睡、手机使用时间过长等系列问题，开展了调研、分析、处理和跟踪评价。通过此项小组实践活动，引导学生关注身边事，树立社会责任意识，培养了学生分析问题、解决问题的系统思维和创新思维能力。

四、"食品质量与安全管理学"课程思政元素的融入

提取思政元素库中的相关元素，结合相应的"食品质量与安全管理学"课程知识点，通过直接引入、案例渗透和实训实践等合适的方式融入，映射至课程思政育人目标（表1），形成专业思政教育模式，达成价值塑造、知识传授和能力培养一体化育人目标，落实立德树人根本任务。

表1　"食品质量与安全管理学"思政元素融入表（部分）

章节	知识点	思政元素	融入方式	育人目标
质量管理概论	质量的定义	党的十九大报告提出，必须坚持质量第一，明确提出建设质量强国	直接引入	牢固树立"质量强则国强"的理念
	大质量观	零元质量是道德质量，是质量的基石，没有道德质量就没有质量（三聚氰胺毒奶粉事件）	案例渗透	质量是一种态度、习惯、责任、信仰和使命，树立正确的质量意识
	质量管理	观看《大国质量》第1集《质量时代》	案例渗透	现在产品质量非常好的国家，历史上都遭遇过各种各样的磨难，要想涅槃重生，最关键的是有危机意识，国家必须调动起全国人民的意识和能力。要实现质量强国，每个人都应牢固树立走高质量发展道路的意识
	质量改进	要持续改进才能保持产品的高质量（稻香村不断研发新的糕点）	案例渗透	个人、企业、国家要保持强大，就要不断学习、持续改进，引导学生不断学习，反思改进，勇攀高峰
质量成本管理	质量损失	三聚氰胺毒奶粉事件对消费者、生产企业、社会、行业和国家均造成了巨大的损失	案例渗透	引导学生反思，不合格的质量损人不利己，培养法治、诚信意识和职业道德品质
	质量成本	费力罗巧克力沙门氏菌污染事件的原因和解决方法，质量成本的变化	案例渗透	引导学生分析案例中质量成本的构成和优化方向，培养分析解决问题的能力
质量管理的数学方法及工具	排列图、因果图等质量管理的工具和方法	使用质量管理的工具和方法解决实际生活和工作中的问题	实训实践	成立4～6人QC小组，选择1项校园中存在的问题作为研究课题，采用质量管理的工具和方法开展研究、制定方案、实施并改进，培养学生的系统思维和创新思维能力

五、结语

"食品质量安全管理学"是食品质量安全专业核心课，搜集思政素材、挖掘思政元素、构建课程思政资源库，探索多元化的教学方式，以"润物细无声"的方式，将思政元素融入各个教学活动和教学环节，将爱国、强国、敬业、守信等思政教育贯穿整个教学过程，

培养学生保障消费者健康和维护社会稳定的专业责任意识和法律意识，实事求是、诚实守信和敢于担当的职业道德品质，以及运用系统思维和创新思维解决新时代下复杂的食品质量安全问题的能力，全面提升食品质量与安全专业大学生综合素质，培养满足社会发展需求、具有创新精神和创业能力的复合型应用人才。

参 考 文 献

教育部，2020. 教育部关于印发《高等学校课程思政建设指导纲要》的通知［EB/OL］. http://www. gov. cn/zhengce/zhengceku/2020-06/06/content _ 5517606. htm.

新华社，2018. 习近平出席全国教育大会并发表重要讲话［EB/OL］. http://www. gov. cn/xinwen/2018-09/10/content _ 5320835. htm.

工程教育专业认证背景下"食品工程原理"课程目标达成度评价研究*

伍　军① 智秀娟　徐广谦　孙运金　张大革

摘　要：本文从工程教育认证的背景出发，运用 OBE 教育理念，细化了"食品工程原理"的课程目标及其对毕业要求的支撑关系，初步探索了"食品工程原理"达成度评价体系，并以 2022—2023 学年为例，对"食品工程原理"达成度的结果进行分析，为今后更完善地评价学生的学习收获打下了基础。

关键词：工程认证；OBE；食品工程原理；课程目标；达成度

《华盛顿协议》是工程教育本科专业学位互认协议，其宗旨是通过多边认可工程教育资格，促进工程学位互认和工程技术人员的国际流动，是国际通行的工程教育质量保障制度，也是实现工程教育国际互认和工程师资格国际互认的重要基础。2016 年我国被正式接纳为《华盛顿协议》成员，从此工程专业认证成为我国高等教育的重要组成部分。

OBE（outcome based education，简称 OBE）教育理念，又称为成果导向教育、能力导向教育、目标导向教育或需求导向教育。OBE 教育理念是一种以成果为目标导向，以学生为本，采用逆向思维的方式进行的课程体系的建设理念，是一种先进的教育理念。

食品科学与工程学科具有多学科交叉融合的特点，是以工学、理学、农学和医学作为主要科学基础的交叉学科。从学科分类看，食品科学与工程专业隶属于工学门类，更侧重于培养能解决生产实践中复杂工程问题的工程技术人才。"食品工程原理"课程是食品科学与工程专业的核心课程，该课程涉及知识面宽，对理论分析、设计计算、实验探索、工程经验的贯通融合和创新应用方面要求很高，是自然科学领域基础课向工程学科专业课过渡的入门课程，同时也是衔接"食品工艺学"和"食品机械与设备""食品工厂设计"的桥梁课程，是解决复杂工程问题的重要理论与实践支撑，因此运用 OBE 教育理念对课程进行教育教学改革是很有必要的。

在既往的课程教育教学改革中，往往更重视教学内容和教学方法的改进，容易忽视对课程质量的评价体系的探索；重视结果性评价，忽视形成性评价，缺乏目标性评价，

---

* 本文系北京农学院教育教学改革面上项目：面向工程教育认证"食品工程原理"OBE 教学模式研究。

① 作者简介：伍军，女，北京农学院食品科学与工程学院教授，主要研究方向为食品工程。

无法准确评价和了解学生的学习收获，因此本文将聚焦这一环节进行深入的分析和阐述。

一、细化"食品工程原理"的课程目标及其对毕业要求的支撑关系

在进行目标性评价之前，首先要围绕食品科学与工程专业的 12 个毕业要求，分析细化每一个教学环节的课程目标，切实做到有的放矢和行之有效。如图 1 所示，理论教学重点放在培养学生对"工程知识"的掌握、提高"分析问题"的能力，了解"工程与社会"的关系；实验教学侧重培养学生综合利用所学的工程知识，分析实验中出现的问题并提出解决方案；课程设计是本课程的综合训练环节，结合实际提出复杂工程问题，学生分组完成方案分析、流程图绘制、分项计算、设计说明书撰写、设备示意图绘制、成果答辩等步骤，全面支撑"分析问题""解决方案""使用现代工具""工程与社会""个人与团队""沟通"等课程目标的实现。

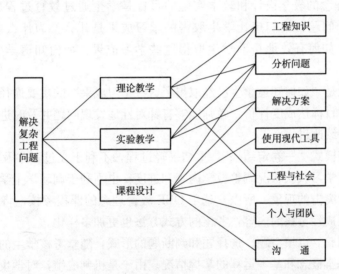

图 1　"食品工程原理"教学环节与毕业目标的支撑关系

下面以理论教学为例进行课程目标分析。

课程目标①：通过学习使学生掌握流体流动、流体输送设备、非均相物系分离、传热、蒸发、干燥、制冷和蒸馏等单元操作的基本原理与典型设备；各单元操作的影响因素与强化手段。

课程目标②：使学生掌握各单元操作的基本运算方法，并能够使用这些方法准确计算食品加工过程中各单元操作的设计参数和操作参数。

课程目标③：使学生掌握常用工程计算图表、手册的阅读和使用，并能够在实际运算过程中正确使用。

课程目标④：使学生了解食品工程与社会、健康、安全、法律及文化的关系，树立社会责任感和职业精神（表 1）。

表1 "食品工程原理"理论教学所支撑的毕业要求及对应的课程目标

专业毕业要求	专业毕业要求指标点	课程目标
工程知识	能将数学、自然科学、工程科学的语言工具用于食品领域工程问题的表述；能够将相关知识和数学模型方法用于推演、分析食品领域工程问题。	课程目标① 课程目标② 课程目标③
问题分析	能运用相关知识基本原理，借助文献研究，分析过程的影响因素，获得有效结论。	课程目标② 课程目标③
工程与社会	能够基于食品工程领域相关背景知识进行合理分析，评价食品工程实践和复杂工程问题的解决方案对社会、健康、安全、法律以及文化的影响，并理解应承担的责任	课程目标④

二、探索"食品工程原理"课程考核的达成度评价体系

OBE 教育理念的教学设计和教学实施的目标是学生通过教育过程所取得的学习成果，要解决四个问题：我们想让学生取得的学习成果是什么？为什么要让学生取得这样的学习成果？如何有效地帮助学生取得这些学习成果？如何知道学生已经取得了这些学习成果？

课程考核就是"如何知道学生已经取得了这些学习成果"的重要途径，通过对考核结果进行课程教学目标达成度评价，教师能够有针对性地发现问题并及时进行整改，使教育教学质量得到持续改进。

传统的考核模式"一卷定结果"，重结果轻过程，不利于在过程中及时掌握学生的学习收获，并依据学习收获状况调整教学内容和进度；也不利于调动学生学习的主动性，造成学生期末集中突击的现象。所以，基于 OBE 教育理念的课程考核，将着眼点放在了过程中，增加了形成性考核的内容，考核的方式方法也更加多样化。

（1）课堂测验。以填空题、选择题和判断题的形式，随堂考核学生的学习态度、听讲情况，以及对基本概念和基本运算的掌握情况。由于是机判成绩，对学生的运算提出了严格的要求，经过几次测验发现，大部分学生的计算能力得到了长足的进步。

（2）课后作业。每章布置1~2道经典习题，针对学生在流程图、单位换算、计算等方面训练的缺项，提出详细的撰写要求，使学生掌握简单工程问题的解题思路、运算要点和书写规范，为学习解决复杂工程问题打下基础。

（3）期中训练。在期末考试前，增加两次期中训练。考试成绩不是重点，重点是让学生及时复习，由于"食品工程原理"的每一章都是独立的学习单元，让学生自己发现学习过程中的问题，促进学生总结复习。

（4）期末考试。前面的考核都属于过程管理，更依靠学生的自觉学习，但是很难避免存在部分学生"搭车"的现象，所以需要闭卷考试进行最后把关。

将课程考核结果与课程目标对应，构建课程目标达成度评价体系，利用评价结果正向反馈教学推动持续性改进，促进课程教学质量的提升。

各环节在总课程目标达成中的权重如表2所示。

表2 "食品工程原理"课程目标与考核环节权重设定

单位:%

		课堂测验	课后作业	期中训练	期末考试
理论分值（分）		100	100	100	100
横向权重		10	10	20	60
纵向权重	课程目标①	50	30	40	30
	课程目标②	30	40	40	50
	课程目标③	10	20	10	10
	课程目标④	10	10	10	10

$$课程分目标达成度 = \frac{\sum 各考核环节的权重 \times 实际得分}{\sum 目标分值} \times 课程总目标达成度$$

$$= \frac{课程总评成绩}{100}$$

三、2022—2023学年课程达成度评价分析

以2022—2023学年为例，对各章节的达成度进行分析（图2），发现只有《蒸馏》章节达成度超过80%，达到良好水平，原因可能是《蒸馏》章节是课程的最后一章，学生对内容的熟悉程度最高；达成度在60%以上的包括《传热》《蒸发》《干燥》《制冷》达到了合格水平，但学生对某些知识点仍然存在概念不清的问题，需要在后续课程中进一步强化；《流体流动》及《输送设备》《非均相物系分离》的达成度偏低，说明学生在学习过程中缺乏总结和复习，需要进一步加强过程管理。

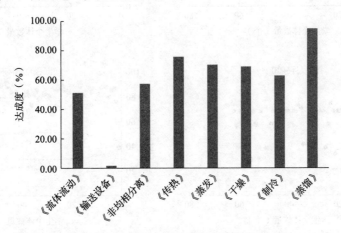

图2 "食品工程原理"各章节的达成度分析

对课程目标达成度分析（图3）可见，课程目标③的达成度最低，仅为65%，说明学生在正确使用工程图表方面仍需加强训练；课程目标①和②的达成度在70%，虽然达到了课程目标的预期，但是没有完成目标的学生比例仍然偏多，需要进一步分析原因，找到解决方案；课程目标④在数据面上达成度较好，但还需要进一步地体现在目标①②③中。

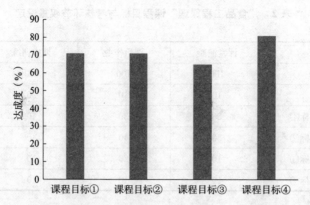

图3 "食品工程原理"课程目标达成度分析

分别对每位学生的课程目标达成度进行分析（图4），发现课程目标①和②的分布相似，有较大比例的学生没有达到课程目标，在20％～40％的区间分别有9名和12名学生需要重点关注；课程目标③在0％～20％区间有7名学生；课程目标④有2名学生的达成度仅为20％，说明这部分学生问题主要在学习态度，而非学习能力。

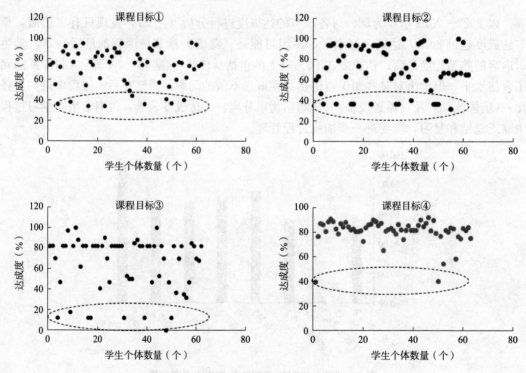

图4 学生个体课程目标达成度分析

四、存在的问题及持续改进

（1）普遍存在过程性考核成绩偏高，闭卷考试成绩偏低的问题，特别是课后作业雷同情况较高，"搭车"情况严重，所以尽管平时过程考核内容和形式多种多样，闭卷考试的权重亦不能低于 60%。

（2）在教学过程中发现学生读图的能力普遍偏弱，不排除一部分学生消极学习的问题，所以一方面可增加对湿焓图和压焓图的课堂练习次数，通过多次重复强化学生的理解；另一方面，考虑尝试一对一单独考核的方法，促使消极学习的学生为获得较好的成绩，更多地投入精力学习。

（3）从课程成绩分布情况分析，中数、众数和平均数都出现在 60 左右，不及格比率相对本专业其他课程偏高，除了本课程的内容的难度以外，学生的学习态度也起到一定的决定作用，如何激励落后学生专注学习，是改进学风的重要环节，须进一步探索行之有效的方式方法。

总之，将以学生为中心、以成果为导向的 OBE 教育理念应用于"食品工程原理"的教学实践过程中，针对课程目标不断完善考核方法和达成度评价体系，探索出适应学生认知水平的工程类课程的教学模式，为全方位培养学生解决复杂工程问题的能力打下基础。

参 考 文 献

李磊，黎竞，王轶卓，等，2023. 工程教育专业认证背景下"大学物理"课程目标达成度评价 [J]. 航海教育研究（1）：73-78.

孙晶，张伟，崔岩，等，2018. 工程教育专业认证的持续改进理念与实践 [J]. 大学教育（7）：71-73，86.

王铭，黄瑶，黄珊，2019. 新时代中国工程教育认证存在的问题与对策 [J]. 教育理论与实践（39）：3-5.

于志鹏，赵文竹，刘贺，等，2020. 基于 OBE 模式的"食品工程原理"教学模式研究与探索 [J]. 农产品加工（6）：102-103.

"食品微生物学"课程思政教学案例库的建立*

熊利霞①　庞晓娜　刘　慧

摘　要："食品微生物学"蕴含着丰富的课程思政元素，本文通过挖掘"食品微生物学"发展过程、新农科背景下的课程思政材料，建立课程思政案例库，并运用多种教学方法以及多元教学评价方法培养学生的创新精神、社会责任感、家国情怀和民族自信心，切实提升立德树人的成效。

关键词：食品微生物学；课程思政；新农科；教学评价；立德树人

立德树人是高校办学的根本任务，立德树人强调德育为先，能力为重。新农科肩负着服务脱贫攻坚、乡村振兴、生态文明和美丽中国建设的"四大使命"。北京农学院食品科学与工程专业围绕学校都市型农林院校的办学特色与高水平应用型大学的办学定位，培养德、智、体、美、劳全面发展，具有宽广知识和多领域适应能力的复合应用型人才。"食品微生物学"为食品科学与工程专业的专业必修课，应用广泛，其思政课程可为实现立德树人的教育教学目标提供有力支持。

一、"食品微生物学"的课程思政之必要性

1. "食品微生物学"蕴含着极其丰富的课程思政元素

"食品微生物学"与人类生产、生活关系密切，蕴含着丰富的科学和人文精神，具有良好的育人价值与潜力，可以作为思政元素的良好载体。

2. 课程思政要与新农科建设紧密结合

新时代高校大学生在各种思潮和网络文化的影响下，可能会产生一些不良的倾向，如价值观念扭曲、功利思想严重及政治信仰不坚定等。在新农科背景下，要为国家农业农村现代化贡献力量，实现个人的专业发展与国家的发展同心、同向、同行。

3. 课程思政的建设有利于培养专业兴趣和良好的学风

"食品微生物学"是食品科学与工程专业的必修课，结合课程思政的案例，对于培养学生的专业兴趣具有重要的引导作用，有利于形成爱学科、爱学校的良好学风。

4. 课程思政建设有利于提高任课教师的思政教学能力

"食品微生物学"思政教育属于隐性教育，为了保障该课程的思政育人目标的实现，专业课教师要主动提高自身的思政素质，才能提升课程思政的教学能力。专业教师要加强

＊　本文系北京农学院2021—2022年教育教学改革研究重点项目（项目编号：BUA2021JG10）。

①　作者简介：熊利霞，女，博士，北京农学院食品质量与安全系教师，讲师，主要研究方向为食品微生物。

思政学习，深入研究教育的新理论、新方法，拓宽学科视野，创新教学方法，要给学生传递有深度和广度的知识内容。

二、"食品微生物学"课程思政教学案例库的建立

1. 与新农科建设紧密结合，为农业现代化贡献力量

通过挖掘新农科，特别是北京农学院师生相关的课程思政案例，引导学生树立个人的专业发展与国家的发展同心、同向、同行的意识。

（1）案例1：鲜切菜女王——陈湘宁教授。北京农学院食品科学与工程学院陈湘宁教授深入开展保鲜技术和专用包装材料研究，建立了气调包装保鲜技术体系，制定了多个鲜切果蔬行业标准与规范，推动了该产业的快速发展，为疏解非首都功能、减少垃圾进城、助力精准扶贫和京津冀协同发展做出了应有的贡献。

（2）案例2：变粪为宝的科学家——刘克锋教授。北京农学院刘克锋教授带领研究团队结合北京市养殖猪、牛、鸡、鸭多的特点，先后攻克了猪、牛、羊、鸡、鸭等畜禽粪污染的技术处理难关，处理了固体、液体粪污大面积堆积污染，有效改善了农村环境，生产出高品质有机肥和栽培基质，促进了循环农业的发展，为建设美丽中国做出了很大贡献。

（3）案例3：农民致富带头人——大学生村官陈墨。2007年从北京农学院食品质量安全专业毕业的陈墨，选择"进村"当了一名"村官"。他所在的北京市大兴区庞各庄镇，2018年夏天，一场冰雹下来，把瓜农半年的收入砸没了。经过实地考察和进行市场调研后，陈墨决定在大兴区魏善庄镇王家场村进行食用菌生产试点，组织成立了"爱农星"食用菌专业合作社，建立了包括实体店、餐饮合作、批发市场等多层次的销售渠道，村民人均年收入提高了3 000元。陈墨荣获2008年度北京市优秀大学生村官和第二届"北京青年创业之星"称号。

通过北京农学院新农科背景下的课程思政案例，培养学生知农爱农的意识，为服务乡村振兴贡献自己的力量。

2. 为食品安全保驾护航，融入食品专业的社会责任感

食品安全是关乎国计民生的大问题。孔雀石绿、三聚氰胺、瘦肉精、酸汤子、土坑酸菜等食品安全事件让人触目惊心，对人民健康的威胁和对食品行业诚信提出严重挑战。让学生结合学校举办的大学生食品节宣誓，牢记为人民营养安全健康而努力奋斗的使命，把学好专业知识、服务行业发展、为国家贡献融入其成长发展过程中。

3. 培养学生的辩证思维及勇于创新的科学精神

针对"微生物与人类的关系既有有利的一面，又有有害的一面"，举例说明有益微生物（如益生菌）的应用以及有害微生物（如致病菌和新型冠状病毒）给人类带来的病痛与伤害，教育学生采用辩证思维分析微生物与人类关系。

我国微生物学家、病毒学家汤飞凡冒着失明的危险，给自己接种致病菌，成功分离出沙眼病原菌衣原体，推翻了当时流行的沙眼"细菌病原说"和"病毒病原说"，培养学生勇于创新的科学精神。

4. 树立民族自豪感，增强文化自信

中华文化历史悠久，博大精深，我们的祖先在农业、酿造业、免疫学方面都做出了重

大贡献。早在 4 000 多年前的龙山文化时期，北魏贾思勰《齐民要术》一书中便详细地记载了当时制醋、利用谷物制曲，酿酒、制酱、造醋和腌菜等方法。在农业方面，中国古代民间早已实行瓜豆轮作。唐朝时期，古代中医就开始用"人痘"预防天花，后流传至俄罗斯、英国、日本、美国等地，直至 18 世纪"牛痘"发明，沿用了 1 000 多年。从以上事例中可以看出，我国在微生物学发展史上取得了极大的成就，对世界微生物学发展做出了卓越贡献，让学生在专业知识的学习中深刻体会到中华民族的伟大和中国人民的智慧。

通过结合微生物学发展过程以实时案例中的课程思政元素，培养学生勇于探索的创新精神、良好的辩证思维、理论结合实际的科学精神，树立良好的职业道德和社会责任感，培养胸怀家国、勇担使命的爱国主义情怀和民族自信心。

综合以上课程思政目标，建立课程思政案例库，如表 1 所示。

表 1 "食品微生物学"的课程思政案例库

章节		课程知识点	思政融入点	课程思政目标
绪论		微生物简史	4 000 多年前的龙山文化时期古人利用谷物制曲，酿酒、制酱、造醋和腌菜等	文化自信、家国情怀
		微生物与人类的关系	正确看待微生物的有益性和有害性	培养辩证思维
第一章	微生物的形态与结构	荚膜的应用	微生物学家金培松在抗日期间冒着生命危险转移菌种	国家利益高于一切
		沙眼衣原体	微生物学家、病毒学家汤飞凡首次从沙眼病人的眼结膜中分离培养沙眼病原体，他被称为"衣原体之父"	科学报国、无私奉献
		病毒	抗击新冠感染疫情的钟南山院士——"逆行英雄"的感人事迹。	国士无双、家国情怀
		真菌	真菌学家、植物病理学家戴芳澜对水稻、果树等病害及防治做出巨大贡献	攻坚克难、家国情怀
第二章	微生物的营养	固体培养基琼脂的发明	德国细菌学家柯赫听采纳夫人的建议用琼脂做凝固剂，纯培养取得成功	三人行，必有我师
第三章	微生物的代谢	淀粉的分解	张树政院士研究出了我国第一个糖化酶制剂	胸怀家国、勇担使命
第四章	微生物的生长	温度对微生物生长的影响	2017 年，上海某网红食品店因冷链运输不当而导致食品中毒事件	职业道德和社会责任感
第五章	微生物的生态	微生物与生物环境之间的关系	大学生如何处理人际关系，实现合作共赢	良好的团队合作精神
第六章	微生物的遗传	新冠病毒基因测序	病毒学家张永振及其团队最先公布了新冠病毒的序列，让全世界的科学家得以快速鉴定病毒并设计诊断试剂和疫苗	爱国情怀、人类命运共同体
第七章	微生物与免疫	抗体的应用	我国自主研发新型冠状病毒疫苗，不但满足了国内需求，而且援助多国	疫情重大危机前，攻坚克难，引领创新
第八章	微生物的分类与鉴定	拥有自主知识产权的菌种库	张和平教授建立中国的乳酸菌菌种库，大力开发了自主知识产权的菌种	民族精神、勇担使命

（续）

章节	课程知识点	思政融入点	课程思政目标
第九章 食品中微生物的污染来源与控制	控制微生物生长与食品保藏技术	鲜切菜女王——北京农学院陈湘宁教授，建立了气调包装保鲜技术体系，制定多个鲜切果蔬行业标准与规范	助力"三农"、精准扶贫
第十章 微生物与食品的腐败变质	复合菌发酵	北京农学院刘克锋教授用微生物发酵技术攻克了畜禽粪污技术处理难关，有效改善了农村环境污染，生产出高品质有机肥和栽培基质	助力"三农"、改善生态环境、建设美丽中国
第十一章 微生物性食物中毒	食品微生物安全相关的中毒事件	通过食品安全的案例分析，说明食品安全对人民健康的威胁和对食品行业的诚信的严重威胁	职业道德和社会责任感
第十二章 食品传播的病原微生物	病原微生物的防治	剑桥大学医学博士，中国卫生防疫、检疫事业创始人伍连德力挽狂澜，成功消灭东北鼠疫，创造了世界防疫史上的奇迹	临危受命、国士无双
第十三章 食品中微生物数量的检测技术与指示菌类	食品安全检测的重要性	正当非洲猪瘟肆虐，居然有人伪造检验检疫合格证	职业道德和社会责任感
第十四章 微生物在食品发酵工业中的应用	微生物菌体的应用	大学生村官陈墨成立了北京"爱农星"食用菌专业合作社，建立起了食用菌试验基地，提高了当地村民收入	知农爱农，服务脱贫攻坚、乡村振兴
第十五章 食品微生物质量与管理控制体系	食品安全管理体系	稻香村集团结合现代安全管理控制体系，在安全保障和市场竞争中脱颖而出	守正创新

三、"食品微生物学"课程思政教学方法探索

1. 运用线上线下混合教学

网络教学平台突破了传统教材的局限性，拓展了教学内容。课前，在学校课程中心可以让学生完成相关的预习，合理选用网络、视频材料，灵活应用讲授法、案例法、讨论法等手段，在课堂教学过程中通过雨课堂高效地与所有学生随时互动，进一步提升课堂的交流和活跃度。课后，学生也可以借助学习终端随时随地查阅课件资料，完成课堂作业及组内讨论等活动。在这种互动的初步实践中，学生学习的积极性明显提高，活跃度和课堂参与度都有所提高，课堂收获更多。

2. 增加研讨式专题学习，提升学生自主学习能力

在"食品微生物学"教学中进行研讨式教学，增加专题内容学习。通过学生查阅文献、提出问题、讨论问题、阐述答辩等环节，有效突破课堂时空限制，有利于培养学生的独立思维和创新能力。

3. 建立多元教学评价体系

教学考核是教育的重要环节，不仅能检验学生对课堂知识的掌握，同时也是衡量教师教学水平的指标之一。建立多元评价体系，增加过程化考核的比重，强调平时成绩和课堂

参与度，充分调动学生的积极性。"食品微生物学"的考核包括预习作业、雨课堂互动、小组专题讨论、课堂发言、课程小论文汇报。小组专题讨论特别设计了一些思政讨论题来培养学生的职业道德、法治意识、规则意识及生态保护意识等，引导学生树立正确的人生观和价值观。

四、结语

教学过程中围绕立德树人这一核心，聚焦新农科建设，在政治认同、文化素养、家国情怀等方面不断优化课程思政的内容，提升立德树人的成效。通过建设特色课程思政教学案例库，探索构建完善的课程思政评价体系，科学、合理地评价课程思政实施的效果，进而构建"大思政"的新格局，实现立德树人的教育目标。

参 考 文 献

焦云鹏，万国福，2021. 《食品微生物技术》课程思政格局构建的探索与实践［J］. 轻工科技（5）：190-191.

李爱国，李恒爽，2019. 专业课教师参与大学生思想政治教育的思考［J］. 高教学刊（17）：174-176.

李程程，苏二正，2022. "食品微生物学"课程思政元素凝练与教学实践［J］. 轻工科技（3）：176-178.

李秀婷，滕超，杨然，等，2020. 工程教育专业认证导向的微生物学课程思政教学设计与实践［J］. 质量与市场（20）：121-123.

梁志宏，明玥，2021. 食品微生物学课程思政探索与实践［J］. 微生物学通报（4）：1373-1379.

楼天灵，卢培苗，叶剑尔，等. 线上线下混合教学模式下的课程思政探索——以"食品微生物学"课程为例［J］. 教育教学论坛（25）：185-188.

吕宁，2018. 高校"思政课程"与"课程思政"协同育人的思路探析［J］. 大学教育（1）：122-124.

王春燕，张好强，李培琴，2019. 浅谈《微生物学》课程思政［J］. 高教学刊（12）：177-180.

张庆华，宋增福，张旭杰，等，2018. 水生动物病原微生物学思政案例——汤飞凡和沙眼衣原体［J］. 教育教学论坛（30）：79-81.

"三全育人"视阈下大数据专业核心课程"ETL 技术与应用"思政素材挖掘与实施路径探究[*]

李晓华[①]　张　娜[②]　兰　岚[③]　刘莹莹[④]　姚　山[⑤]

摘　要: "ETL 技术与应用"课程是数据科学与大数据技术专业的一门专业核心课程。课程讲授的内容在整个专业教学体系中具有举足轻重的地位,课程教学效果对于大数据专业人才培养质量起着重要的影响作用。本文从课程目标、教学内容与思政元素挖掘、教学模式与实施方案设计等方面,重点讨论"三全育人"视阈下该课程的思政素材挖掘与实施路径。实践与分析结果表明,融入课程思政后,课程在锤炼学生品格、提升学生专业素养方面起到了积极的影响作用。

关键词: 大数据;ETL 技术与应用;课程思政;素材挖掘

当今不仅是一个产生大数据的时代,更是一个需要凝聚大数据获得创新力量的时代。大数据的开发、利用目前已成为世界各国的重要战略布局,"数据及战略资源"让各国的竞争焦点从土地、能源、劳动力、资本转向了大数据的收集、开发与利用。大数据技术已经逐渐发展成为各个行业内争相追逐的利润增长点,与之紧密相关的大数据专业人才需求必然也会呈现出爆发式快速增长。大数据专业作为一门典型的新工科专业,涵盖学科范围广,专业综合能力要求高,更加注重实践能力、创新能力和综合应用能力的培养,目标是为国家输送高素质复合型新工科人才。在"三全育人"时代背景下,对于大数据技术与应用专业教师来说,在大数据技术课程教学活动中,不仅要提高学生运用数据、分析数据和利用大数据技术解决实际问题的综合能力,更要把对社会主义基本立场、政治观点和思维方法的德育教育与具有大数据思维的创新精神教育紧密地结合在一起。然而,教学实践中容易发生重专业知识和应用技能传授、轻素质教育和价值引领培养问题,从而容易导致专

---

[*]　本文系北京农学院 2022 年教育教学改革项目:"三全育人"视阈下大数据专业核心课程"ETL 技术及应用"思政素材挖掘与实施路径探究(编号:BUA2022JG13)。

①　作者简介:李晓华,女,硕士,北京农学院计算机与信息工程学院副教授,主要研究方向为大数据应用与分析。

②　作者简介:张娜,女,硕士,北京农学院计算机与信息工程学院教授。

③　作者简介:兰岚,女,硕士,北京农学院马克思主义学院副教授。

④　作者简介:刘莹莹,女,硕士,北京农学院计算机与信息工程学院副教授。

⑤　作者简介:姚山,男,博士,北京农学院计算机与信息工程学院副教授。

业教育与思想政治教育发展不平衡现象发生。中国教育决不能培养出一批"长着中国脸，不是中国心，没有中国情，缺少中国味"的人。教学的主旨在于教书育人，绝不能培养只在"象牙塔"里专注眼前一亩三分地的"才"，而需要首先培养出有大局观、道德观、伦理观的"人"，继而才能培养出有分析能力、判断能力和明辨是非能力的"人才"。大数据专业教学课程要特别注重学生数据科学思维分析方法的技能训练和关于数据科学伦理的思想政治教育，培养学生积极追求真理、探索未知、勇攀现代科学技术新高峰的社会责任感。此外，还要特别注重强化大数据安全与法律法规的教育，培养学生以实事求是和一丝不苟的态度对待数据科学，激发广大学生投身科技事业报国的爱国主义情怀和勇于担当的历史使命感。

一、"ETL 技术与应用"课程思政必要性

"ETL 技术与应用"课程是数据科学与大数据技术专业的一门专业核心课程。通过该课程的学习，学生可以了解数据清洗、分析、提取、转换、加载等的概念和意义，了解数据 ETL 的发展模式和发展现状，掌握 ETL 数据实现的技术和方法。借助 ETL 技术，分散、零乱、标准不统一的数据可以被整合到一起，为决策提供分析依据。ETL 是获得高质量数据的重要保障，是大数据分析处理、数据挖掘的基础。该课程讲授的内容在大数据专业课程体系中具有举足轻重的地位，课程思政的效果对于大数据专业人才培养质量起着重要影响作用。

二、结合思政元素的"ETL 技术与应用"课程教学目标设定

育人之本，在于立德铸魂。教育部《高等学校课程思政建设指导纲要》明确指出，"落实立德树人根本任务，必须将价值塑造、知识传授和能力培养三者融为一体、不可割裂"。为了落实立德树人根本任务，将价值塑造、知识传授和能力培养三者融为一体，进一步激发学生学习专业知识的积极性，燃起"爱国之情、强国之志、报国之行"的热情，谭定英、孙春燕等学者在设定相应课程教学目标时除了设计知识目标和能力目标外，还设计了思政目标。在综合分析"ETL 技术与应用"课程教学内容与相关思政元素后，我们将课程思政目标进行了融入，设定了如下的教学目标：

知识目标：理解数据 ETL 的定义、内涵与特征，熟悉 ETL 技术方法和技术要领，掌握现代数据 ETL 技术基础知识、基本理论。

能力目标：能将所学 ETL 知识与技能用于判别大数据应用系统的数据质量，选择合适的 ETL 技术方案，保障数据输入的质量。

思政目标：引导学生建立终身学习的意识，锻炼良好意志品质、帮助学生塑造正确的世界观、人生观、价值观；激发学生学习专业知识的积极性，感受职业的成就感和职业挑战，培养职业使命感与责任感。构建按法规做事、按程序做事、按规则做事、按职责做事的职业素养。培养协作理念、创新思维与工匠精神；培育乡村振兴与大国"三农"情怀、提升大学生服务国家、服务社会、服务人民的社会责任感。

三、课程思政元素挖掘与实施方案设计

"ETL 技术与应用"课程内容共分五章，其中第一章为绪论部分，介绍数据 ETL 的发展模式和大数据应用现状，重点阐释数据清洗、提取、转换、加载等基本概念及其内涵与意义。本章涵盖终身学习、工程伦理、职业道德、法律意识、专业自信与价值认同以及乡村振兴与大国"三农"情怀培育等多个思政元素，对应关系详见图 1。具体讲授时，教师应主要借助贴近生活的经典示例与名言警句，对学生动之以情，晓之以理，笃之以信，循序渐进带入思政元素，激发学生产生情感共鸣，增强教学的生动性与趣味性，提高学生学习兴趣与热情，帮助学生审视自己的世界观、价值观和人生观，引导他们树立正确的价值导向，提高品德修养，落实思政教学目标。

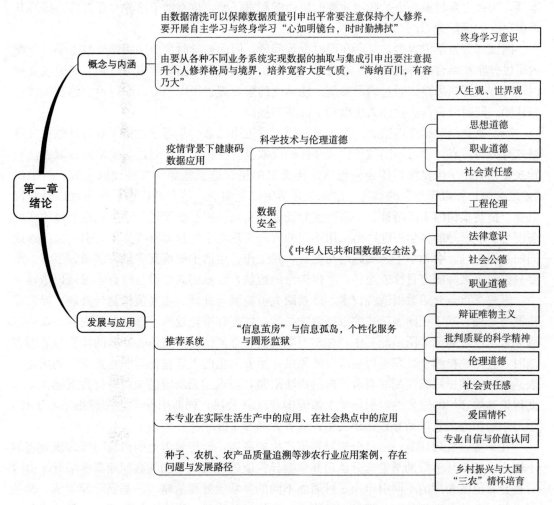

图 1　绪论部分教学内容与思政元素设计

行业与技术发展与应用现状部分则通过大量的案例介绍大数据领域最新发展成就和存在的突出问题，以先进科技人物事迹为示范，讲好科技与兴国之间的关系、讲好"大数据

国家"发展战略和相关政策，激励大学生投身于祖国的科学技术研究，引导大学生树立科技报国之志，培养科学创新精神。

以本领域典型案例，如推荐系统、健康码等为导引，教育引导学生积极追求真理、探索未知、勇攀科学高峰；同时也从《不能让算法决定内容》《别被算法困在"信息茧房"》《警惕算法走向创新的反面》人民网三评算法推荐、《中华人民共和国数据安全法》等角度探讨数据科学伦理与职业伦理，引导学生以辩证唯物主义的科学态度看待问题，培养其批判质疑的科学精神，教育引导学生遵守本领域职业道德规范，培养职业精神，提升职业素养与社会责任感。

引入种子、农机、农产品质量追溯等大数据在农业相关行业应用案例的专题将引导学生了解大数据农业应用现状成就、存在问题与发展路径等，培养学生学好专业知识，增强本领，为助力乡村振兴贡献聪明才智的使命感和责任感，也有助于培养专业自信，提高其强国兴农的责任意识。

因该部分教学内容多，又存在课时少等问题，因此教学时主要采用课外自主学习与课内研讨分享相结合的方式开展。通过学习、分析案例资料，指导学生通过独立研究或互相讨论的方式开拓思路。通过研习案例，使学生的职业理想得以塑造，职业价值感获得体现与认同。同时分析与表达能力也得到了锻炼和提高。

第二章介绍数据文件格式、编码及转换，通过第二章的学习学生将了解各种数据文件格式类型与特点，学习不同编码格式文件的读取及转换技术。在通过实验掌握读取方法与转换要领时，学生将深切体会到数据编码类型的错误选型将导致文件读取失败，引申出"差之毫厘，谬以千里"的道理，进而引导学生注意细节，培养严谨的科学态度以及爱岗敬业、精益求精的工匠精神；一系列实验任务的实现过程有助于培养学生规范严谨的实验态度与实事求是的科学态度。由采用不同的方法实现既定的数据转换任务，引申出"殊途同归"的道理，引导学生开阔思路与视野，在工作、生活中锻炼其多思、多做、多学，不要只拘泥于某一既定目标或途径，掌握转弯的智慧，注意创新思维与终身学习意识培养。

第三章重点介绍数据清洗技术，涉及缺失值检测与处理、重复值检测与处理、异常值检测与处理、基于正则表达式的数据清洗技术、数据标准化处理。该章教学内容涉及的思政元素与设计如图2所示。其中，在学习缺失值、重复值、异常值各专题的检测与处理方法时，遵循"检测—处理—再检验"的原则，培养学生的工匠精神与职业素质。利用正则表达式实施数据筛选匹配时有着严格的语法限制，要求遵循既定的规则进行数据操作，由此讨论遵规守纪的重要性，引导学生做爱国守法好公民，同时引导学生注意细节，工作、学习中的粗心大意极易导致错误发生，应着力培养工匠精神。

在异常值处理环节，通过分析异常值产生的原因，看待异常值的角度与异常值处理的不同方法几个环节帮助学生充分认识并掌握异常值处理技术，加强其职业素养培育。由因看待异常值的角度的不同引申出三种迥然不同的异常值处理策略，一是删除异常值，避免异常值对总体数据评估和分析挖掘的影响，去掉被认为是"噪声"的数据。二是使用鲁棒性更强的算法来规避异常值带来的潜在风险。三是保留异常值，结合业务背景，围绕异常值对其进行特别分析，因为在特定的行业，异常值具有更大的研究意义，如疾病分析、信用欺诈检测、计算机安全诊断等。在最后总结部分重新对异常值的概念与内涵的认识进行

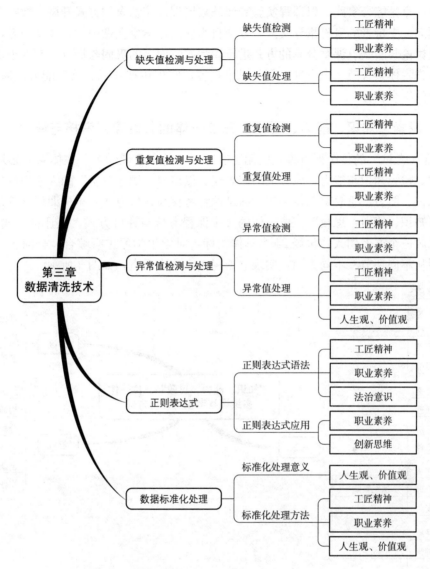

图2　数据清洗技术教学内容与思政元素设计

升华，引申出竹林七贤的故事，进一步以竹林七贤中气度与才干兼修的贤士山涛为例，引导学生提升自我格局与境界，拓宽胸怀与气量，进而引出《论语·子路》中"君子和而不同，小人同而不和"，《礼记·中庸》中"君子慎独，不欺暗室。卑以自牧，不欺于心"，费孝通所说"各美其美，美人之美，美美与共，天下大同"等名家名言。弘扬传承文化精粹的同时，借助名家名言所传达的内涵与意义，引导学生修正人生观、价值观与世界观。

第四章主要介绍数据抽取与加载的方法与技术，以案例进行科学思维方法的训练和科学伦理的教育，培育职业素养的同时引申到"择其善者而从之""三人行必有我师"的交友之道，引导学生珍惜朋友，认识到彼此尊重、互相学习的重要性，提高其道德修养，塑造其人生观与世界观。

最后一章是综合实践，以课程实验和课外拓展训练相结合的方式开展，教师主要以观察者、顾问、支持者的身份指导实践，以项目为导向让学生在做中学，在学中做，通过课内外小组讨论与实践、课堂分享的方式进行课程教学内容的巩固与提升，有助于培养团队协作能力与集体荣誉感，也有助于创新思维培养，实现传授知识、培养能力、提高觉悟、强化行为的综合目标。

四、探索"知识、能力、思政"三位一体的多维课程考核与评价

"作业＋考试"的传统评价模式已无法适应当下的思政课学习，在体系上必须涵盖理论与实践，包容知识与能力，兼顾成绩与表现。以培养"德才兼备"的人才为目标，探索构建"知识、能力、思政"三位一体的多维课程考核与评价方式，重构课程评价指标，探索构建"知识、能力、思政"三位一体的多维课程考核与评价方式。该评价方式从知识、能力和思政三个方面切入，包涵 24 个具体指标，对学生学习进行综合、全面、公正的评价，试图从不同环节、不同方面，实现立德树人，润物无声，如图 3 所示。

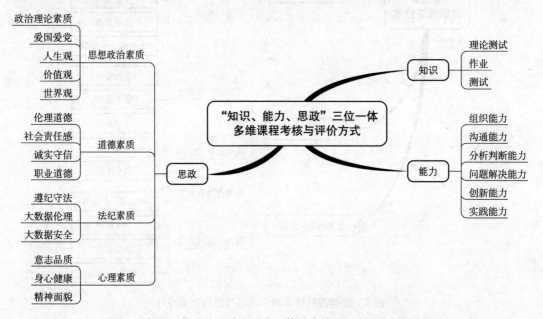

图3 "知识、能力、思政"三位一体的多维课程考核与评价方式

（1）知识评价可从理论测试、作业、考试等维度开展。

（2）能力评价可从组织能力、沟通能力、分析判断能力、问题解决能力、创新能力等维度开展。

（3）科学化、合理化的思想政治教育评价能够指导大学生开展自我评价，进一步认识自我，明确发展方向。思政评价可从思想政治素质、道德素质、法纪素质、心理素质等方面进行。

①思想政治素质：包括政治理论素质、爱国爱党、人生观、价值观、世界观等方面。

②道德素质：包括伦理道德、社会责任感、诚实守信及职业道德等方面。

③法纪素质：包括遵纪守法、大数据伦理、大数据安全等方面。

④心理素质：心理素质包括意志品质、身心健康和精神面貌等方面。

五、课程思政实践探究与总结

完成思政素材挖掘与实施路径基本探究后，在 2022—2023 第一学期对学校 20 信息 1、2 班共 55 位学生进行了授课实践。分别开展了 8 次实验、2 次理论测试和 1 次综合实践。最终课程成绩由平均实验成绩、平均理论测试成绩和综合实践成绩决定。55 名学生的最终成绩及各分类成绩情况如图 4 所示。最终课程成绩与各分类成绩相关关系如表 1 所示。可以看出，课程成绩与平均实验成绩的相关度达到最大，相关系数高达 0.830 093；与课程的综合实践相关度次高，达到 0.731 069；与平时的理论测试相关度达到 0.666 457。可以看出，除极个别特例之外，学生在平时的课程学习过程中大都对学习保持积极主动，即便在新冠感染疫情防控期间都能端正学习态度，认真完成理论和实验相关学习。从中也可以看出融入课程思政后，课程在解决学生价值思维中存在的困惑、锤炼学生品格、提升学生专业素养方面起到了积极的影响作用。

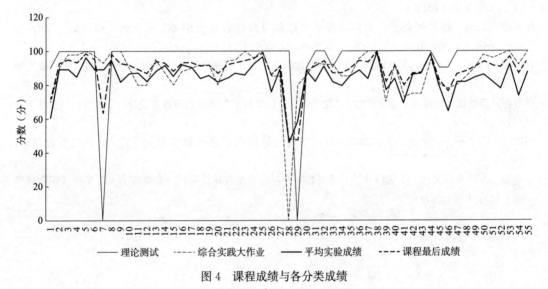

图 4　课程成绩与各分类成绩

表 1　课程成绩与各影响因素相关性分析

课程成绩影响因素相关性分析	理论测试	平均实验成绩	综合实践大作业	课程最后成绩
理论测试	1.000 000	0.249 492	0.043 087	0.666 457
平均实验成绩	0.249 492	1.000 000	0.722 894	0.830 093
综合实践大作业	0.043 087	0.722 894	1.000 000	0.731 069
课程最后成绩	0.666 457	0.830 093	0.731 069	1.000 000

期末综合大作业包含 8 大实践任务，综合考察了 pandas 数据读入、数据清洗与提取、pymsql 与正则表达式等多种技术的掌握情况和应用能力。考察任务要求用尽可能多的方法实现任务，不仅可以启发学生开动脑筋多想多做，还能达到综合考察所学知识的目的，同时也进一步考察了学生的自学能力与主动探索能力。两个班学生最后的综合大作业得分

情况见图 4。可以看出除了 2 名学生之外，其他学生都能认真落实作业要求，能借助任务进行综合全面的复习、巩固与提升，保质保量完成最后的作业考察。在疫情暴发的阶段能保持如此认真负责的学习态度实属不易。课程思政的实施效果也得到进一步体现。

综上数据分析，课程融入思政教学之后，学生获得了良好的学习体验，取得了良好的教学效果。但因授课学期遭遇新冠感染疫情，受其影响教授课程多以线上讲授为主，虽然形成了"知识、能力、思政"三位一体的多维课程考核与评价方式，但是因无法近距离与学生进行接触了解，很难把握其思想变化情况，致使课程思政等考核指标无法在实践中进行应用及指标调优。在以后的教学活动中，将继续完善教学内容，优化教学方式与考核，并将在此基础上考虑如何引人以大道、启人以大智，进一步提升学生专业素养，提升学生的数据意识、数据思维和数据分析能力。

参 考 文 献

樊红霞，袁文霞，柯红岩，等，2022. 基于"三位一体"目标导向的物理化学实验课程思政探索与实践［J］. 大学化学（10）：1-6.

教育部，2020. 教育部关于印发《高等学校课程思政建设指导纲要》的通知［EB/OL］. http://www.moe.gov.cn/srcsite/A08/s7056/202006/t20200603_462437.html.

林海萍，周湘，张心齐，等，2022. 德融课程盐溶于汤：微生物学课程思政的思考与实践［J］. 微生物学通报（8）：3520-3530.

孙春燕，李红霞，时晓磊，等，2022. "现代食品分析新技术"课程思政教学设计与实践［J］. 食品工业（7）：267-270.

谭定英，陈平平，李学征，等，2022. 数据结构与算法课程思政教学案例［J］. 计算机教育（1）：78-83.

王丽丽，方贤文，2022. 新工科背景下的大数据专业课程思政建设［J］. 安徽理工大学学报（社会科学版）（3）：104-108.

基于乡村振兴背景下的"乡村旅游规划"课程思政教学方法初探

黄　凯① 王晓彤② 孙萌萌③

摘　要：有效地开展课程思政，不仅仅在于培养学生的思想道德素质，而且在于提高学生的综合素质和竞争力。在乡村振兴大环境下，在设计课程中应把思想政治教育的内容与课程相结合，在专业知识的传授过程中，增强学生的职业责任感和荣誉意识，加强学生的思想价值引导，为新时代乡村技能型人才提供有力的支持。

关键词：乡村振兴；课程思政；专业课程；实践探索

在实施乡村振兴的过程中，需要把产业振兴放在重要位置。产业要发展，关键在于人，培养出能走进一线、善于将理论与实际相结合的专业技术人员，是每一所高校都肩负着的历史任务。如何充分发挥好人才培育功能是当前高校面临的一个重要课题。2016年12月，习近平总书记在全国高校思想政治工作会议上明确指出，要坚持把立德树人作为中心环节，把思想政治工作贯穿教育教学全过程，实现全程育人、全方位育人。学生需要树立正确的世界观、人生观与价值观，就必须开展课程思政建设，通过正确的价值观来进行教育教学工作。因此，要把价值观的构成因素有机纳入素质教育和知识的传递中，要把各种学科所包含的思想政治因素挖掘出来，运用好"主渠道"，将二者统一，从各个方面进行育人。所以，要使专业教育更好地服务于乡村发展，就需要找到一个切入点，使之更好地服务于农村的发展。课程思政的全面推行，可以潜移默化地提高大学生的专业责任感、荣誉意识，培养和激励大学生的爱国主义、工匠精神、文化传承精神，为实现乡村振兴做贡献。

一、在专业课中引入课程思政的必要性

要想促进乡村发展，最重要的是如何引进人才，因此在实施乡村振兴战略中，人才引进尤其是吸引年轻人返乡创业成为一项重要工作。尽管当前农业科技、经济、社会发展等方面已经有了长足的进步，但与城市相比仍有一定的差异。乡村振兴不仅要求大学生回乡创业就业，还需要高质量的创业就业，更要有一批热爱家乡、肯吃苦、勇于创新、能够在农村艰苦奋斗的大学生人才。因此，如何培养出真正能够实现乡村振兴的人才，解决好

---

① 作者简介：黄凯，男，硕士，教授，硕士生导师。主要研究方向为乡村旅游规划。

② 作者简介：王晓彤，女，博士，讲师。主要研究方向为乡村旅游规划。

③ 作者简介：孙萌萌，女，硕士研究生在读。

"培养什么人、怎样培养人、为谁培养人"这个基本问题，是推进教育教学工作改革的必然要求。自20世纪80年代以来，我国思政教育已经取得了优异的成绩，在引导学生思想价值观方面起到了极其重要的作用，但目前不少思政课的内容太过偏重于理论性的灌输，过分强调观念和术语，缺少对学生所面对的社会问题和实际问题的引导，加之大学生处在经济快速发展的大环境下，难以用一些泛泛而谈的伦理规范来约束他们的价值观，从而影响了教学的成效。上海大学教授顾骏指出，随着网络时代的发展，越来越多的大学生沉迷于网络世界，而对身边发生的事乃至国家大事不甚了解，因此引导大学生主动去关注国家大事和时事政治便成了必须要做的事情，于是便有了课程思政的概念。当前，课程思政改革已在全国推广。

二、"乡村旅游规划"专业课课程思政教学的设计与实施

随着城市建设进程的不断加快，风景园林专业正日益成为研究热点，我国高校风景园林专业课程一般包括基础理论课程、核心设计课程及课程实践三个模块，通过充分挖掘通识课程与专业课程蕴含的思政元素，将通识教育、民族精神、人生观、美育、实践教学有机结合，将价值观与知识的传授相融合，从而形成协同效应，达到育人目标。根据学科特点和学科发展的需要，可以从四个角度进行"乡村旅游规划"课程思政教学改革。

(一)加强师资队伍建设，明确课程思政目标

课程思政的实施离不开师资队伍的加强。首先，加强对课程思政的研究与训练。通过专题讨论会、观摩教学、学科竞赛等形式，增强师资队伍的道德修养，提升其思想政治素质，使其明确课程思政目标。其次，"乡村旅游规划"专业课教师要加强与思政教师、辅导员的交流，以确定思政教学的具体内容。教研室应定期组织思政教师和辅导员参加教学科研活动，围绕人才培养目标，探讨教学内容、教学方法、教学手段。在此基础上，教师队伍应围绕学科的特色和教学目标凝聚思政要素，针对不同学科的思政教育重点，分类分层分课程地将具体的思政要素与课程目标一一对应，为实施专业课程思政教学改革进行整体部署。

思政元素是一个很抽象的概念，需要通过适合的思政教学载体表现。大部分学科都含有思政元素，但其却隐藏在大家没有注意到的地方，这就需要本专业教师去挖掘，这也是课程思政发展的关键。作为一名专业教师，不仅要善于从历史长河中挖掘重要事件和人物，而且要通过课堂这个平台，将其与专业知识结合并讲授给学生。美国教育家杜威认为，所有的学习都是行动的副产品，教师要通过"做"，促使学生思考，从而习得知识。为实现这一目标任务，必须把课程思政作为一项重要的工作，因此，教师需要在教学中注重学生的实践操作，让学生在实践中探索并发现问题，通过思考和总结来获得知识。这种教学方式不仅可以提高学生的学习兴趣和积极性，而且可以培养学生的创新能力和实践能力。同时，教师还需要注重课程思政的实施，通过课程内容的设计和教学方法的选择，引导学生树立正确的价值观和世界观，培养学生的社会责任感和公民意识。只有这样，才能真正实现教育的目标，让学生在获得知识的同时，成为有担当、有思想、有情怀的人才。因此，课程思政不仅是一项重要的工作，更是教育工作者的使命和责任。"思政化"专业课程教学的先决条件是，教师要强化自身素质，树立师德，不断学习提升自身条件，培养

育德意识，提升育德能力。

（二）优化教学环节，组织和引导学生积极参与与体验

参与学习，是一名学者应该具备的基本素质。在教学环节中，教师应该注重学生的参与度，通过组织和引导学生积极参与，将思政元素巧妙地融入其中，来提高教学效果。首先，教师可以采用互动式教学的方式，让学生在课堂上积极发言并提出问题，与教师和同学进行交流和讨论。其次，教师可以通过小组合作的方式，让学生在小组内进行讨论和合作，共同完成任务，提高学生的合作能力和团队精神。此外，教师还可以通过课外活动的方式，让学生参与到社会实践中，拓宽视野，增强实践能力。总之，作为一名学者，教师应该注重教学环节的优化，组织和引导学生积极参与学习，从而提高教学效果，培养学生的综合素质。

以安徽省黄山市黟县宏村作为典型案例，对其进行简要的介绍。宏村其独特的人文习俗深受人们的喜爱和推崇。在这里，人们遵循着传统的礼仪和习俗，尊重祖先、敬畏自然，形成了独特的文化氛围。在这个过程中，思政元素也扮演着重要的角色，通过对宏村的人文习俗进行分析，可以发现，这些习俗不仅是一种传统文化的体现，而且是一种思想道德的传承和弘扬。在这里，人们注重家庭和睦、邻里和谐，强调人与自然的和谐共处，这些都是思政教育所倡导的社会主义核心价值观。因此，教师可以将宏村的人文习俗与思政元素结合在一起，通过对其进行深入的研究和探讨，进一步推动传统文化的传承和发展。由此，整个学习创作过程形成一个相互关联的系统，它不仅能够培养学生敏锐的洞察力，而且能够发展学生对传统文化的正确认知。此外，它还能够教育和引导学生，使他们的创作眼光不仅仅停留在某一个阶段，而是能够不断地发展和进步，全面地关注事物的发展和演变，以获得最佳的学习效果。

（三）以实践课程资源为有益补充

在教学活动中，教师要培养学生的创造性思维，注重知识向能力的转化，提高学生思想素质和创新能力。以往的教学方式都是由教师做一些专业的解释与辅导，学生没有充分的预习，同时又受到人数、场地等因素的制约，实际操作并没有达到预期的教学效果。针对这种状况，可以考虑在实践活动中进行一些改变，如将教师和学生之间的角色转换，把主动权交给学生，由学生组成一个团队，负责现场的解说，教师来进行修正和补充，这就要求学生在课前做好充足的准备。一方面，通过前期的预习，学生能够更好地理解所学到的有关理论，并在讲解中能得到很大的成就感，同时也能增进对自身专业技能的认识，树立自信心，提高学习的积极性；另一方面，使学生能够从实际出发，掌握解决问题的办法，提高其专业技能和协作精神的同时极大提升教学质量。

实践教学是培养学生必不可少的环节，是对课内外教学内容的衔接与拓展，是巩固理论知识和培养实践能力的关键环节。当前，我国高等院校的实践教学模式包括"工作室模式""实验室模式""校企联合培养模式"等。其实，在实践教学环节中，还可以采用一种基于问题、项目、案例的"专题项目教学模式"，即以特定的主题为对象进行创作与应用。具体来说，就是确定课题，以"项目化管理及运作"的方式，支持学生进行研究性学习和创新性实验，以获得既定成果，实现教学育人的目的。在国家大力实施乡村振兴的大环境下，农村的旅游业蓬勃发展，乡村民宿应运而生。乡愁，是中国人民对故乡的自然风光和

人文情怀的长期怀念，民宿则是一种体现民族特色和乡土情怀的地方，也是体现传统工艺和地方精神的地方。例如，山东省临沂市蒙山旅游度假区内的李家石屋村就是一个典型的民宿村落。这里有着古老的石屋建筑，以及传统的农耕文化和手工艺制作技艺。在这里，游客可以感受到浓郁的乡土气息，品尝到地道的农家菜肴，还可以参与到当地的传统手工艺制作中，亲身体验到传统文化的魅力。同时，民宿也为当地的经济发展带来了新的机遇，促进了当地旅游业的繁荣。在这个快节奏的时代中，民宿为人们提供了一个远离城市喧嚣的休闲空间，让人们重新感受到自然和人文的美好。因此，民宿不仅是一种旅游方式的选择，也是一种文化传承和发展的载体，更是一种对乡愁情怀的回归和弘扬。李家石屋村积极纳入金线河流域"智慧旅游大数据平台"，这是一个集旅游信息、景点介绍、游客评价、交通路线等多种功能于一体的综合性平台。该平台通过大数据分析，为游客提供更加精准、个性化的旅游服务，同时也为旅游从业者提供了更加全面、深入的市场分析和运营管理手段。在李家石屋村，这个平台的应用已经取得了显著的成效，游客们可以通过平台了解到村庄的历史文化、自然风光、民俗风情等方面的信息，同时也可以查看其他游客的评价和建议，从而更好地规划自己的旅游行程。对于村庄的旅游从业者来说，平台则提供了更加精准的市场分析和运营管理手段，帮助他们更好地了解游客需求，提高服务质量，推动村庄旅游的可持续发展。李家石屋村打造了完善的产品业态，不仅为当地居民提供了更多的就业机会，而且吸引了越来越多的游客前来观光旅游。在这里，游客可以品尝到地道的农家菜，购买到各种农副产品，还可以参观农家乐、农业科技园等景点，感受到浓郁的乡村气息。同时，村里还积极开展文化活动，举办各种传统节日庆祝活动，让游客更好地了解当地的文化和风俗习惯。教师帮助学生了解这些之后，对李家石屋村进行详细分析，帮助学生更好地理解乡村旅游区空间规划。要想把"乡愁"保留下来，就得"有根、有魂、有趣味"："有根"，就是指乡土文化的传承和发扬。乡土文化是指在乡村地区形成的、具有地方特色的文化形态，它是乡村社会的精神财富，是乡村文化的重要组成部分。"有魂"，则是指乡愁所蕴含的情感和精神内涵。"有趣味"，则是指乡愁所具有的趣味性和文化魅力。游客来这里旅游的主要目的是消遣、回忆、寻找心灵上的慰藉，以及唤起对故乡"乡愁"的追忆。通过这些，引导学生根据所学的专业知识，利用不同的手段和方法，来实现对"美丽乡愁"这个主题的塑造。学生在参与"专题研讨、收集材料、讨论创作"等实践环节的同时，也在潜移默化地汲取中国优秀的传统文化，从而实现"润物无声、育人无痕"的思政教育效果。

（四）引入多元的考核方式，构建可持续发展的教育教学体系

实施一套科学、高效的教学评估体系，是高校实施"以人为本"的重要途径。以立德树人为目标的课程教学评估系统，除了对传统的专业技能的学习状况进行评估之外，更多地侧重于对学生的综合素质与素养进行评估，而对其进行评估的重点则是对其自身的发展状况的评价。所以，在教学评估中应注重对学生的学习进程进行评估，以成长和发展为衡量指标，并根据不同学科的特征，采取弹性的评估方法。这样才能较好地反映出学生的整体素养，充分反映专业的教育意义。同时，要通过不断地完善课程体系，定期对专业课程进行考核评价，并将思政培养内容融入教学目标达成度考核中，并针对评估的结果，不断完善教学体系，以确保专业课程的思政教育的教学质量实现可持续发展。

三、结语

随着乡村振兴战略的全面推进，课程思政与专业课课程教学相结合成为当前高校教育改革的重要方向之一。在这一背景下，乡村振兴战略的实施，需要大量的专业人才支持。因此，高校应该改变以往的教学方式，培养出更多的乡村振兴人才。课程思政与专业课课程教学相结合，从人才培养方案的顶层设计到每节课程的具体实施，始终把思想政治教育工作作为一条主线，使其能够提高专业的教学水平，以培育更多的服务现代农业的创新创业人才，从而加速乡村振兴战略的落地，加快乡村振兴战略的实现。

参 考 文 献

陈煜龙，2020. 高职艺术设计专业课程思政实践探索——以广东轻工职业技术学院艺术设计学院为例 [J]. 青年时代（26）：180-181.

韩宪洲，2019. 深化"课程思政"建设需要着力把握的几个关键问题 [J]. 北京联合大学学报（人文社会科学版）（2）：4.

刘芝平，余海，2019. 南昌航空大学：打通课程育人"最后一公里"[N]. 江西日报，2019-06-03.

许赞，2018. 基于艺术设计专业的高职课程思政实践途径探究 [J]. 现代职业教育，2018（24）：40-41.

虞丽娟，焦扬，金东寒，等，2017. 上海高校推进"课程思政"经验摘编 [N]. 中国教育报，2017-07-06.

北京普通高校发展休闲体育专业的研究 *

马　亮①

摘　要： 随着 2022 年北京冬季奥运会的成功申办，冰雪、健身、马拉松等新兴休闲体育项目需要更多的专业人才为其提供专业服务。近年，北京市旅游管理专业高等教育日趋完善，相关高校综合实力不断提升，人才培养质量不断提高。但同时也面临休闲体育专业投入不足、传统旅游管理专业方向比例过大、毕业生就业不畅等问题。针对以上问题，笔者对北京市拥有休闲体育专业和传统旅游管理专业的院校进行调研，提出北京市高校建设休闲体育专业方向变革路径：配合人才市场需求发展导向，加强专业技能实践，评价主体和手段多样化。同时，结合国内外发展经验，本文对休闲体育专业的课程设置进行了思考，希望能为北京市高校休闲体育专业的建设提供参考。

关键词： 休闲体育；专业建设；课程设置

党的十九大报告中明确指出，中国特色社会主义进入新时代，我国社会主要矛盾已经转化为人民日益增长的美好生活需要和不平衡不充分的发展之间的矛盾。美好生活需要体现在休闲旅游方面就是人民不再满足于传统的观光旅游，而是对旅游产品的需求更加个性化、多元化。在当前的形势下，休闲活动和体育运动结合起来，逐渐成为一种健康科学的生活方式，并得到更多国人的认可和参与。据最新数据，2021 年，北京市居民人均可支配收入 75 002 元，排名居于全国第二位。经济的快速发展，加上政府相关政策的倾斜，同时，2008 年北京夏季奥运会召开的余热和 2022 年北京冬季奥运会的成功举办，使得北京的休闲体育产业快速发展成熟，需要更多的休闲体育人才来填补市场的需求。然而，我国休闲体育专业的专业学科建设依然需要加强。相比之下，美国休闲体育的发展则在美国娱乐与公园协会和美国休闲与娱乐协会的管理下，对休闲体育专业课程设计了一套较为完善的课程指标体系。高等院校只有满足其标准要求，才有资格开展教学工作。在当前国家高度重视本科教育改革的背景下，如何针对休闲体育人才市场的快速发展对原有旅游管理专业改革创新，使北京市能够培养更多适合人才市场需要的休闲体育人才，是本文的研究目的。

---

　* 本文系 2021—2022 年北京农学院本科教育教学研究与改革项目：基于休闲体育方向的旅游管理专业建设研究。

　① 作者简介：马亮，男，硕士，副教授，硕士生导师。主要研究方向为旅游管理、乡村旅游。

一、我国及北京市高校休闲体育专业发展现状

随着我国经济的快速发展和人们的休闲意识的成熟，据统计，2017 年我国建设有旅游管理相关专业的高等院校达到了 2 033 所，北京市目前设有旅游管理专业的高等院校达到 15 所（表 1）。但与发达国家相比，我国休闲体育产业发展历史较短。一直到 2006 年，武汉体育学院和广州体育学院才开始建立第一批休闲体育专业。2008 年，上海体育学院等第二批获得教育部批准建立休闲体育专业。截至 2022 年，北京市只有两所高校开设此类专业（表 2）。在欧洲、日本以及美国等发达国家和地区，由于其休闲体育产业发展历史悠久，体育、休闲、健康、娱乐活动需求旺盛，所以不少高校在传统旅游管理专业的基础上都设置了休闲体育、户外娱乐等专业。然而，我国绝大多数体育院校主要还是以传统体育专业为基本体系，旅游类高校也多是以传统旅游企业管理类专业设置为主，需要根据人才市场的需求变化进行相应的调整。

表 1　目前北京市开设旅游管理专业的院校

院系名称	专业	方向	学位
北京体育大学	旅游管理	旅游管理	本科
北京第二外国语学院	旅游管理	文化旅游与遗产管理、商业数据分析、旅游经济战略与管理、旅游规划与开发	本科
北京农学院	旅游管理	生态旅游	本科
首都经济贸易大学	工商管理类	旅游管理	本科
首都师范大学	旅游管理	旅游管理	本科
北京联合大学	旅游管理	旅游管理	本科
北京石油化工学院	旅游管理	旅游管理	本科
中国地质大学	地质学	旅游地学	本科
中国劳动关系学院	旅游管理	旅游管理	专科
北京经济管理职业学院	旅游管理	旅游管理	专科
首钢工学院	旅游管理	旅游管理	专科
北京农业职业学院	旅游管理	休闲马术管理	专科
北京科技职业学院	旅游管理	空乘服务	专科
北京培黎职业学院	旅游管理	旅游管理	专科
北京交通职业技术学院	旅游管理	旅游管理	专科

来源：北京教育考试院（北京市 2022 年普通高等学校招生专业目录）。

表 2　目前北京市开设休闲体育及相关专业的院校

院系名称	专业	方向	学位
北京体育大学	休闲体育	休闲体育	本科
首都体育学院	休闲体育	休闲体育	本科
	体育旅游	体育旅游	本科

来源：北京教育考试院（北京市 2022 年普通高等学校招生专业目录）。

二、北京市发展休闲体育专业的必要性

（一）北京市休闲市场发展的需要

根据经济学研究，当一个国家的人均国内生产总值达到 3 000 美元时，其公民的消费结构将转变为发展型和接受型，同时，也标志着该国发展进入了休闲时代。在 2018 年，北京市人均 GDP 已经超过 2 万美元，位居全国第一。这意味着北京市经济发展和消费观念已经达到发达国家的水平。根据世界休闲组织预测，人均 GDP 达到 2 000 美元，是休闲需求急剧增长的门槛，形成对休闲的多样化需求和选择；人均达到 3 000 美元，度假需求就会普遍产生。一般来说，在影响居民参与相关体育活动的因素中，地方经济发展水平居首位，占比为 39%。北京市经济的快速发展将大大提高居民人均可支配收入，为开展体育休闲活动提供了充足的物质基础。

同时，随着信息技术的快速发展，劳动生产率的提高使我国居民的可随意支配时间显著增加，《职工带薪休假条例》等相关休假制度的不断完善实施，使得人们有了更多的余暇时间可进行自己感兴趣的休闲体育活动。随着国民整体教育水平的提升，未来我国居民的消费观念将极大改变。例如，在漫长的北方冬季，北京市郊区乃至河北省内的滑雪场经常人满为患；在夏季，奥林匹克森林公园等户外场所进行体育锻炼的游客络绎不绝。从总体上看，北京市居民对休闲时间的使用正从休息转为休闲。

（二）北京市以及京津冀地区休闲体育产业的人才需要

2008 年北京夏季奥运会成功举办，使整个北京市乃至中国的体育热情被充分激发出来。以北京马拉松为例，2018 年该项赛事报名人数竟然达到 111 793 人。在 2022 年北京冬季奥运会成功举办的带动下，北京市乃至整个中国的冰雪运动旅游产业更是加速发展。在滑雪场、滑冰馆以及相关运动场馆的建设上，我国投资数十亿美金。据报道，截至 2022 年，中国建成 800 座滑雪场、650 个冰场。北京市新建不少于 50 片室外滑冰场，规范提升了现有的 22 座滑雪场软硬件设施，依托各大公园、广场、体育场馆、度假村、有条件的乡村休闲农业场所等建设不少于 30 片嬉雪场地。因此，从长远的发展眼光看，北京市的休闲体育运动产业正处于快速上升期，相关企业对相应休闲体育人才的需求也在不断增加。例如，有些高尔夫球场和赛马场因为找不到合适的人才，往往需要从国外花费巨资引进。为此，北京市休闲体育产业加快培养本土专业人才势在必行。

此外，整个京津冀地区正在中央政策的引导下，互通有无，协同发展。未来，三地的休闲体育产业必然会加速融合与发展。例如，未来京津冀地区"高铁一小时生活圈"建成后，北京市和天津市的游客会更加方便地到河北滑雪，天津市和河北省依托海洋可以发展滨海休闲体育产业等。在形成整个"京津冀城市群休闲体育产业生态圈"的过程中，更需要高校在人才培养上进行提前布局。

（三）高等院校专业创新发展的需要

高等教育创新是一个国家教育事业的重要组成部分，也是我国改革发展的重要支撑。高校必须根据时代的需要和人才市场的发展趋势不断进行专业创新发展建设。休闲体育行业的发展如火如荼，急需相应的人才队伍建设予以配套。作为培养专业人才重要基地的高等院校，必须顺应需求变化，对传统专业进行创新改造，建立健全新的课程体系和培养方

案，推进师资队伍建设。

三、北京市发展休闲体育专业的思考

综合考虑北京市高等院校休闲体育专业的发展现状以及社会对相应人才的需求，参考国内外发达国家高等院校发展休闲体育专业的历史经验，本文提出北京市发展休闲体育专业的一些看法。

（一）以市场需求为导向树立专业培养目标

休闲产业已成为发达国家和地区的支柱产业。目前，我国已进入后奥运时代，休闲产业将成为最具吸引力和最重要的经济支柱，需求量极大，有望成为京津冀地区休闲旅游业跨区域联合发展的助推器。在欧美发达国家，相应的休闲体育及相关的旅游管理专业教育非常完善，专业教育与行业市场二者相互促进，共同发展。例如，美国宾夕法尼亚州立大学开设了体育草坪种植与管理专业、旅游管理专业，克莱姆森大学开设了旅游管理专业、休闲娱乐管理专业、观光事业专业。北京市高校可以借鉴其成功经验，通过对休闲体育行业的人才需求进行充分调研，在此基础上进行师资队伍建设，根据企业实际和未来发展需求开设相关专业。

结合国外经验，休闲体育专业在基本的休闲理论培养基础上，培养方向可以细分。例如，美国印第安纳大学伯明顿分校，除了传统的旅游管理专业外，还设立休闲、公园和旅游研究部，并根据市场和人才培养需求，设立户外休闲资源管理、公园和休闲管理、休闲体育管理、医疗休闲等不同专业的新兴方向，深受市场和学生欢迎。高校必须明确专业培养目标的制定必须以市场的需求为基本导向，培养休闲体育产业发展所需的各种层次各种规格的人才。同时，按照市场需求的不断变化，相应地调整培养目标。总的来说，休闲体育专业课程体系应该口径宽、覆盖面广，必修和选修相结合，以选修课为主。

（二）培养模式方面加强专业技能实践环节的建设

无论休闲体育还是旅游管理专业都应强调实践技能培养。休闲体育的人才不仅要了解专业基础理论，而且必须具备实践能力。因此，在休闲体育专业教学内容的设计上，必须根据行业企业实际工作需要，注重利用课程实习和专业综合实习来提高学生的专业技能。

（三）评价手段和评价主体多元化

休闲体育专业学生从事的工作往往具有一定的专业技能要求，如滑雪、滑冰、高尔夫和马术等。所以，毕业证不足以代表对学生能力的评价。西方发达国家的一些高校除了学校层面对学生理论和素质进行评价，还会引入社会上权威性的专业机构对大学生进行专业技能考核，并颁发资格证书。例如，美国加利福尼亚州立大学健康与人类服务学院娱乐与休闲研究系的学生可以通过在校期间进行"资格证书"模块教育，获取相应证书证明自己有相关领域的从业能力，包括娱乐治疗资格证书、非营利和志愿服务管理资格证书、户外娱乐资源管理资格证书、旅游观光管理资格证书、休闲咨询研究生资格证书等。

四、北京市高校休闲体育专业课程设置方面的思考

在课程设置上，北京市高校应该考虑自身地域及休闲体育产业发展特色，重视公共基础课程建设，专业课程小型化与多样化，加大休闲体育类选修课比重。具体表现在以下几

个方面：

（一）重视选修课建设

针对休闲体育专业门类复杂、方向多样的特点，在休闲体育课程体系内容构建上，应借鉴国内外经验，构建灵活的课程内容体系，重视新型教学方式如慕课等技术手段，扩大实践实习课程体系的应用，使学生在择业时有更多的主动性。比如可在选修课上增加不同的模块，如户外运动模块可涉及一些高尔夫球、滑翔伞、无人机等课程；冰雪模块可增加滑冰、冰壶、滑雪等课程。

（二）校企联合，加强实习

对于一般高校来讲，建设综合性的休闲体育实践中心无论从资金还是场地上来说都不太现实。所以，校企合作、联合培养是非常有效的方式。比如，学校可与滑雪场、高尔夫球场等联合建立实习基地，学生可根据兴趣选择实习场所，并进行相关休闲体育技能培养，最终实现双赢的结果。

（三）师资培养

非体育院校在建设休闲体育专业的时候往往面临师资短缺的问题，可以从三个方面加强专业师资的建设。第一，引进高水平教师、培养现有教师；提供经费，鼓励教师参加专业培训，学习相关休闲体育项目。第二，可与高校现有的体育教研室合作，由专业体育教师开设选修课。第三，可与实习基地合作，邀请企业专业教练来校开设选修课程。

五、小结

结合京津冀地区休闲体育产业的现状和发展前景，我们看出未来相关产业发展对相关专业人才的需求非常旺盛，但目前北京市高等院校休闲体育专业人才培养力量有限，各大高校的传统旅游管理专业虽多，但人才培养方向单一，与人才市场脱节。所以，结合当前休闲体育产业的发展前景，建议北京市各院校应该与时俱进，积极开设休闲体育专业。

参 考 文 献

刘欢，2019. 体育总局：到 2022 年全国滑冰馆数量不少于 650 座 ［EB/OL］. 中国新闻网，http://www.chinanews.com/ty/2016/11-02/8051360.shtml.

章红兰，万仲平，2010. 基于新世纪经济下我国休闲体育的发展 ［J］. 中国经贸导刊（8）：75-76.

赵珊，彭国强，2013. 北美休闲体育专业课程设置及启发 ［J］. 南京体育学院学报（自然科学版）（6）：107-111.

赵珊，徐勤儿，2013. 美国印第安纳大学休闲体育本科课程研究 ［J］. 体育文化导刊（10）：95-99.

乡村振兴背景下课程思政教育教学改革分析

马宇然①

摘　要：思政课是落实立德树人根本任务的关键课程，高校必须坚持用习近平新时代中国特色社会主义思想铸魂育人，持续深化思政课教学改革，着力在理想信念、课程建设、师德师风等方面谋思路，着力培养堪当民族复兴重任的时代新人。本文通过阐述农业院校推进课程思政教育教学改革社会背景，提出农业院校课程思政教育教学改革的必要性和基于乡村振兴背景的课程思政教育教学改革推进举措，以便更好地加强思政课的建设，培养知农爱农新型人才，确保立德树人根本任务落实落细，推动农业院校思政课发展。

关键词：乡村振兴；思政；教育教学

一、农业院校推进课程思政教育教学改革社会背景

党的二十大报告指出，全面建设社会主义现代化国家，最艰巨最繁重的任务仍然在农村。加快建设农业强国，扎实推动乡村产业、人才、文化、生态、组织振兴。教育是国之大计、党之大计。培养什么人、怎样培养人、为谁培养人是教育的根本问题。育人的根本在于立德。全面贯彻党的教育方针，落实立德树人根本任务，培养德智体美劳全面发展的社会主义建设者和接班人。农业院校肩负着培养知农爱农创新人才的伟大使命，高校人才培养中思政教育是非常重要的一环，要实现这一培养目标，课程思政教育教学改革是关键。在乡村振兴这一背景下，农业院校要加强组织领导，强化理想信念教育；加强教师培训，强化师德师风建设；加强教学研究，提升课程思政水平；深化实践育人，提升课程思政成效，使课程思政教育教学改革落到实处，走向深入，为国家输送一支懂农业、爱农村、爱农民的"三农"工作队伍，不断推动思政教育新的探索和实践。

二、农业院校课程思政教育教学改革的必要性

我国是一个传统农业大国，农业历史悠久，随着社会的发展和进步，农业产业结构发生了较大的变革。乡村振兴战略的提出使得人们对农业的关注度越来越高，而农业院校的办学特色、专业发展、教育教学都与乡村振兴有着密不可分的联系，农业院校重点培养农林行业优秀人才，为国家输送在农村扎根、为农民服务、为农业助力的优质人才。然而部

① 作者简介：马宇然，女，硕士研究生，北京农学院文法与城乡发展学院专职组织员，主要研究方向为高校党建、思想政治教育。

分学生对于农业、农村、农民的认知还停留在原始状态，很多大学生毕业之后不愿意从事农业生产、基层治理、社会服务等相关工作，导致了专业人才的流失、专业技术不能得以施展。因此，农业院校的课程思政教育教学改革很有必要，课程思政教育教学改革在农业院校中具有很好的切入点。大学生作为未来时代发展的主力军，肩负着推动社会进步和历史发展的重要使命，通过日常的社会主义核心价值观的教育，将农业理想信念教育、职业生涯规划、中华优秀传统文化融入专业思政教育教学改革中，将课程思政与学校办学定位、专业改革发展相结合，将大学生个人的价值体现与学校、社会的发展相结合，让农业类专业的学生爱上农业，愿意投身到新时代"三农"工作中去，更好地实现农业院校大学生的人生价值，助力乡村振兴战略的实施。

三、基于乡村振兴背景的课程思政教育教学改革推进举措

（一）加强组织领导，强化理想信念教育

党的二十大报告提出，坚持为党育人、为国育才。高校承担着为国家培养优质人才的重要使命，农业院校作为为农村输送人才的高校，应高度重视课程思政教育教学改革工作，将培养高质量的大学生作为出发点和落脚点，将人才培养质量贯穿于工作的始终，坚持农业农村优先发展这条主线，着重培养懂农业、爱农村、爱农民的工作队伍，利用好课程思政阵地做好学生的思想政治教育，把"大思政课"作为学校思政教育守正创新的突破点，用党的创新理论铸魂育人。通过正确的理想信念教育和良好的价值观引导，塑造培养大学生"知农、爱农、为农"的家国情怀和责任意识，使学生在学习专业知识的同时，将农业发展理念内化于心、外化于行。

（二）加强教师培训，强化师德师风建设

高校立身之本在于立德树人，课程思政教育教学改革的关键在教师，教师承担着培养堪当民族复兴重任的时代新人的历史使命，是课程思政教育教学改革的主力军，教师的整体素质、思想观念、师德师风对于课程思政教育教学改革起着关键的推动性作用。因此，课程思政教育要改革，必须加强教师的培训，强化教师立德树人的根本任务，塑造良好的师德师风形象。例如，开展优秀教师系列讲座、课程思政线上线下培训、优秀教师展演等具体活动，帮助教师进一步向榜样看齐，更新教育教学理念，掌握课程思政教学方法和技巧，深刻理解课程思政和乡村振兴的内涵，再通过专业课堂教学去引导学生树立服务"三农"的意识。

（三）加强教学研究，提升课程思政水平

农业院校课程思政教育教学改革要全面提升教师的课程思政教学水平，鼓励教师围绕课程思政教育教学改革的方方面面进行深入研究，为全面快速推进农业院校课程思政教育教学改革提供坚实的理论支撑。教师要用好课堂教学这个主渠道，将学习乡村振兴战略、"三农"政策、新农科建设等融入课程思政教育教学中，根据农业院校的特点和专业的性质，组织专业教师和思政教师的交流探讨，充分挖掘与课程思政相关的案例，坚持以赛促教，以赛促学，组织教师观摩优秀教师教学展示活动，搭建交流平台，提升教师的整体理论水平，以更好地引导大学生树立大局意识和服务"三农"的意识，造就一批适应现代农业发展和乡村振兴的应用型高素质人才。

（四）深化实践育人，提升课程思政成效

习近平总书记强调，推动思想政治理论课改革创新，要坚持理论性和实践性相统一，用科学理论培养人，重视思政课的实践性，把思政小课堂同社会大课堂结合起来。农业院校行业特点明显，高校大学生除了需要掌握扎实的理论知识，还要有丰富的实践经验以适应基层的需要，为此要组织学生到乡村农场、田间地头、社区街道开展各类实践和社会服务，把课程思政的要求与思政教育元素延伸、拓展到第二课堂，结合农业院校的特点，通过实习、学科竞赛、创新创业等举措，着力培养学生的实践动手能力和独立思考能力，引导学生在亲身体验和实际经历中感受中华优秀传统文化的力量，自觉投身到实现中华民族伟大复兴中国梦的生动实践中。

四、结语

综上所述，乡村振兴背景下课程思政教育教学改革意义重大，在国家实施乡村振兴战略的重要背景下，教学不仅仅是为学生传授专业知识，更应注重学生思想品德和价值观的培养，增强其社会责任感和使命感，所以应将思政教育内容有效融入课程教学，创新培养模式，提升人才培养质量。

参 考 文 献

邓力，廖心宇，2021. 高校思政课教育教学改革路径研究［J］. 淮南职业技术学院学报（6）：24-26.

高继梅，王少英，蔡春花，2021. 课程思政视域下教育教学改革研究热点分析［J］. 学园（15）：31-33.

高千秋，吴兴怀，崔师睿，等，2021. 乡村振兴背景下农业院校课程思政教育教学改革实现路径研究——以山东农业工程学院为例［J］. 山东农业工程学院学报（11）：115-119.

黄雪莹，刘倩倩，廖惠兰，2022. 课程思政背景下"双创"人才培养助推乡村振兴的路径研究［J］. 河池学院学报（3）：80-85

宋俊松，付璐，2022. 新时代高校思政课教育教学改革的困囿与路径［J］. 湖北开放职业学院学报（13）：79-80.

王静，2022. 高职院校课程思政助力乡村振兴实施途径探析［J］. 农村·农业·农民（B版）（9）：57-59.

余迪，2023. 乡村振兴背景下旅游课程思政教育教学改革分析［J］. 湖北开放职业学院学报（2）：88-90.

张燕中，李宏，2022. 乡村振兴背景下高等农林院校体育课程思政质量提升路径［J］. 淮南师范学院学报（4）：104-108.

张莹，刘红军，2021. 思想政治理论课"课程思政"教育教学改革刍议——以"概论"课程为例［J］. 文教资料（21）：113-114.

周婷婷，2021. 校企合作视域下高职院校思政教育教学改革探究［J］. 知识文库（9）：19-20.

加强新时代高校教学管理工作中教学秘书队伍建设研究

白凌子①

摘　要： 教学秘书是高校教学管理工作中的重要成员，在学校教务处、院系领导的指导下，具体负责高校各学院日常教学管理和其他事务性工作，负责组织开展和管理日常教学活动，加强教学秘书队伍建设，协助学院领导做好教学管理工作有助于提高教学质量、提升教学管理水平。通过研究新时代高校教学管理工作中教学秘书的扮演角色、应具备的素质和能力要求及工作职责，分析教学秘书队伍建设存在的问题，从提高认识、重视教学秘书队伍建设；完善激励奖励机制，提供职业发展方向；加强专业化建设，提高综合素养等方面不断加强高校教学秘书队伍建设，不断提高教学质量，深化推进教学管理水平提升，落实立德树人和铸魂育人的根本任务。

关键词： 教学秘书；教学管理；角色定位；工作职责；队伍建设

正所谓教学是立校之本，做好高校工作的首要任务是做好教学工作，做好教学管理工作是做好教学工作的基础，教学管理人员在教学管理中发挥着重要的作用。高校的教学秘书是高校教学管理工作中的重要组成部分，是教学管理队伍中最基础的管理人员，是保证各教学部门教学管理工作正常运转的重要力量，是连接学校与学院之间、学院与教务部门、院系之间、教师之间、教师与学生之间组织开展教学活动的纽带，具有承上启下、承前启后、沟通协调的作用，不断加强教学秘书队伍建设，对于不断提高教学质量、提升教学管理水平、落实立德树人和铸魂育人等方面发挥着重要作用。

一、高校教学管理工作中教学秘书的扮演角色

教学秘书在组织开展教学活动中扮演着不同的角色，比如教学管理者、教学服务者、教学沟通者、教学协调者等。教学秘书在稳定教学秩序、加强人才培养、提高质量保障、加强教学改革和创新等方面发挥着关键性作用，是教学管理不可缺少的部分。加强教学秘书队伍建设有助于提高教学质量、提升教学管理水平。

（一）教学管理者

教学秘书作为高校最基础的教学管理人员，也是完成教学管理任务的具体实施者。教学管理任务比较复杂，包括教学文件资料的管理、教学过程的管理、教学质量监控的管理

---

① 作者简介：白凌子，女，农业推广硕士，助理研究员，北京农学院马克思主义学院办公室主任兼教学秘书，主要研究方向为思想政治教育、教学管理、农村党建。

等，做一个有效的教学管理者，需要积极组织开展教学管理工作，主动参与教学管理，提高教学管理意识和能力水平。首先，要做好日常教学活动的管理。日常教学活动管理是教学秘书的一项基本工作，也是一项日常工作，更是教学秘书教学工作中的首要工作。教学秘书不仅需要熟知教师教学进度安排、教学计划的执行程度、教学秩序以及调课申请制度执行情况、教师按照《教师本科教学工作基本要求》开展相关工作情况、试卷和课程档案建设情况、课堂教学出勤情况、学生试卷和成绩情况、教学工作量的核算等。其次，要做好教育教学质量的管理。教学秘书需要将学校的办学定位和办学特色以及学院的教学特色、授课指导思想、教学任务和要求、课程的安排等贯彻给教师和学生。此外，教学秘书要在教务部门相关科室的指导下，协助教学院长、副院长、教研室主任对教师教学质量和学生学习质量定期开展测评，还需要对教学工作开展评价，更好地提升教学管理水平。最后，要做好教学信息的收集和管理。教学秘书在组织开展教学活动过程中，需要撰写大量的总结、报告以及整理与教学管理相关的文件、资料，并且需要将相关的教学管理资料归档，以便日后查看。做好教学信息的管理对稳定教学秩序和推进教育教学改革创新具有重要作用。

（二）教学服务者

教学秘书的工作比较复杂、琐碎，作为教学服务者就是要为学院师生提供服务。首先要为教师提供服务，通过与学校各部门、任课教师、学生之间的沟通为教师解决教学工作中遇到的困难，贯彻落实好学校的教学方针政策；其次要为学生提供服务，为学生解答学习过程中遇到的困难和学习质量、学习效果相关的问题。

（三）教学沟通者和协调者

教学秘书是教学管理队伍中最基础的管理人员，是保证各教学部门教学管理工作正常运转的重要力量，是连接学校与学院之间，学院与教务部门、院系之间，教师之间，教师与学生之间组织开展教学活动的纽带，具有承上启下、承前启后、沟通协调的作用，教学秘书需要在坚持原则的前提下，讲究灵活性和变通性，准确灵活地传递信息，在保障教学工作正常运行的同时不断提高教学水平和教学质量。

二、高校教学秘书应具备的素质和能力要求

（一）思想政治素质

教学秘书作为高校教学管理人员，具备思想政治素质是最基本的要求。教学秘书需要具有较高的政治素质和坚定的共产主义信仰，树立正确的世界观、人生观和价值观，坚定"四个自信"，树牢"四个意识"，做到"两个维护"。

（二）职业道德素质

教学秘书作为一名教学服务人员，其工作比较复杂、琐碎，首先要有较强的服务意识，具有吃苦耐劳和乐于奉献的精神，要热爱教学管理工作，更要忠诚于教学管理工作。其次要有高度的工作责任心，不断增强工作使命感和责任感，对于领导和教师所交代的各项教学工作能做到准确、无误完成，尽量避免教学事故发生。最后要有较强的敬业精神以及良好的职业道德修养和个人修养，兢兢业业、脚踏实地地做好本职工作。

（三）业务能力素质

教学秘书工作比较繁杂、琐碎，要求其具备较强的业务能力素质，不仅要掌握相关的教学管理知识，了解学院教学特点、主要课程的主要内容、课程体系设置等方面的知识，而且要具备较全面的工作能力，比如现代科学的组织管理能力、协调沟通能力、开拓创新能力等。还需要加快知识结构的更新、不断提高服务管理水平，更好地做好日常教学管理工作。

三、高校教学秘书工作职责

教学秘书是教学管理队伍中最基础的管理人员，在学院教学管理工作中处于重要地位，在教务部门、学院院长和教学副院长的指导下，组织开展好教学活动，做好教学管理工作，服务好广大师生，不断提高学院的教学质量和教学管理水平。教学秘书的工作特点就是工作强度比较大、工作内容比较烦琐复杂、工作时间不固定，责任重大。教学秘书的主要工作职责包括认真学习教学及其他管理的业务知识，掌握教务管理、成绩管理等方面的规章、条例及文件，协助起草本单位有关的教学管理方面的文件；协助教学副院长做好本单位教学工作的日常管理（如发放授课计划、教材，报课程表，排课，填报教材征订表等），负责教学上各个环节的统筹安排工作。负责开学教学准备工作，填报每学期教学计划，落实学期教学任务和课程安排，负责监督与落实授课计划的实施、修改、调整、检查。处理日常有关调课及授课计划调整等事宜。负责考试安排。负责做好组织期末考务方面的具体工作，包括试卷的汇总、保管、发放，安排考试日程，组织监考教师。期末考试结束，组织收集考试相关的材料，汇总各课程考核成绩并整理归档。负责组织各种教学检查，协调与各院部之间有关教学工作。负责本单位教学质量、教学纪律的监控，负责收集与反馈师生意见，及时了解教学动态，参与教学质量管理，维护正常教学秩序，对出现的问题和教学事故及时向主管领导汇报，收集各类教学检查计划和总结并归档。负责教研室主任、课程组长工作例会的会前准备、会议记录、会后宣传报道与落实反馈工作。及时搜集教学文件、教学会议材料、教研室活动记录等相关教学活动的信息资料，做好教学档案的管理工作。负责教师工作量的统计以及课酬金结算工作，负责教师岗位津贴发放工作。负责院图书资料室的日常管理及维护工作。完成主管院领导交办的其他工作。

四、新时代高校教学秘书队伍建设存在的问题

（一）教学秘书队伍建设不被重视

教学秘书虽然是开展和管理教学活动的重要人物，但是目前部分高校认为教学秘书在教学管理过程中只是辅助教师工作，教学秘书工作较简单，多是琐碎的事务性工作，工作没有难度，对教学秘书工作的认同感较低。此外，教学秘书队伍的考核评价机制不完善，没有专门的考核评价机制，都是与所在学院所有教师一起参加考核，不能准确反映教学秘书的工作能力和水平。

（二）教学秘书工作繁重、队伍不稳定、职业发展困难

首先，教学秘书作为高校教学管理队伍中最基础的管理人员，教学管理工作繁杂、琐碎，事务性工作较多，时效性较强，要求教学秘书工作要认真、细致，并且要兼顾质量和

效率，避免发生教学事故。教学秘书每天忙于各种日常、重复性工作，用于从事科研的时间非常少，甚至没有时间对教学管理工作中的资料进行研究，研究成果较少，教学管理工作缺乏创新性。其次，教学秘书队伍人员流失较大，队伍不稳定。教学秘书工作烦琐复杂，不容马虎，工作上的一点失误就有可能引发教学事故，薪酬待遇没有其他岗位人员待遇高，教学秘书工作不被学校重视，无法实现良好的发展导致很多优秀的青年人才不愿意一直从事教学秘书工作，有机会转岗都会选择转到其他的岗位，人员流动性较大，造成了教学秘书队伍的不稳定。最后，教学秘书岗位属于高校较底层岗位，同教师、机关人员、辅导员队伍相比处于劣势，岗位空间发展局限，职业发展困难。

（三）教学秘书专业素养有待提高

大部分高校对教学秘书的工作缺乏正确的认识，相比教学秘书队伍建设，高校更多重视教师队伍的建设和发展，制定和出台较多加强教师队伍建设的政策和文件，针对一线教师进行培训，但没有专门对教学秘书的培训，大部分教学秘书不具备专业知识背景，对教学管理工作缺少认知，缺乏教学管理工作的经验，专业素养有待提高，进而影响了教学管理工作的有效运行。此外，教学秘书每天都是重复日常事务性工作，工作缺乏创新，一定程度上影响其教学管理水平的提升。

五、加强新时代高校教学秘书队伍建设的路径

（一）提高认识，重视教学秘书队伍建设

提高认识，重视教学秘书队伍建设，给予教学秘书充分的尊重和肯定，加强教学秘书队伍管理，对于高校提高教学质量和教学水平具有重大意义。因此，在政策、资源等方面应该给予教学秘书支持，特别是在薪酬、晋级、职称等方面给予更多的支持政策，让教学秘书能够体会到教学工作的满足感，充分调动教学秘书的积极性和主动性，提升教学秘书工作的职业认同感。

（二）完善激励奖励机制，提供职业发展方向

首先，高校要建立科学的、规范的评价机制，参照教师和科研管理人员的激励制度来完善教学秘书的激励奖励机制，用于教学秘书的薪酬待遇、岗位晋升晋级、职称评定等方面，将绩效考核与教学秘书的薪酬水平、职位晋级、职称评审挂钩，对教学管理工作业务能力强的教学秘书给予相应的激励奖励，相应的提高其薪酬待遇，对于其职位晋级和职称评审给予政策支持，不断激发教学秘书的工作热情，提高教学秘书自主创新意识，充分调动其工作积极性。其次，为教学秘书提供更多的培训机会，提升教学秘书的专业技能，加强教学秘书队伍建设。再次，为教学秘书制定职业发展规划，增加其对教学秘书工作的认同感，充分调动其工作积极性。最后，为教学秘书未来发展提供更多、更好的发展平台，让工作能力强、业务水平高的教学秘书在职位上能有晋升空间，职称评审上能看到希望。

（三）加强教学秘书队伍专业化建设，提高综合素养

加强教学秘书队伍专业化建设，提高综合素养，多渠道、多种方式为教学秘书提供更多的继续教育机会和条件，加强教学秘书队伍的岗位培训，组织开展教学管理方面的专题讲座和交流研讨会，组织教学秘书校内外社会实践进行交流学习、参观等，加强理论学习，提高教学秘书综合素养和业务能力，促进教学秘书队伍专业化建设。此外，严把入口

关，严格教学秘书的招聘工作，引进高素质人才，招聘具有管理学、教育学、心理学等相关学历背景的且服务意识强的高素质人才，并且将教学秘书纳入学校的发展规划，打造一支综合素养高、专业能力强的教学秘书队伍，进一步促进教学秘书队伍专业化建设。

教学秘书作为高校教学管理队伍中最基础的管理人员，教学秘书工作的质量影响着高校整体的教学管理工作质量，提高认识，加强对教学秘书队伍建设的重视，完善激励奖励机制，加强专业化建设，作为教学秘书也要充分认识教学管理工作的重要性，努力提高自身各方面的综合素质，提升教学管理水平，为学院乃至学校的教学工作发展做出重要的贡献。

参 考 文 献

艾娇，2011. 论新时期高校教学秘书的角色定位及工作职责 [J]. 科教文汇（上旬刊）(4)：166，179.

孙霞，2020. 高校教学管理队伍专业化建设的几点思考 [J]. 科技资讯 (23)：124-125，128.

王晶晶，杨晓星，赵金萍，等，2019. 新时期高校教学秘书队伍专业化建设思考 [J]. 科教导刊（上旬刊）(7)：13-14.

王坤侠，2008. 浅谈教学管理工作中教学秘书的重要性 [J]. 黑龙江科技信息 (36)：227.

王云平，2019. 高校教学秘书队伍建设的思考 [J]. 才智 (4)：34.

韦双颖，苏文强，朱毅，等，2009. 新时期高校教学秘书应该具备的岗位意识 [J]. 成都大学学报（教育科学版）(2)：52-54.

吴敏，2009. 浅谈高校教学秘书应具备的基本素质和能力 [J]. 改革与开放 (16)：165，167.

农耕文化融入高等农业院校思政课教学的路径探索[*]

农耕文化融入高等农业院校思政课教学的路径探索 *

刘海燕^①

摘　要：农耕文化是中华传统文化的根基。通过挖掘、梳理农耕文化资源，将其中的优秀元素融入高等农业院校的思政课教学，从理论和实践教学等方面探索教学改革与创新的可行方案。增强大学生传承和弘扬农耕文化的意识，培养知农爱农的精神品格。

关键词：农耕文化；农业院校；思政课教学

习近平总书记指出，"农耕文化是我国农业的宝贵财富，是中华文化的重要组成部分，不仅不能丢，而且要不断发扬光大"。然而，由于受到工业化和城市化的冲击，许多人对于"农"带有偏见，传承传统农耕文化出现了困境。许多年轻人不知二十四节气，更不明"忠恕孝悌廉"等传统文化的内涵。在加快乡村振兴人才培养的大背景下，加强对农耕文化的传承保护迫在眉睫。

2019年，习近平总书记在给全国涉农高校书记和专家代表的回信中要求广大涉农高校继续以立德树人为根本，强农兴农为己任，拿出更多科技成果，培养更多知农爱农新型人才。高等农业院校要发挥好自身优势，打造融入优秀农耕文化元素的思政课堂，以夯实大学生的文化底蕴，起到富有针对性、亲和性的教育效果。

一、农耕文化的内涵

农耕文化源远流长，是我国劳动人民生产和生活智慧的结晶。它体现和反映了人们在生产劳作过程中的思想、技术、文化以及价值取向等。从不违农时、顺天应时的耕作实践，到因地制宜、因物制宜的生产能动性；从取之有度、用之有节的生态理念，到天地人和谐共生的和合文化……中华民族在数千年的乡土生活、农业生产中，孕育出"应时、取宜、守则、和谐"的农耕文化。农耕文化润物细无声的滋养着人们的道德观念和思想意识，促成了中华民族敬畏自然、吃苦耐劳、坚忍不拔、勇于创新、和谐相处等优良品格的养成。农耕文化是中华民族绵延不绝、生生不息的精神沃土。

---

* 本文系2022年马克思主义学院思政课教学研究一般项目阶段性成果。

① 作者简介：刘海燕，女，硕士研究生，副教授，主要研究方向为马克思主义中国化。

二、农耕文化融入高等农业院校思政课的现实价值

农耕文化中蕴含着许多宝贵的民族精神和优良传统。高等农业院校思政课堂作为传承优秀农耕文化的重要阵地，更要深入挖掘农耕文化的内涵及价值。

（一）农耕文化有利于增强大学生劳动意识

习近平总书记曾在全国教育大会上强调，要在学生中弘扬劳动精神，教育引导学生崇尚劳动、尊重劳动。古代劳动人民用自己的双手在赖以生存的土地上精耕细作，年复一年，他们凭借勤劳的双手维持生计和繁衍后代。"一分耕耘，一分收获"，只有不辞辛苦的劳作，才能得到收获。精耕细作的农业劳动带有明显的正向反馈机制，有利于学生建立清晰的自我意识，可以促使人养成勤勉、自律的品格。

（二）农耕文化有利于提升大学生文化自信

中华优秀传统文化是提升中国人文化自信的源泉。中华优秀传统文化植根于农耕文化，是古人与自然万物相生相息的产物。古人在千百年的农业生产过程中孕育了道德观念、处世哲学、家庭美德、人文精神等丰富的文化财富。通过把农耕文化融入思政课教学，使学生在学习和实践中感受中华农耕文化的魅力，从而形成对中华优秀传统文化的认同，增强对中华文化的民族自信心和自豪感。

（三）农耕文化有利于培育大学生知农爱农品格

立志乡村振兴事业的前提是了解农村，了解农民，了解源远流长的农耕文化。农耕文化所蕴含的生生不息的精神和勤劳自立的民族品格，是农科类大学生吃苦耐劳、深入基层工作以及创新发展的重要内容和载体。通过对农耕文化的了解，有利于消除学生对于"农"字的偏见，帮助学生树立学农、爱农、服务"三农"的意识。通过切身接触农耕文化的精髓，引导学生在实践中去剖析中国的"三农"问题，从而找到自己专业学习上的差距，进一步增强学习的动力。

三、农耕文化融入高等农业院校思政课教学的实践路径

高等农业院校可以通过有效挖掘、传承我国博大精深的农耕文化资源，以思政课理论和实践教学为平台，通过多种教育形式使学生接受农耕文化的熏陶与教育，从而能够更好地实现思政课"立德树人"的目标。

（一）丰富思政课教师农耕文化知识储备

思政课教师是通过教学引导学生走近农耕文化的第一责任人。实现农耕文化的良好传播对教师的文化素养和知识储备提出了较高的要求。作为思政课教师，首先要不断积累农耕文化的知识储备，增强将农耕文化有机地融入教学工作的意识。此外，农耕文化的根基在农村，教师要主动深入一线开展调研，不断提高自身对农耕文化的深入理解和掌握。通过对生动鲜活的基层案例的掌握，有针对性地丰富农耕文化知识储备。以笔者所在学校为例，思政课教师主动深入"三农"一线调查研究、了解农情民意，将课堂教材中的理论知识与"三农"一线、田间地头的绿色元素有机结合，增强了"红绿融合"教学效果。

（二）在思政课理论教学中融入农耕文化

将优秀农耕文化融入思政课理论教学，对于增强学生的优良品质以及提升课程教学效

果有着重要意义。下面主要以"习近平新时代中国特色社会主义思想概论"课为例选取部分内容进行说明。

1. 农耕文化中的奋斗精神

在"坚持和发展中国特色社会主义的总任务"专题，讲到以伟大建党精神为源头的中国共产党人精神谱系时，要讲清中国人民所具备的勤劳进取、艰苦奋斗的精神品质，正是历来中国农民所奉行和崇尚的传统美德。"戴星而作，戴星而息"正是对农民勤劳奋斗的真实写照。日出而作、日落而息的劳作方式，形成了勤劳、勇敢、坚毅的优良品格。"民生在勤，勤而不匮"。这种艰苦奋斗的美德不仅为自己创造了丰富多彩的生产、生活场景，也发展壮大了我国的农业。可选取大禹治水等故事进行讲解，增进学生对艰苦奋斗、自强不息等民族精神的认同。

2. 农耕文化中的创新意识

在"以新发展理念推动高质量发展"专题，对于新发展理念中创新理念的讲解，要充分挖掘农耕文化中所蕴含的创新意识。中国农民的伟大之处，就在于不停地变革求新。从刀耕火种到锄耕农业，从"抱瓮灌园"到"桔槔汲水"，从利用天然泉流到引入农田灌溉，在农业生产过程中，民众一方面继承前代的农耕技术和经验，另一方面推陈出新，改进耕作工具，创新农业生产条件，变革生产方式。这种创新意识，也成为民族精神的核心组成部分。如针对早期农业起源，在古典史籍《白虎通·卷一》中记载的神话传说，"古之人民皆食禽兽肉，至于神农，人民众多，禽兽不足，于是神农因天之时，分地之利，制耒耜，教民农作"。再如，早期农民在精耕细作方面的一些伟大创举，秦昭王时期的都江堰水利工程，达到了"旱则引水浸润，雨则杜塞水门"的双重效果，时至今日，仍然发挥着巨大的作用。通过生动案例不断激发新时代的大学生为中华民族伟大复兴中国梦的实现而不断勇于创新的热情。

3. 农耕文化中的和合文化

天、地、人之间和谐共生的三才观是农耕文化的核心理念。可以说，和合文化是农耕文化的核心。我国农耕文化理念的和合思想不论在人与人、人与自然、还是国与国的相处之道中都有所体现。一是人与自然和谐共生。在讲到"建设社会主义生态文明"专题时，其中的"两山理论"，以及山水林田湖草沙系统治理的理念均可以结合农耕文化相关内容。劳动生活让人们懂得尊重自然，并且形成"顺兴天道，和谐共生"的优秀农耕理念。《吕氏春秋》中就有论述："竭泽而渔，岂不获得，而明年无渔；焚薮而田，岂不获得，明年无兽。"可以引用珠三角地区独具特色的"桑基鱼塘"农业生产形式，浙江宁波的"稻蟹共生"的综合生态养殖模式等体现古代生态农业智慧的案例，引导新时代大学生运用专业所长投身生态智慧农业建设，助力农业高质量发展。二是人与人和谐相处。我国古代是以家庭为基本经济单位来进行土地耕种的，彼此信任、团结。农耕文化中"长者为尊""精耕细作""勤劳俭朴""和睦邻里"的道德规范可以配合"建设社会主义文化强国"专题的学习，通过品评古人的义利观，加深同学们对于社会主义核心价值观的理解。三是国与国和平共处。农耕生活的和谐性特点，造就了中华民族爱好和平的理念。在"构建人类命运共同体"专题，组织学生探讨农耕文化中"守望相助"的理念与人类命运共同体倡导的"义利兼顾""合作共赢""共同发展"等思想的耦合之处。还可以通过三个字"协""勰"

"拗"的辨认加深学生对古人和合文化思想的记忆。

（三）在思政课实践教学中融入农耕文化

除了完成好思政课的理论教学，还要把握课程的实践环节。一是依托地方资源构建实践教学基地，发挥好第二课堂对于第一课堂的补充作用。组织学生参观农博馆、生态旅游区等，并深入地方农村开展调研。笔者所在学院作为市属高校，在昌平区、平谷区等乡、镇、村建立了思政课教学实践基地，还有科技小院、大学科技园、博士农场等，可以定期组织学生前往基地开展参观调研活动，让广大学子在亲身参与的过程中体味农耕文化的真正含义，唤起学生文化意识、民族意识。二是可以充分利用周末及假期组织学生开展实践调研，围绕新时代农村的发展变化以及"三农"热点问题展开，帮助学生了解"三农"。同时，在与农民、农村的双向互动中，汲取农耕文化的精华。三是可以举办特色校园文化活动，如农耕文化知识竞赛、演讲比赛等，营造良好的校园文化氛围。让学生感受农耕文化魅力。通过各类实践环节，在潜移默化中滋养学生的道德观念，提高人文知识素养。

农业高校思政课教师要牢记习近平总书记"要用好课堂教学这个主渠道"的嘱托，把农耕文化融入教学过程，用润物无声、触及心灵温暖的教育，建设最有亲和力的、有温度的课程，教育引导广大学生努力成为堪当乡村振兴重任、民族复兴伟业的时代新人。

参 考 文 献

董金龙，2021. 农耕文化融入农业高职院校思政课教学的路径研究——以苏州农业职业技术学院为例 [J]. 湖北开放职业学院学报（12）：90-92.

彭金山，2011. 农耕文化的内涵及对现代农业之意义 [J]. 西北民族研究（1）：145-150.

王艳，2022. 传统农耕文化赋能乡村振兴的路径分析 [J]. 北方经济（5）：49-51.

夏学禹，2010. 论中国农耕文化的价值及传承途径 [J]. 古今农业（3）：88-98.

新华社，2019. 习近平给全国涉农高校的书记校长和专家代表的回信 [EB/OL]. https:// baijiahao. baidu. com/s？ id=1643890544697063572&wfr=spider&for=pc.

中共中央文献研究室，2014. 十八大以来重要文献选编（上）[M]. 北京：中央文献出版社.

新时代复合应用型农业院校思政课改革创新研究*

王建利①

摘　要：近年，北京农学院高度重视思政课建设，深化思政课改革创新，不断增强思政课的思想性、理论性、针对性和亲和力，为培养"懂农业、爱农村、爱农民"人才奠定了思想基础。为客观真实地反映学校思政课教学效果，了解学生对思政课教学的认识，开展了问卷调查。通过对调查结果的梳理，分析了影响思政课教学效果的主要原因，并就如何增强大学生思政课教育教学的"三性一力"，深化思政课改革创新提出了对策，进一步推动学校新时代思政课改革创新。

关键词：思政课；问卷调查；认知度；建设认知

近年，在北京农学院党委领导下，马克思主义学院积极落实中共中央办公厅、国务院办公厅印发的《关于深化新时代学校思想政治理论课改革创新的若干意见》，中宣部、教育部印发的《关于深化新时代学校思想政治理论课改革创新实施方案》，中共北京市委教育工作领导小组印发的《北京市关于深化新时代学校思想政治理论课改革创新行动计划》等重要文件，积极探索适合地方农业院校办学特色和人才培养需求的思政课改革创新路径和模式，不断增强思政课的思想性、理论性、针对性和亲和力，为培养"懂农业、爱农村、爱农民"人才奠定了思想基础，在实践及探索中取得了明显成效。为反映学校思政课教学效果，笔者对学校三年级学生进行了思政课教学效果问卷调查，共有 1 442 名学生参与了此次调查，学生参与数达到该年级人数的 70%。其中，党员 197 人，共青团员 1 142人，群众 103 人；男生 571 人，女生 871 人，各学院参与人数和所在学院学生基数相符。结果显示，学生填写的问卷有效，数据具有说服力，具有代表性（表1、表2、表3）。

表1　学生政治面貌统计

政治面貌	人数（人）	比例（%）
中共党员	197	13.66
共青团员	1 142	79.20
群众	103	7.14

---

* 本文系 2021 年北京农学院思想政治理论课教学改革项目成果。
① 作者简介：王建利，男，讲师，主要研究方向为马克思主义中国化。

表 2　学生性别统计

性别	人数（人）	比例（%）
男	571	39.60
女	871	60.40

表 3　学生所在学院统计

学院	人数（人）	比例（%）
生物与资源环境学院	250	17.34
植物科学技术学院	122	8.46
动物科学技术学院	92	6.38
经济管理学院	167	11.58
园林学院	239	16.57
食品科学与工程学院	164	11.37
计算机与信息工程学院	119	8.25
文法与城乡发展学院	289	20.03

一、学生对思政课的建设认知：效果显著

第一，学生对思政课的必要性、重要性认同度相对较高。近些年，随着思政课程建设和课程思政的发展，思政课重要性凸显，思政课作用不可替代。问卷调查期间，大三学生思政课都已经上完，对思政课理论学习的意义、目的均已了解，理论学习通过社会实践，对思政课的必要性、重要性有了较为理性的认识。部分学生从考研的角度接触考研政治，对思政元素的内容、话题关注度较高。调查显示，97.58%的学生认为思政课有必要，该数据比 2020 年调研高出 1.1%。鉴于社会环境变化和思政课改革创新，98.13%的学生认为思政课对今后的发展有帮助，比 2020 年调研高 5.82%。

第二，学生对思政课内容的学习态度较好。近些年，随着学校教学质量工程的实施，思政课课堂的规范管理，出勤率、课堂抬头率、点头率不断好转。调查数据虽然没有直接显示学生对课程内容的全面认知程度，但是从学生的学习态度上来看，95.84%的学生认为自己认真学习，专心听课。其中 51.73%的学生表示自己上课过程中认真记笔记。也就是说还有近一半的学生没有记笔记，只是被动上课而已，更有甚者干脆不听课。4.16%的学生认为自己对思政课学习重视程度不够，表现为心不在焉，不听课，玩手机。他们往往并不能全面了解课堂上的专题内容，更难知道哪些是重点、哪些是难点；或者说他们对教师所讲的有些内容感兴趣，感兴趣的内容、能引起他们注意的教学内容，他们的认知度相对比较高（表 4）。

表 4　学生在思政课课堂的表现统计

表现	人数（人）	比例（%）
认真听讲做笔记	746	51.73
只听不做笔记	636	44.11

（续）

表现	人数（人）	比例（%）
看其他的书或打瞌睡	19	1.32
心不在焉，根本不听	9	0.62
看手机更有兴趣	32	2.22

第三，学生对思政课的教学内容评价较好。近些年，学校思政课将"红色基因"与农业院校"绿色元素"有机融合，不断提升思政课的质量。调查数据显示，83.84%的学生认为思政课教学内容与时俱进，丰富多彩，对其很感兴趣，符合课程教学定位。学生对思政课的重要性、必要性、教学内容、教师等认同度越高，思政课对学生的吸引力就越大，反之越小。因教师和学生个体差异，对思政课教学形式和效果的认识不同，9.71%的学生认为在教师在教学过程中，理论知识过多，不贴近实际生活，课堂枯燥无味；2.98%的学生认为思政课教学内容深奥难以理解（表5）。

表5 学生对思政课的教学内容评价统计

评价	人数（人）	比例（%）
教学内容丰富多彩，很感兴趣	1 116	77.39
教学内容能与时俱进	93	6.45
理论知识过多，不贴近实际生活，枯燥无味	140	9.71
内容深奥，难以理解	43	2.98
其他	50	3.47

第四，学生对思政课内容的教学效果满意度非常高。近些年，马克思主义学院从教学方式、考核方式、实践教学、师德师风等多方面进行了改革创新，受到学生欢迎。学生经过三年思政课学习，对思政课和马克思主义理论有了清楚的认识。数据显示，96.67%的学生对思政课教学效果表示满意，认为收获满满。也有3.33%的学生对思政课教学效果表示不满意，认为其还有提升的空间。

第五，学生接受创新教学手段能力较好。近些年，在研究"00"后学生思想特点基础上，按照新冠感染疫情防控和保障教学质量要求，学院引进了超星学习通、"雨课堂"教学辅助手段，开展线上、线下教学。教学形式的变化没有影响学生的学习效果。调查显示，67.82%的学生对线下课堂教学方式表示认可，53.26%的学生对超星学习通等线上教学方式表示认可，48.34%的学生对"雨课堂"教学方式表示认可，8.81%的学生能接受不同类型的教学方式。总之，学生能够接受多种教学形式，说明学生接受创新教学手段能力较好。教学方法上，思政课教师创新教学手段，有90.22%的学生认为教师不定期使用讨论、辩论等教学方法能够帮助他们学习。

二、学生对思政课的改革认知：理念提升

第一，学生对思想政治理论课的考核方式是多样性。近些年，马克思学院不断构建思政课全过程考核，实现多元化的考试形式。在新冠感染疫情防控期间，使用了计算机机考

的方式；疫情结束后，又回到正常的传统笔试考试，学生经历了多种考核方式。与此同时，多元化的考试形式会加深学生对思政课基本理论的理解，也会提升其分析和解决问题的能力。调查显示，39.87％的学生对计算机机考方式表示认同，37.52％的学生对传统笔试的考核方式表示认同，6.73％的学生接受笔试和机考方式，15.88％的学生表示无所谓（表6）。

表 6 学生对思想政治理论课程考核方式的认识

对考核方式的认识	人数（人）	比例（%）
认同计算机机考	575	39.87
认同传统笔试	541	37.52
认同笔试＋机考	97	6.73
表示无所谓	229	15.88

第二，思政课教师提高学生学习积极性。在思政课改革创新的进程中，思政课教师通过集体备课、培训等手段，不断提高思政课教学技能。思政课教师充分运用课堂教学主渠道和新媒体渠道，传递中国特色社会主义政治建设的重要理论，帮助大学生将政治认同的力量转化为浸润时代新人的生动实践。调查显示，一方面，学生认为思政课教学关键在教师，84.26％的学生对认为思政课教师为人师表，教学方法得当，很受学生欢迎。另一方面，在提高学生积极性方面，73.51％的学生认为思政课教师要结合学生实际所需授课，72.75％的学生认为思政课教师要采用生动新颖的教学方式，吸引更多的学生提高其学习主动性。

第三，学习环境影响学生学习效果。良好的学风是大学生成长成才的关键，学风建设将引导学生树立正确的成才观、价值观。不良的学风将严重影响学生学习的质量和效果，更影响学校育人效果。调查显示，77.12％的学生认为学习环境是影响教学效果的主要因素，必须从讲政治、讲党性的高度采取有效措施坚决克服。教师教学素养关系到思政课教学实效性和针对性，学生认为提高思政课教学实效亟待解决的问题包括：87.24％的学生认为应理论联系实际，解答当前的热点、难点；52.36％的学生认为应改革考试评定成绩的方式；54.37％的学生认为应采用先进的教学手段（表7）。

表 7 学生认为提高思政课教学实效亟待解决的问题（多选）

亟待解决的问题	人数（人）	比例（%）
理论联系实际，解答当前的热点、难点	1 258	87.24
改革考试评定成绩的方式	755	52.36
采用先进的教学手段	784	54.37
加强社会实践环节	679	47.09

第四，学生对思政课骨干课程喜爱程度。传统的结果评价以教育实施一段时间后的效果呈现作为评价重心，关注教育目标的完成度，却忽视对目标、内容、方法等教育要素本身设置的合理性检测。思政课质量直接影响学生获得感，基于各门思政课程的特点，以及教师的教学风格、考核方式等多种因素。调查显示，学生最喜欢的思政课课程排名前三的是"形势与政策""思想道德修养与法律基础""中国近现代史纲要"。从学生给最喜欢的思政课的排序结果来看，思政课教师怎样讲出学生真心喜爱的思政课，需要充分引起教师

的关注，持之以恒、常抓不懈（表8）。

表8 最喜欢的思想政治理论课课程

思政课课程	人数（人）	比例（%）
"思想道德修养与法律基础"	320	22.19
"中国近现代史纲要"	308	21.36
"马克思主义基本原理概论"	126	8.74
"毛泽东思想和中国特色社会主义理论体系概论"	207	14.35
"形势与政策"	481	33.36

第五，思政课缺乏吸引力的原因分析。思政课的功能不仅仅在于知识传授，更重要的是塑造学生的价值。作为大学生的"思想引路人"，高校思政课的性质决定了教师要旗帜鲜明地讲政治，并不断提升教学技能。调查数据显示，思政课对学生缺乏吸引力的原因排名前三的是：教师教学方式陈旧、单一，难以激发学生的学习兴趣；教师语言表达缺乏感染力，导致课堂气氛沉闷；教师理论功底欠缺，掌握的本学科知识缺乏必要的广度和深度。学生普遍反映，影响教学效果各因素中，居前四位的依次是教学方法、学习环境、教材内容和教师素质。学生学习效果不佳的原因中，学生整体不重视和应付态度、自身态度不端正、学习不努力是主因；教学内容不合适、没有吸引力，不懂学习方法以及教学方法死板，也是影响因素（表9）。

表9 对学生缺乏吸引力重要原因（多选）

原因	人数（人）	比例（%）
理论功底欠缺，掌握的本学科知识缺乏必要的广度和深度	464	32.18
教师教学方式陈旧、单一，难以激发学生的学习兴趣	940	65.19
教师语言表达缺乏感染力，导致课堂气氛沉闷	685	47.50
教师自身素质较低	94	6.52
其他	261	18.10

三、思政课的建设方向：守正创新

面对中华民族伟大复兴的战略全局和世界百年未有之大变局，党的二十大报告指出，教育、科技、人才是全面建设社会主义现代化国家的基础性、战略性支撑。思政课是立德树人、铸魂育人的关键课程，通过问卷调查，从中发现了思政课改革创新的契机，为今后思政课改革创新提供了思路。

一是加强建章立制，领航思政课改革创新。坚持立德树人根本任务，强化思政课教学中心地位，马克思主义学院高质量建设，关键在于思政课改革创新的高质量。在学校党委领导下，要坚持"问题导向"，紧盯制约思政课建设的突出问题不松劲，把好思政课的建设方向，切实做到把得准、把得牢、把出实效。马克思主义学院要细化学校党委制定的《深化新时代思想政治理论课改革创新实施方案》《推进思政课质量保障工程实施办法》等相关实施细则，以学院"十四五"规划为目标，不断压实思政课管理责任。细化管理措施，严肃课堂教学管理纪律，为思政课改革创新奠定基础。

二是深化教学改革，助力都市型人才培养。积极探索高水平应用型现代农林大学思政课教学规律，不断探索思政课教学改革，坚持教学内容的科学性，因事而化、因时而进、因势而新，把思政课讲政治、讲科学与讲故事有机地结合起来，突出理论深度和现实针对性，把能够体现时代特色、时代需求、北农特色的教学内容及时精准导入思政课。教学方法上，坚持教学方法的时代性，充分运用新媒体技术，实现课堂教学与线上教育的有机结合，从师生延时互动向即时互动转化；将课堂讲授、小组研讨、实践教学、对话交流、团体辅导相结合，最大限度地实现因材施教。在实践基础上，继续完善"一体四翼"的教学模式，调动师生积极性，实现线上与线下教学、理论与实践教学相统一。通过丰富数字马院教学资源、完善课堂教学形式、推广计算机考试模式、凸显全过程考核管理等途径，服务于都市型"懂农业、爱农村、爱农民"的高素质现代农业人才培养。将习近平生态文明思想、习近平总书记关于"三农"工作的重要论述、脱贫攻坚、乡村振兴等融入思政课程，确保思政课政治方向明确、北农味道浓厚。

三是完善质量监测，服务思政课改革创新。学校以课堂教学为本，依托牢固树立全面、科学的思政课教学质量观。学校完善教师教学考核、教学过程督导制度，进一步完善领导评教、督导评教、同行评教、学生评教体系，从意识形态、教学内容、教学实效、学生收获等维度全方位科学评价，采用教师主体、同行、督导、学生多维度监控方式，织密织严思政课教学质量监督网格。考核结果作为教师职称评定、晋升和考核评优的教学评定依据。还需要定期开展教学研讨会、学生教学座谈会、思政课效果问卷调查，协同供需端同频共振，对"教师教学过程"和"学生学习过程"进行双维反馈，形成良性互动，构成教师本科教学质量的综合评价，引导教师不断提升教学水平。

四是充实师资队伍，助推思政课队伍建设。习近平总书记指出，"传道者自己首先要明道、信道"。思政课教学离不开教师的主导。发挥教师在推动思政课改革创新中的主导作用，就要坚持"六要"标准，做好配齐建强思政课教师、发挥思政课教师先锋力量的大文章。在现有数量基础上，学校以选优、配齐、建强思政课教师队伍为原则，通过校外招聘博士生、校内转岗优秀党政干部，夯实师资队伍建设，建设素质优良、富有活力和创造力的师资队伍。学校完善《思政课教师教学岗位补贴发放管理实施办法》，突出重视教学鲜明导向；学校修订《思政课教师职称评审办法》，提高教学和教学研究占比；从多个层面引导教师深耕教学、精钻教学、创新教学，促进思政课教师专业化发展。思政课教师在教学中用好马克思主义理论的"看家本领"，讲深、讲透、讲活思政课的道理、学理、哲理、情理；善于利用国内外的事实、案例、素材，在比较中回答学生的疑惑，既用透彻的学理分析回应学生，以彻底的思想理论说服学生，用真理的强大力量引导学生。

五是强化协同育人，创建优良学风。正学风，善学习，有助于推动构建高质量教育体系，为实现中华民族伟大复兴中国梦做好人才储备。优良作风促师风带学风，加强校园文化建设，营造健康向上的校园氛围。思想政治教育不能靠思政课教师"单打独斗"，应努力实现全员、全过程、全方位育人，思想政治教育就会像阳光和空气一样充满每一间教室、寝室，真正产生润物无声的育人效果。思政课教师应对接各学院开展课程思政工作，深入探索不同学科专业课程思政的有效路径，共同推动思政课程和课程思政协同育人；要结合学校加强学风建设的工作方案，把思政课程和课程思政协同起来，共同帮助学生端正学习态度，激发学习动力，养成良好的学习习惯，提升学习主动性、自觉性。努力提高上课出勤率、深造升学率、图书借阅率，降低考试不及格率、考试作弊率、违规违纪率，鼓励学生积极参与科研训练和学科竞赛，以引导学生用脚步丈量祖国大地，用眼睛发现中国精神，用耳朵倾听人民呼声，用内心感应时代脉搏。通过理论和实践，引导学生争做有理想、敢担当、能吃苦、肯奋斗的新时代好青年，在新时代绽放绚丽之花！

参 考 文 献

胡文静，2017. 大学生思想政治理论课考核方式探究［J］. 湖北函授大学学报（16）：60-62.

刘同舫，2021. 高校思想政治理论课的功能及其实现［J］. 思想理论教育导刊（12）：84-90.

秦书生，2020. 新时代高校思想政治理论课改革创新的重要遵循[EB/OL]. https://m. gmw. cn/baijia/2020-08/05/34060423. html.

新华社，2019. 习近平主持召开学校思想政治理论课教师座谈会[EB/OL]. http://www. gov. cn/xinwen/2019-03/18/content_5374831. htm.

杨春花，2016. 高校思想政治理论课课堂教学吸引力、感染力现状分析——基于师生双方视角的调查研究[EB/OL]. http://theory. people. com. cn/n1/2016/0804/c40537-28611489. html.

高质量发展视域下农业院校思政课
教学改革研究*

王永芳①

摘 要： 以高质量发展为要求，农业院校思政课教学落实立德树人的根本目标，"培养什么人、怎样培养人、为谁培养人"意义重大。结合思政课教学实践，从教学内容主线、学生主体、实践教学、思政课教师等方面探讨思政课教学如何提质增效。

关键词： 高质量发展；农业院校；思政课；教学

党的二十大报告指出，"高质量发展是全面建设社会主义现代化国家的首要任务"，首次强调"教育、科技、人才是全面建设社会主义现代化国家的基础性、战略性支撑"，强调"坚持教育优先发展"，加快建设高质量教育体系，提高高等教育质量，办好人民满意的教育。这就更加明确了高等教育的战略定位和历史使命，民族要复兴，乡村必振兴，没有农业的现代化就没有国家现代化，农业现代化的实现是我国全面实现现代化的必由之路。农业院校肩负培养高素质农业科技人才的重大责任。习近平总书记在给全国涉农高校的回信中明确提出，我国高等农林教育大有可为，要"以立德树人为根本，以强农兴农为己任，拿出更多科技成果，培养更多知农爱农新型人才"。2019 年，习近平总书记在学校思想政治理论课教师座谈会上指出，"思政课是落实立德树人根本任务的关键课程，思政课作用不可替代，思政课教师队伍责任重大"。在高质量发展战略要求下，农业院校思政课教学如何高质量发展对于立德树人，"培养什么人、怎样培养人、为谁培养人"意义重大。根据教学实践中的摸索，笔者谈一谈自己的心得和体会。

一、以教材为根本依据，增加"三农"理论与实践的教学主线

教材是教学的根本依据，2023 年版教材系统讲述马克思主义中国化时代化的最新理论成果。中共中央办公厅、国务院办公厅印发的《关于深化新时代学校思想政治理论课改革创新的若干意见》指出，"统筹推进思政课课程内容建设。坚持用习近平新时代中国特色社会主义思想铸魂育人，以政治认同、家国情怀、道德修养、法治意识、文化素养为重点，以爱党、爱国、爱社会主义、爱人民、爱集体为主线，坚持爱国和爱党爱社会主义相

* 本文系北京农学院马克思主义学院思政课教学研究项目：2022 年"都市农业高校思政课教学改革研究"；2021 年"都市农林高校思政课教学改革研究"；2017 年重点项目"提高'毛泽东思想和中国特色社会主义理论体系概论'课教学实效性研究"，项目编号：buaszkkt202202。

① 作者简介：王永芳，女，博士，副教授，主要研究方向为思想政治教育的理论与实践。

统一，系统开展马克思主义理论教育，系统进行中国特色社会主义和中国梦教育、社会主义核心价值观教育、法治教育、劳动教育、心理健康教育、中华优秀传统文化教育"。党中央始终高度重视"三农"工作，2004 年以来连续发布关于"三农"的中央 1 号文件。农业院校思政课教学内容，可以基于教材基本架构的前提下，用"三农"这根红线贯穿教学始终。结合农业院校培养目标，有机融入有关"三农"理论与实践成果的学习。

回顾党的百年历程，"三农"工作始终是贯穿革命、建设、改革各个历史时期的一条重要主线。中国共产党不断使马克思主义"三农"思想中国化，在长期的历史实践中形成了一系列关于"三农"工作的重要论述。党的十八大以来，习近平总书记关于"三农"工作的重要论述，立足于中国特色社会主义基本国情，从我国广大农村发展实际出发，是新时代中国特色社会主义思想的重要组成部分，科学回答了"三农"工作重大理论和实践问题。涵盖农村经济、政治、文化、社会、生态文明和党的建设方方面面，开辟了马克思主义"三农"理论的新境界。以"毛泽东思想和中国特色社会主义理论体系概论"（以下简称"概论"课）为例，如讲述"我国社会主要矛盾已经转化为人民日益增长的美好生活需要和不平衡不充分的发展之间的矛盾"时，一方面要靠发展不断满足人民对美好生活的向往，就需要注重改善和提升生活质量；另一方面，我国的发展还存在不平衡不充分的问题。例如，长期以来的城乡发展不平衡，农村的发展优势和潜能没有得到充分发挥，使得城乡之间的差距越来越大。解决这一问题的关键是急需补齐农村发展这一短板，如何实现"农村全面进步、农业全面升级和农民全面发展"，需要深化农村改革，大力发展农村生产力，高质量解决"三农"问题。2018 年中央 1 号文件《中共中央　国务院关于实施乡村振兴战略的意见》，对全面推进乡村振兴做出总体部署。2021 年，我国如期打赢脱贫攻坚战，历史性地解决了绝对贫困问题，"三农"工作重心历史性地转向全面推进乡村振兴。在这些伟大实践中，有无数党员干部群众为乡村振兴事业奉献了自己的青春甚至生命，为思政课教学提供鲜活的素材。

二、以学生为主体、教师为主导，增强农业院校专业的自信

党的二十大报告指出，"坚持以人民为中心发展教育"，对于高校思政课教师来说，以人民为中心的发展思想不仅是课堂上讲授的重要教材内容，而且还要以此为教学理念落实到教学改革实践中。"以人民为中心"的发展思想就是"一切为了人民，一切依靠人民"，教师讲授这些重要内容的同时，结合教书育人目标，就是树立"以学生成才为中心"的教学理念，一切为了学生，一切依靠学生。一切为了学生，以学生的成长为中心，尊重学生，关心爱护学生；一切依靠学生，高质量的教学效果需要依靠学生的全过程积极配合和认真参与，以学生为主体，教师为主导，实现翻转课堂。思政课教学高质量发展，首先需要教学的理念、方式、措施要契合学生的需求、学生价值认同的关键在于，教学全过程体现"以学生为中心"。

课堂教学从"以教师为中心"向"以学生成长为中心"转变，激发学生自主学习的积极性和热情。在教学设计中，全程考虑学生的所思所求，激发学生学习兴趣，引导学生主动学习。教学内容以教材为纲，尽可能思考找到所讲内容与学生成长关心的问题的结合点，或者联系社会热点问题，以此为切入点，往往能增加学生的学习兴趣。在实际教学

中，教师能感受到学生渴望增长真才实学，有很多成长诉求、困惑，也对教师有很高的期望。特别是能够结合学生的专业发展和兴趣，引导学生将思政课和人生发展结合起来，增强学生对农业院校的自信、涉农专业的自信，提供有针对性的指导。

三、以实践教学活动激发兴趣，培养服务"三农"的意识

习近平总书记在学校思政课教师座谈会上指出，"要高度重视思政课的实践性，把思政小课堂同社会大课堂结合起来，教育引导学生把人生抱负落实到脚踏实地的实际行动中来"。农业院校思政课在实践教学的安排中，突出以"农"为主题，要与专业形成协同效应，开发多种形式，比如可以结合一些纪念日，如中国农民丰收节、二十四节气等，开展与"三农"有关的诗歌朗诵、辩论、演讲比赛、知识竞赛等活动，也可以组织团员、党员主题活动。

实践教学的开展紧密结合培养目标，把学生奋斗的具体目标同民族复兴的伟大目标结合起来，注重与大学生身心发展规律相结合。以"概论"课为例，安排社会实践，提前布置实践要求，按照"理论学习—社会实践—理论学习"的模式开展实践教学。一是要求学生利用课余时间做好社会调查，通过各种形式了解社会、了解国情，加深理解党的路线、方针和政策。社会调查活动的主要形式是，选择自己感兴趣的一个社会问题，自由组成小组，撰写调查报告，锻炼学生社会实践能力。二是组织学生参观城镇化建设的先进典型北京市昌平区北七家镇郑各庄村。提前布置预习，讲解农村改革和乡村振兴战略等相关理论，布置观后感作业，要求学生思考讨论，增强农业院校大学生的使命感和责任感，实践效果很好。

课堂实践教学形式上，主要包括制作 PPT 演讲、小视频、案例法、讨论法、提问法等，增加师生互动。以"概论"课为例，围绕教学内容进行主题展示活动，每个班分成几个学习小组，课前布置，每次课均有一个学习小组上台发言，学生们积极参加，分工合作，锻炼了团队合作和实践能力，效果良好。课程接近尾声时，以班为单位进行总结交流，引导学生走上讲台展开对课程内容的学习体会交流，锻炼了综合能力，学会总结分析，系统掌握理论体系。有条件的可以运用高科技，如 VR 技术、触屏技术、无线投屏技术等，建设智慧教室等方式。

四、以过硬的基本功引领学生，做好学生的引路人

习近平总书记指出，"办好思政课关键在教师"，要求思政课教师队伍政治素质过硬、专业能力精湛、育人水平高超。推动思政课高质量发展，要不断增强思政课的思想性、理论性和亲和力、针对性。要坚持政治性和学理性相统一，以彻底的思想理论说服学生，以透彻的学理分析回应学生，用真理的强大力量引导学生，学深悟透理论品格。要坚持价值性和知识性相统一，揭示马克思主义中国化时代化理论成果的科学内涵、理论体系、思想精髓、精神实质，把握其中所蕴含的马克思主义立场、观点和方法，寓价值观引导于知识传授之中。这需要教师追本溯源，研读教材和马克思主义经典著作，读原著、学原文、悟原理。能够切实帮助学生传道解惑，指导学生的人生发展道路，为他们健康成长助力，满足学生成长需求，就需要教师潜心研读教材，深刻系统地掌握教材内容，以更高的理论视

角为学生讲明科学发展规律，阐明我国发展道路，同时通过大量培训、讲座、研修、自学等方式，及时学习相关理论知识，深刻领会掌握党中央的最新理论成果，扎实练好基本功，具备教学的深厚理论功底。

总之，要结合新任务新要求，深入学习贯彻习近平总书记关于思政课建设的重要论述，牢牢把握思政课立德树人关键课程的定位，要自信自强，守正创新，推动高校思政课高质量发展。农业院校思政课教师应当按照"政治要强、情怀要深、思维要新、视野要广、自律要严、人格要正"的素质要求，与时俱进，将思政课教学与乡村振兴战略紧密融合，坚定全方位服务乡村振兴的使命感与责任感，以强农兴农为己任，努力提高自身的综合能力，在教学全过程中以学生的成长成才为中心，探索提高思政课教学提质增效的多种途径，努力将学生培养成为德才兼备、全面发展的知农爱农新型人才，成为社会主义事业合格建设者和可靠接班人。

参 考 文 献

教育部，2022. 推动高校思政课高质量发展 2021—2025 年高校思想政治理论课教学指导委员会成立大会暨工作会议举行［EB/OL］. http://www.moe.gov.cn/jyb _ zzjg/huodong/202201/t20220107 _ 592985. html.

习近平，2020. 论党的宣传思想工作［M］. 北京：中央文献出版社.

新华社，2019. 习近平给全国涉农高校的书记校长和专家代表的回信［EB/OL］. http://www.gov.cn/xinwen/2019-09/06/content_5427778. htm.

新华社，2019. 习近平主持召开学校思想政治理论课教师座谈会［EB/OL］. http://www.gov.cn/xinwen/2019-03/18/content_5374831. htm.

思政课教学的针对性、实效性微探*

熊学艺

摘　要：本文围绕提高思想政治理论课课堂教学针对性、实效性的策略，阐述了加强调查研究是"基础"，注重课堂建设是"本源"，重点论述了作为首都高等农林高校，打造特色课堂，要重点融合发展实际，融合学校特色，融合学生特点等。

关键词：思政课；调查研究；课堂建设；学校特色

习近平总书记在 2019 年的思想政治理论课教师座谈会的重要讲话中强调，"无论组合拳怎么打，最终要落到把思政课讲得更有亲和力和感染力、更有针对性和实效性上来，实现知、情、意、行的统一，叫人口服心服"。近年，随着各级对思政课的逐步重视，各项思政课措施相继出台，各类思政教学的手段也相继翻新，同时也应该要紧紧抓住思政课改革创新的落脚点，即思政课的针对性、实效性，把道理讲深、讲透、讲活。

一、调查研究打"基础"

灌输是马克思主义理论教育的基本方法。列宁说："工人本来也不可能有社会民主主义的意识。这种意识只能从外面灌输进去。"让学生接受马克思主义，离不开必要的灌输，但这不等于要搞毫无调查研究、毫无针对性的"硬灌输"。调查研究是中国共产党的重要传家宝，是老一辈革命家革命、建设、改革和发展的实践中得来的重要的经验。这里面最有代表性的莫过于毛泽东，仅在 20 世纪二三十年代的土地革命时期，毛泽东就在农村做过十几个系统的调查。其中最著名的是"没有调查，没有发言权""调查就像'十月怀胎'，解决问题就像'一朝分娩'。调查就是解决问题"等。党的十八大以来，以习近平同志为核心的党中央高度重视调查研究工作，习近平总书记强调指出，调查研究是谋事之基、成事之道，没有调查就没有发言权，没有调查就没有决策权；正确的决策离不开调查研究，正确的贯彻落实同样也离不开调查研究。有人经常把思政课比作中央厨房，需要看学生适合什么口味的"菜品"，缺哪个方面的"营养"，而不能搞一味地"自说自话"。当前，我国发展面临新的战略机遇、新的战略任务、新的战略阶段、新的战略要求、新的战略环境。新时代青年学生身处世界百年未有之大变局和中华民族伟大复兴的战略全局之中，他们对国际形势风云变幻、国内改革发展稳定关注程度空前，面对复杂纷繁的各类信

---

* 本文系北京市学校思想政治工作研究一般课题：思政课一体化建设中习近平生态文明思想专题教学研究（XXSZ2022YB53）；2023—2024年北京农学院教育教学研究与改革项目：习近平新时代中国特色社会主义思想的京华实践融入高校思政课研究。

息，青年学生不易甄别分析，为他们解开心中疑惑和疑虑是思政教师躲不开也避不过的责任，思政教师要主动深入学生群体，与他们交心做朋友，及时掌握他们的关注点。多参与学生工作当中，与辅导员、班主任形成双向互动，把思想政治工作和思想政治理论课结合起来看，真正做到深入、身入和心入，对学生兴趣点、知识盲点、理解错误点，有针对性地"对症下药、对账销号"。

二、课堂建设是"本源"

思政课作为青年学生思想道德教育的主阵地，是落实立德树人根本任务的关键课程，承担着培养社会主义建设者和接班人的重要使命，随着近些年思政课的改革创新，各单位坚持开门办思政课，强化问题意识、突出实践导向，充分调动全社会力量和资源，建设"大课堂"、搭建"大平台"、建好"大师资"，"大思政课"建设跃上了一个新台阶。同时，我们也应该看到，目前基础的课堂教学仍然是我们授课的"主阵地"，"主阵地"建设不好，思政课的针对性和实效性也将大打折扣。

1. 严抓学风"不掉线"，让学生"坐得下来"

思政课作为立德树人的关键课程，抓学风建设当仁不让要走在前列。教师"自律严、人格正"方能感召学生，抓学风能力也是思政教师作为"人师"的必要条件。思政课教师需树立"首位"意识，严格课堂秩序，让学生静下心、坐得住。讲清课堂要求。应严格制定教学"约法三章"，既有"缺课、迟到、早退"等行为的负面清单，也要有"主动发言、积极回答、踊跃展示"等行为的正面清单，做到奖惩有标准、奖惩有说法。注重过程管控。通过课前点名、课堂巡视等方式实现课堂监管，增加师生互动的频次，可有效地增强听课效率；坚持量化管理，通过平时成绩记载，做到课堂的表现"一人一课一记录"。坚持课堂反馈。天下之事，不难于立法，而难于法之必行。课后讲评要褒贬结合，要以表扬为主、批评为辅，对"个别同学"做到与其个人、学院、家庭的精准反馈。

2. 灵活教学"不断线"，让学生"听得进去"

课堂的严格要求只能留住"学生的人"，如何能拴住"学生的心"，还需要在教学过程中进行多样化探索，通过多种方式把道理讲深、讲透、讲活，让学生愿意听、喜欢听。课程内容有一定的鲜度。当前国内外形势、党和国家工作任务发展变化较快，新思想、新实践在不断地丰富，思政课教学内容要跟上时代，必须与时俱进、常讲常新才能更好地激发学生的兴趣，提高学习效率。比如，围绕重要纪念日、国内国际最新形势、社会热点新闻等进行导入和学习，能够有效吸引学生关注度。学生有一定的参与度。"思政课要加大对学生的认知规律和接受特点的研究，发挥学生主体性作用。"要善于利用线上平台，多为学生搭舞台、建平台、摆擂台，激发学生学习内生动力。例如，开展"大学生讲思政课"小演讲、短视频作品展播、读书体会分享等活动，可以有效调动学生的参与性。课堂有一定的温度。新时代青年学生需要给予更多的关注和重视，思政教师心中应始终装着学生，注重利用课堂帮助学生做好心理调节，让思政课成为一门有温度的课，增强思政课的亲和力。可以有效利用教学间隙，开展趣味小竞赛、才艺小展示、故事小分享、健康小贴士、影音小赏析等"五小活动"，让思政课堂充满"烟火气"，实现知与情的统一。

3. 实践指导"不离线"，让学生"做得起来"

"要高度重视思政课的实践性，把思政小课堂同社会大课堂结合起来""思政课不仅应该在课堂上讲，也应该在社会生活中来讲"。思政课与现实生活结合紧密，处处、事事、时时都是学生"实验"和"实践"的素材。马克思主义是在实践中形成并不断发展的，是科学的世界观和方法论，要及时地引导学生将自己掌握的理论运用到实践当中。要因材施教，激发学生的实践兴趣，指导学生组建团队，围绕一定的课题进行实践调研、开展科研训练。

三、着眼特色求"活水"

改革创新是时代精神，青少年是最活跃的群体，思政课建设要向改革创新要活力，向特色内容要效益。近年，随着高校思想政治工作的不断改革创新，一堂堂大思政课开到了指尖屏幕上，开到了田间地头，有声有色、有知有味，思政课的内涵和外延都有了显著变化。翻转课堂、手机互动、影视赏析、情景模拟、课堂辩论等教学形式的创新，打破了"我说你听"的传统格局，学生的参与度被大大调动。同时，过分注重教学形式的创新，为了"吸睛"而使得教学内容和过程趋向娱乐化、碎片化甚至随意化，就可能会有削弱思政课的思想性、降低思政课的理论性及消解思政课的政治性等风险。因而，不管形式如何创新，要始终坚守"内容为王"的硬道理，讲清楚"硬核理论"来以理服人，才能真正打动人、吸引人，被悦纳从而潜移默化的入脑、入心。

1. 课程内容融合发展实际

将思政课的教学内容和发展实践相结合，是提高思政课教学针对性和实效性的重要措施。中国特色社会主义进入新时代，党和国家科学地回答了中国之问、世界之问、人民之问、时代之问，采取一系列战略性举措，推进一系列变革性实践，实现一系列突破性进展，取得一系列标志性成果，经受住了来自政治、经济、意识形态、自然界等方面的风险挑战考验，党和国家事业取得历史性成就、发生历史性变革，形成了习近平新时代中国特色社会主义思想。这些丰富的实践和理论成果可触可及、可感可知，是教学的最好素材，要使学生真正感到学习思政课是"管用"的、思政课讲的理论是"生动"的。具体教学过程中，教师在讲授思政理论知识时，要注重从学生的生活实际入手，从学生了解、感兴趣的事物中寻找最能说明问题的案例材料，讲好"中国故事""'三农'故事""京华大地故事"等，由浅入深，从而帮助学生掌握所学理论知识。

2. 课程内容融合学校特色

特色发展是思政课改革创新的着眼点、发力点、落脚点。教学过程中要从学校的定位和特色出发，形成独具"风味"的思政课堂。例如，北京农学院要紧密结合首都高等农林教育办学特色和强农兴农人才培养需求，将"红"的底色与农业院校"绿"的特色紧密结合，围绕乡村振兴战略、北京绿色发展、粮食安全等主题，通过农村社会考察和社会实践，在"三农"发展的广阔大地上学习和积累思政课教学素材。立足学校校史、校情和行业背景，将习近平生态文明思想、习近平总书记关于"三农"工作的重要论述等内容融入课程内容，培育和打造具有北农特色、北农味道的思政课。

3. 课程内容融合学生特点

思政课走进学生生活才有灵魂和生命力。荀子《劝学》曰："吾尝终日而思矣，不如须臾之所学也；吾尝跂而望矣，不如登高之博见也。"思政课要走进生活，用贴近生活的实例来培养大学生了解社会、关切社会的宝贵品质。例如，指导园林设计专业学生参加"青绘团史"大学生创业竞赛、"印迹乡村"创意设计大赛；指导农村经济管理专业学生围绕"红色元素融入文创产品路径探析"、城乡发展专业学生围绕"大学生参与乡村振兴背景下农民讲习所可行性调查"等有较强现实意义的社会实践项目研究，让学生带着思考和求知欲去火热的田间地头、工厂车间去求知探索。通过思政课的有效学习，让不同专业的学生感受到将掌握的理论转变为物质力量的魅力。课堂上的听讲无法提升和内化理论知识，还需要走到群众中去体验，在山路弯弯里去感悟。

改革发展永不止步，思政课程创新发展也永远没有完成时。作为市属农林学校，应紧盯思政课的针对性、实效性，打造具有首善标准、红色基因、北农特色的思政金课，教育引导广大北农青年学生坚定不移听党话、跟党走，努力成为可堪乡村振兴重任、民族复兴大任的时代新人。

参 考 文 献

新华社，2019. 习近平主持召开学校思想政治理论课教师座谈会[EB/OL]. http://www.gov.cn/xinwen/ 2019-03/18/content_5374831. htm? ivk_sa＝1024320u.

新华社，2023. 中共中央办公厅印发《关于在全党大兴调查研究的工作方案》[EB/OL]. http:// www.npc.gov.cn/npc/kgfb/202303/211300729bac42c8ae0e9505e162a46f. shtml.

大学生就业竞争力提升课程体系建设刍议 *

张子睿①　翟明琳　李旖威

摘　要：后疫情时代经济增长速度变化导致就业岗位缩减，劳动力市场供需关系发生改变，海外留学生回国就业意愿增强，国内高校毕业生就业竞争压力明显增大。目前，本科毕业生求职定位不清晰现象比较严重，不能够做到因势而新等问题。直面就业困难，引入系统思维分析高校大学生就业工作难题，从学生综合能力提升入手建立教学模型，通过调整和丰富教学内容，开发大学生就业竞争力提升课程，促进学生就业竞争力提升，是应对困难的重要举措。

关键词：后疫情时代；就业竞争力；非专业素质

一、后疫情时代高校毕业生面临的就业困难

随着国家新冠感染疫情防控政策调整，中国经济面临逐步向好的机遇，但是疫情影响短期不可能消失，最近几年，大学生面临的就业压力十分明显。

（一）新冠感染疫情影响导致就业供需关系发生变化

受新冠感染疫情影响部分行业和企业生产经营还未恢复到疫情暴发前水平，部分微小企业能够提供就业的岗位减少，而疫情对经济的影响有可能将超过 2008 年全球金融危机。联合国《2022 年世界经济形势与展望》报告指出，因为毒株的变异而引发新一轮疫情的暴发，对劳动力市场产生了巨大挑战，供应链面临的问题得不到妥善解决，以及通胀压力的增大，全世界经济复苏即将面临极大阻力。继 2021 年经济增长 5.5% 后，2022 年全球经济预计仅增长 4.0%，2023 年预计增长 3.5%。教育部网站文章《2023 届高校毕业生预计达 1 158 万人》显示，2023 届全国普通高校毕业生规模预计达 1 158 万人，同比增加 82 万人。上述数据表明，2023 年应届高校毕业生人数规模再创历史新高。虽然，疫情防控政策调整会带来经济复苏；但是，由于经济恢复需要一个相对缓慢的周期，目前用人岗位不足是一个十分现实的命题。同时，受疫情影响，三年来，一些抗风险能力较弱的微小型企业举步维艰，甚至面临破产；一些大中型企业在用人方面谨慎保守，减少用工人数，甚至减薪裁员；同时，一些企业认为新冠感染疫情暴发前半年开始入学的学生，相当一部分

---

* 本文系高等教育学会大学生就业创业研究分会 2023 年一般课题：基于互联网直播的大学生就业创业课程开发研究（项目编号：DXCJCFHM2023008）。

① 作者简介：张子睿，男，北京农学院马克思主义学院副教授，主要研究方向为马克思主义哲学、自然辩证法、创造、创新创业理论与大学生素质教育。

课程是在线上进行，实际操作训练不足，难以胜任应用型岗位。

上述原因直接导致部分企业在经济恢复初期更愿意招聘有一定工作经验的应聘者。岗位供给，尤其面向应届毕业生的岗位供给明显少于毕业人数将是一个必然的趋势，2023年起，未来几年毕业生将面临巨大的就业考验。

（二）疫情导致留学生回国意愿增强，国内应届毕业就业竞争力增大

《2021留学生归国求职意向调研》数据表明，2020年海外归国求职人数已高达80万人，2021年的留学生中期盼回国就业的人数与上年相比增加了48％，未来几年内受疫情阴霾、海外移民政策以及国内对留学生的利好政策的影响，回国就业人群只增不减。2021年12月QS发布了《新冠疫情如何影响全球留学生》，报告指出"2021年7—8月，71％的准留学生表示新冠感染疫情确实对他们的留学计划产生影响"。一些国家实施了相当严格的入境条件，也会在一段时间内迫使准留学生推迟留学计划。大量回国寻求就业机会的留学生以及疫情影响而改变留学计划的海外毕业生成为竞争国内就业岗位的重要力量，直接影响到国内应届毕业生的就业形势。

需要指出的是2020年新冠感染疫情暴发，我国执行的是保护人民生命安全的"动态清零"政策；而国外执行的放任型政策。直接结果是2020—2022年，国外因新冠感染疫情导致死亡人数和比例远高于国内。而为了保护人民生命安全，就必须加强管控，做出局部牺牲，这就直接导致国内学生实习、实践机会有所减少；使教学体系变动较少的海外留学生的就业优势开始在应用型、操作型岗位的竞争中显现；这样，国内本科生就业压力将更加明显。

（三）国内二类本科院校学生就业定位模糊

2022年10月，在有关人员的协助下，笔者对京内外几所二本院校2023届本科毕业生就业意向及对当前就业形势的认识进行在线调查，共计1 200人填写问卷，其中有效问卷1 032份。其中有91.06％的应届毕业生意识到就业形势较往年更加严峻，81.43％的毕业生认为自己的就业存在困难。问卷涉及意向就业单位、入职一年内月薪水准、意向就业地区等问题时，结果归纳出以下特点：学生能够意识到受新冠感染疫情影响未来几年就业形势相对严峻，仍有83.04％的毕业生在求职过程中倾向于政府机关、事业单位、国有企业等较为稳定的单位部门。上述信息表明二本院校学生对于就业预期较高，定位模糊。

二、后疫情时代依托教学促进二本学生就业竞争力的总体思路

现代社会的发展对各行各业的工作人员的素质要求越来越高，社会主义经济建设需要的人才，是理想、道德、知识、智力与技能，以及体质、心理素质等诸多因素全面发展，相互协调的人才。人才素质的构成是全方位的，它包括人的知识储备、职业素养、表达能力等。

传统的观点认为，人才按其知识和能力结构的类型可以分为学术型（科学型、理论型）、工程型（设计型、规划型、决策型）、技术型（工艺型、执行型、中间型）和技能型（操作型）。工业文明要求大批训练有素的劳动者，这就要求学校按一个统一的模式把成批学生制造成规格化的"标准件"去满足工业文明的需要。现代社会对人才需求是全方位的，对人才的素质要求也是全方位的。在扎实的本专业基础理论和专业应用技能之外，人

的非专业素质成为衡量人能力的关键。因此，人才需求的类型与传统的类型有着较大的区别，即便是普通劳动者也不是简单操作型人才。

适应现代社会的人才所需的能力主要有思维能力、表达能力（包括书面表达能力和口头表达能力）和解决问题能力。在此基础之上加上良好的心态就形成了现代人才社会实践能力体系（图1）。简而言之，人才能力的核心就是以良好的心态支配的创造性解决问题的能力。

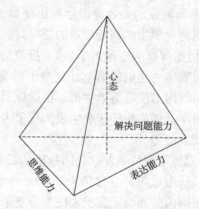

图 1　现代人非专业能力体系结构

随着高校扩招，趋同的专业明显增多，而这些专业的竞争，必然导致用人单位以学校类型对学生进行分类。二本学校本科生处于十分不利的位置。在同类学校的竞争中，由于专业课程趋同，用人单位往往以学生非专业能力和素质作为面试的重要内容。

分析图 1，不难发现，要提高学生非专业能力，就要引入系统观思维，首先培养大学生创新精神和实践能力，进而建构一个有利于提升就业竞争力的体系，这是后疫情时代依托教学工作提升二本学生就业竞争力的有效途径。

三、后疫情时代大学生就业竞争力提升课程体系建设的具体设想

新冠感染疫情暴发导致就业压力加大，部分非农院校学生向"三农"领域寻求出路，使农林院校原有就业渠道受到冲击。基于此，开发相关课程提升学生就业竞争力，助力就业工作是必然选择。按照"提升学生就业竞争力，实现北京农学院学生在同类专业求职者竞争中占先"的目标在公共选修课中设计"就业基础素质"类课程，是有效的措施；因此，在具体的工作中做好如下几项工作。

首先，要找准"就业基础素质"类公共选修课的定位。

一方面，要认识到"就业基础素质"类公共选修课定位为通识类课程，是对"职业生涯"等就业类课程的补充，是需要大学生根据个人兴趣、爱好进行选择的，因此，需要选择更加生动多样的教学方法，更加注重坚持理论联系实际。联系经济全球化和世界多极化的发展趋势；社会主义市场经济的发展和中国特色社会主义建设面临的新情况和新问题等国内外形势的发展变化；同时，联系学生关注的重大理论问题和大学生的思想实际。教学内容要体现贴近实际、贴近生活、贴近群众的"三贴近"理念。在此基础上，联系理论界和学术界的热点问题和前沿问题，提倡研究型教学。同时，在选择案例中要努力做到，案

例要非常熟悉，不能太生僻；案例要生动形象，新鲜活泼；案例要与基本理论具有内在联系；案例不能太多，以免喧宾夺主。

另一方面，要认识到"就业基础素质"类公共选修课本质上还是就业类课程，课程的全部内容需要与就业工作理论密切相关，而且要求教师在与就业指导教师沟通后完成教学过程。这就要求主讲教师要始终站在理论前沿，正确处理好科学性、理论性与生动性、趣味性的关系。要时刻牢记科学性、理论性是第一位的，是教授"就业基础素质"类公共选修课的根本。"就业基础素质"类公共选修课也需要用真理的力量和逻辑的力量来教育学生。生动性和趣味性是为增强理论的吸引力而服务的，切不可喧宾夺主，更不可以为了生动而生动，丧失了其理论课的功能，而沦为故事会、聊天室。同样，在选择案例中要按照课程思政的标准努力做到：案例要有典型性、不能泛泛而谈；案例要真实、完整、有头有尾；案例要经过精心准备、不能信手拈来；案例要能够揭示深刻的理论内涵、不能只是就事论事，也不能哗众取宠；案例要以正面为主、反面案例要慎重选择，并要注意教学效果，避免带来消极影响。

其次，要牢牢抓住农林院校特色，确立"就业基础素质"类公共选修课开发方向。在具体工作中建议从如下几个方向入手，设计课程。

第一，围绕"特岗教师计划"三项考试开展针对性工作。疫情防控常态化后，参加公务员、事业编、"特岗教师计划"三项考试者逐年增加。建议教师从常规备考与到岗所需"软实力"两个角度出发开发课程。

第二，开展"自媒体＋"创业教育。将学生所需专业与自媒体等新兴领域有机结合，引导学生投身"三农"特色创新创业，守住"三农"领域创业渠道基本盘。

第三，开发"就业软实力提升"课程。各高校专业培养计划主课趋同，导致人力资源主管关注学校排名，在同类型学校中关注非专业素养。建议围绕心理素质、表达能力、人文素养、面试技巧等公共素质，开发通识课程，提升北京农学院学生"就业软实力"，争取在应用型高校毕业生竞争中占得先机。

最后，形成逐步提升的系列课程，形成可持续发展的后劲。

在具体的课程设计中，建议如下：

第一，围绕公务员、事业编考试，开发《预备公务员基本训练》课程，围绕公务员考试准备、公务员的思维方法、写作能力、调研方法、数据处理方法开展教学，使学生熟悉公务员考试基本要求，补充社会上公务员考试备考不讲述的内容。

第二，围绕"特岗教师计划"开发"农耕文化与教育""教师创造创新能力提升""劳动教育预备教师"相关教学内容，逐步从多门课试开，整合为一门服务于报考"特岗教师计划"和准备投身基础教育的学生的课程。

第三，适应"自媒体"产业发展，开展"自媒体创新创业"教育，结合自媒体直播等业态，开展"自媒体＋"创业教育，并努力在公益创业等能够与"三农"工作形成紧密联系的领域形成特色。

第四，围绕"就业软实力提升"开发学生急需的口头表达能力、艺术鉴赏能力、综合实践能力提升等课程，形成"就业基础素质"类公共选修课支撑体系。

参 考 文 献

IEIC 国际创新教育，2022. 2022 年 QS 官方解读：新冠疫情如何影响全球留学生？[EB/OL]. https://www. 163. com/dy/article/GTKJ5ROC0538B96M. html.

教育部，2023. 2022 届高校毕业生规模预计 1076 万人[EB/OL]. http://m. moe. gov. cn/jyb_xwfb/xw_zt/moe_357/jjyzt_2022/2022_zt18/mtbd/202211/t20221118_995344. html.

蓝橡树，2021. 2021 年国内求职人数破千万，归国留学生就业难上加难[EB/OL]. https://www. sohu. com/a/469412056_124768.

倪月菊，2020. 新冠疫情下的世界经济形势分析 [J]. 沈阳干部学刊（2）：5-6.

姚坤，2022. 全球经济走向危机边缘？联合国发布《2022 年中世界经济形势与展望》[J]. 中国经济周刊（10）：103-105.

"三全育人"视域下高等院校公共基础数学课程教学模式研究 *

颜亭玉①

摘　要： 习近平总书记对高等教育的发展提出了"全员育人、全过程育人、全方位育人"的新要求，为新时代高等教育事业发展指明了方向。本文旨在高等院校全面推进"三全育人"工作背景下，开展公共基础数学课程的相关研究，挖掘数学课程和教学设计中蕴含的思想政治教育资源，探索适合现代高等教育发展的公共基础数学课程改革模式，完善内涵拓展、融合创新的多元大学数学教学体系，进而推动高等院校"三全育人"视域下所有公共基础课程的教学研究。

关键词： 三全育人；大学数学课程；教学改革

习近平总书记在全国高校思想政治工作会议上强调，要坚持把立德树人作为中心环节，把思想政治工作贯穿教育教学全过程，实现全员育人、全程育人、全方位育人，努力开创我国高等教育事业发展新局面。

高等院校公共基础数学课程课时多，战线长，覆盖面广，且在教学过程中有其独有的特点，忽略数学课程与其他理工类课程、人文社科类课程的差异性，显然不能充分切合"三全育人"理念。本文旨在研究显性教育和隐性教育相统一，挖掘数学课程和教学方式中蕴含的思想政治教育资源，完善内涵拓展、融合创新的多元大学数学教学体系。

大学数学教学不仅为学生后续课程提供了必不可少的数学知识和数学思想，还蕴含着丰富的情感、态度和价值观等众多的育人元素，对培养学生正确的世界观、人生观和价值观皆可起到相当重要的作用。充分探索和发挥公共基础数学课程的育人功能，将"三全育人"理念贯穿教学全过程，实现知识体系教育与思想政治教育的融合发展，使公共基础课程教学与课程思政工作同向同行，推进学生理想信念、品德修养、综合素质的全面提升，实现立德树人的育人目标。

现阶段关于公共基础数学课程思政育人途径的探索大多关注数学课程内容，"三全育人"视域下覆盖思政教育各环节的教学模式研究较少。构建"三全育人"视域下高等院校公共基础数学课程教学模式，全面推进"三全育人"综合改革，从全员育人、全过程育人和全方位育人三方面，改革公共基础数学课程教学过程中的组织体系、课程体系与教学体系。

---

* 本文系北京农学院"概率论与数理统计"课程思政建设；北京市高等教育学会：应用型高校大学数学课程思政建设与实践（MS2022060）。

① 作者简介：颜亭玉，女，硕士，教授，主要研究方向为应用数学。

一、以教师队伍与学生管理团队为依托，构建多元协同的组织体系

一方面，根据基础课程教学过程，结合"全员"的内涵阐释和要素构成，从课堂、学校、社会等角度挖掘育人主体，科学制定育人职责承载方案。建设一支以专职教师为骨干，以学生管理团队和朋辈群体为补充的组织体系。开通基础教师与专业导师的沟通渠道，以服务学生后续专业需求，改革数学课程教学内容与形式。探索全员参与的合理方式与实践边界，构建多方联动、合力育人的机制。

另一方面，抓住公共基础数学课程改革的核心环节，充分发挥教师队伍育人的主体作用，探索科学机制，全面提升教师队伍课程思政素养。通过交流、研讨、培训等多种形式，转变部分教师轻视育人责任的思想，将思政元素有效融入大学数学课堂的教学，明确基础课程对学生的人文素养、理性思维和价值观塑造的重要性，加深对数学课程的思想政治教育内涵的开发。

二、以育人大纲与思政资源为载体，构建全域覆盖的课程体系

公共基础数学课程是大学一二年级的主修课程之一，要结合学生在校及后续进修或工作的成长过程，将思想政治工作融入教育教学全过程。

首先，从课程顶层设计出发，编写数学课程育人大纲。梳理数学知识中所蕴含的思想政治教育元素，包括诸如价值观、人生观、道德观、专业发展史、数学史、中国和世界文化等丰富广泛的内容，确定具体章节育人形式和目标，编写数学课程育人大纲，为后续教学设计和教学方法改革提供纲领。纵向分层次，横向分模块，结合各门数学课程教学内容及支撑人才培养途径，优化各门数学课程的育人大纲，明确不同课程思政建设重点及实施策略。同时，通过修订教学大纲，引导教师提升综合素养，增强数学教师对思政教育融入专业教学的认同感，从而以身作则，做好正向思想引导和正确行为示范，在课堂教学中潜移默化地影响学生。

其次，挖掘"高等数学""线性代数"和"概率论与数理统计"三门数学课程知识体系与能力培养的内在贯通性。从多个视角、多种形式、多种途径深入研究数学课程中的思政育人资源。从数学发展史、数学文化、哲学思想、数学方法应用、软件操作等方面，建设系统化的教学案例库、课件、微课等教学资源，做到抽象理论"可视化"、实践应用"可操作"、思政元素"形象化"。同时，结合高校人才培养的目标，解决重理论推导轻实际运用、与各领域横向联系较少、理论课和实践课缺少整合、立德树人功能未能充分发挥等问题，建设兼顾理论与实践的教材，精心设计专业应用模型、软件操作、动态演示、思政案例等数字化资源，有效整合纸质教材与数字化资源，满足学生个性化学习需求。

最后，完善后续数学类课程建设，根据学生学业需求，结合专业特点，开设拓展型课程，保障全域覆盖的数学教学体系。针对低年级学生，将数学与生活、数学与自然、数学与人文等结合，丰富学生的数学认知，引导学生主动思考，提升数学素养；针对高年级学生，强化数学知识与专业结合的能力培养，提高数学建模与技术训练的应用能力，鼓励学生参加数学建模竞赛与创新大赛，引导学生开展科研训练并发表研究论文，充分发挥非思政类专业课程的育人功能。

三、以创新教学模式与考核方式为保障，构建全方位融合的教学体系

完善内涵拓展、融合创新的多元大学数学教学模式。结合新型教学模式与传统课堂的优点，通过教学实践，探索现代教育技术结合课堂教学过程的应用效果及具体使用频率、反馈方式、与知识点衔接等具体教学设计环节。利用可交互教学系统，引入情境式和引导式教学，巧妙设置反馈环节，让学生真正参与到教学过程，体验主动思考和成功解决问题的成就感，激发学生行为参与、思维参与和情感参与的积极性，切实做到学以致用，践行知行合一。

创新多维度课程学习评价体系。创新课程考核方式，将知识应用、迁移及内化效果设计为考试题目，数学素养及价值观分析设计为考察题目，结合过程化知识考察结果、建模课题完成度、课堂互动效果等环节，创建融合育人效果评定的课程评价体系。依托丰富的线上资源，充分利用先进的教学平台，引导学生自主学习、测试，通过课堂质疑、分组讨论、课题答辩、课下多渠道交流，培养学生的自主学习能力和批判性思维，增强社会责任感与实践创新能力，奠定全面可持续发展基础。

四、结语

大学数学课程为理、工、农、医各学科奠定必需的数学知识和能力，也为学生实现多学科知识迁移提供数学思维的保障，使之不仅能够处理涉工、涉农、涉林技术复杂问题，更能在更广阔的学科专业空间中探索各种可能出现的问题，对培养学生知识素养、科学精神、创新思维和家国情怀具有重要意义。

通过多元课程体系的载体建设，从数学理论到先进实践应用探究的新型课程体系和教学模式，做到思政寓课程、课程融思政，从而丰富全员、全过程、全方位的育人格局。

围绕立德树人根本任务，以价值塑造为引领，以现代信息技术为依托，实现思想政治教育与基础课程相融通。通过多元课程体系的载体建设，从数学理论到先进实践应用探究的新型课程体系和教学模式，形成"三全育人"视域下多元协同的组织体系、全域覆盖的课程体系和全方位融合的教学模式。

参 考 文 献

高歌，赵丽娜，2019.，构建"三全育人"新平台的实践探索［J］. 学校党建与思想教育（10）：32-34.

寇广涛，岳敏，武镒，2018. 新形势下高校"立德树人"和"三全育人"的发展路径研究［J］. 教育探索（4）：84-88.

秦厚荣，徐海蓉，2019. 大学数学课程思政的"触点"和教学体系建设［J］. 中国大学教学（9）：61-64.

新华社，2019. 用习近平新时代中国特色社会主义思想铸魂育人贯彻党的教育方针落实立德树人根本任务［EB/OL］. https://baijiahao.baidu.com/s? id＝1628382900853298715＆wfr＝spider＆for＝pc.

闫莉，闵兰，李为，2021. 大学数学基础课程思政的教学设计研究——以概率论与数理统计课程思政为例［J］. 西南师范大学学报（自然科学版）（5）：186-189.

郑永安，2018. 以立德树人为根本全力构建"三全育人"体系［J］. 中国大学教学（11）：11-14.

北京农林高校公共音乐课调研及课程体系建构与实施[*]

张　琳^①　王玉辞^②

摘　要： 农林高校公共音乐课程体系是针对以学习农林专业为主的学生的教育方案的制定与实施。笔者对 230 名农林高校学生进行了线上调研，借鉴国内外其他普通高校的音乐教育教学情况及课程设置，并根据教育部近年下发的关于素质教育的相关文件精神要求，对北京农林高校公共音乐课程体系提出初步实施方案。

关键词： 农林高校；大学生；音乐；课程规划

中共中央办公厅、国务院办公厅于 2020 年 10 月联合印发了《关于全面加强和改进新时代学校美育工作的意见》，提出美育是审美教育、情操教育、心灵教育，也是丰富想象力和培养创新意识的教育，能提升审美素养、陶冶情操、温润心灵、激发创新创造活力。为了贯彻落实习近平总书记关于教育的重要论述和全国教育大会精神，进一步强化学校美育育人功能，构建德智体美劳全面培养的教育体系，根据《意见》中的各项要求，笔者对北京市农林高校大学生进行了音乐类课程的问卷调查。

一、大学生对音乐类课程及艺术活动的认知情况

1. 大学生对音乐感兴趣的程度

被调查学生中，大一学生占比为 73.48%，大二学生占比为 20.87%，大三学生占比为 4.78%，大四学生占比为 0.87%。其中，文科生占比为 35.22%，理科生占比为 64.78%。调查数据显示，对音乐"非常感兴趣"和"较感兴趣"的占比为 90.86%，"无所谓"态度的占比为 8.70%，对音乐"很讨厌"的占比为 0.44%（图 1）。

2. 大学生对音乐的了解程度

根据数据显示，大部分学生认为自己对音乐的了解为"一般了解"或"了解一点"，仅有 5.22% 的学生选择对音乐"非常了解"，10.87% 的学生认为自己对音乐"完全不了解"（图 2）。

＊　本文系北京农学院 2021—2022 年教改项目：北京普通农林高校公共艺术课程体系构建及运行机制创新的研究——以北京农学院为例（BUA2021JG57）。

① 作者简介：张琳，女，硕士，副教授，主要研究方向为音乐教育。

② 作者简介：王玉辞，女，硕士，副研究员，主要研究方向为中国古代史。

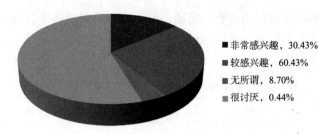

非常感兴趣，30.43%

较感兴趣，60.43%

无所谓，8.70%

很讨厌，0.44%

图 1　大学生对音乐的兴趣程度

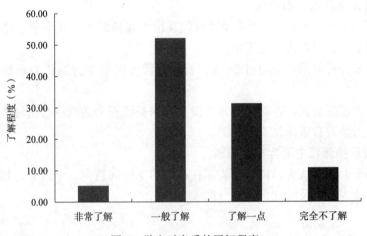

图 2　学生对音乐的了解程度

3. 大学生对于音乐能够提高个人审美素养的看法

大部分学生认为音乐对一个人的审美素养提升是不可或缺的，占到总人数的 63.48%，由此可以看出学生对音乐类课程的重要性有清晰的认识（图 3）。

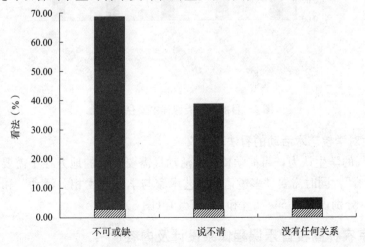

图 3　学生对于音乐提高个人审美素养的看法

4. 大学生认为提高音乐修养的有效途径

调查问卷中所列举的 5 个主要途径（音乐课程、音乐讲座、艺术实践活动、自己查阅相关资料、同学间相互交流）均占有一定的比例，在分析对比各个途径所占的比重虽有差异，但是差异并不是非常明显，可以理解为问卷中的五个选项在大学生心目中都是提高音乐修养的主要途径（表1）。

表1　各种途径被认为最有效提高音乐修养的百分比　　　　　　　　单位：%

	音乐课程	音乐讲座	艺术实践活动	自己查阅各种资料	同学间相互交流
最有效途径	28.70	8.26	43.48	10.43	9.13

5. 修读音乐课程是否有收获

有42.61%的学生表示学习音乐类课程收获很大或是较大，其余学生感觉修完音乐类课程之后收获不大、没有或是说不清。

通过进一步分析显示，学习过2～4门音乐类课程的学生普遍认为研修音乐类课程会有很大收获。

从问卷中也可以看到，在教学计划中设置音乐类课程为必修或必选修音乐类学分的学生更倾向于认为学习音乐课是有收获的。

6. 目前音乐类课程主要存在的问题

有超过一半的学生认为目前音乐类课程存在的主要问题在三个以上，其中音乐类"开课科目太少"成为被提及的比例最多（图4）。

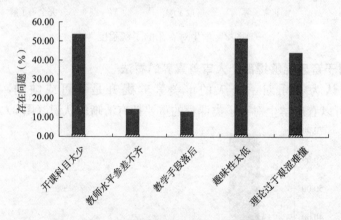

图4　目前音乐类课程主要存在问题

7. 大学生对学校艺术活动的看法和建议

有41.74%的学生认为，目前学校艺术活动最需要改进的地方在于需要"增加更多更丰富的活动内容"，同时需要"多邀请校外艺术家与学校艺术相关活动"和"学校给予专项经费支持"（分别占比为54.78%和50.87%）（图5）。

二、北京农林高校音乐课程体系设计及内容

（一）课程规划理念

根据问卷报告中学生的音乐基础、理解程度以及在音乐方面的个性化发展需求，本课程体系力求在为农林专业学生搭建一个不断完善的学习平台，使学生对于音乐类课程的学

习能够获益。

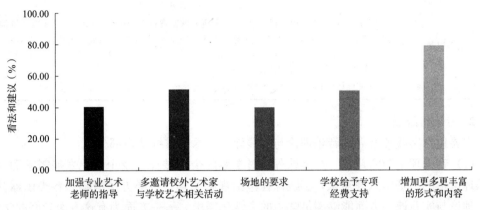

图 5 大学生对学校艺术活动的看法和建议

（二）课程体系设计依据

（1）对中国农业大学、北京林业大学、北京农学院 230 名本科生进行问卷调查及分析。

（2）美国犹他山谷大学、北京科技大学公共音乐课程表。

（3）教育部下发的关于艺术教育文件。

（三）课程体系的内容

1. 音乐知识

（1）音乐知识通识教育。音乐通识教育是目前在高校中普遍采用的音乐教学方式，它的教育本质是审美教育，主要是借助音乐形式让学生的综合素养得到有效提升，帮助学生在音乐专业知识学习过程中得到更好的艺术熏陶。

音乐通识教育课程是一个需要不断完善的重大工程，通过探索有效方式让专业学生在音乐基础课程上提高音乐素养、培养健全人格等方面是音乐通识教育课程构建的主要目标。

在调查问卷中显示，有 10.87％ 的学生对于音乐"完全不了解"，由此可见，在通识教学中，要使学生建立起音乐知识的基础，建立起正确的音乐审美观念，并在此基础上培养其艺术思考能力。按照教育部的规定，各高校应配备足够的师资力量，使其能够适应大多数学生的需要。

（2）音乐素养延伸课程。课程旨在从历史、人文、社会、科学等多个方面来解读音乐的深层内涵，从而获得对其深层内涵的体悟和了解。一方面通过欣赏美、感受美，逐渐将"美"作为一种思维习惯，从而提高学生的生命质量，实现与社会和谐相处；另一方面也满足了调查中 51.30％ 的学生提出的增加课程种类的需求。

基于上述考量，针对北京农林高校大学生公共音乐课课程规划体系的设计如表 2 所示。

表2　农林高校公共音乐课课程体系

课程体系	
音乐通识课	"音乐鉴赏""中华民族音乐鉴赏""中西方歌剧赏析""交响音乐欣赏""民族乐器演奏与赏析""中国现代音乐""世界民族音乐欣赏""电影音乐赏析""古典音乐欣赏""西方现代音乐欣赏""音乐剧鉴赏""流行音乐欣赏""电子音乐赏析""轻音乐欣赏""爵士音乐赏析""钢琴作品赏析""舞剧音乐欣赏"等
音乐素养扩展课	"艺术导论""西方音乐史""中国近现代音乐""艺术与审美""音乐评论"等

2. 音乐实践课

主要包括实践类所需的音乐理论与实践课、艺术团排练课两部分。

（1）音乐理论与实践课。这类课程针对学生的个体差异性及个性化发展需求而设置。音乐理论指的是基本乐理知识，实践课程包括视唱练耳、各类方法演唱和各类乐器演奏，音乐理论与实践课一方面能够满足学生的个性化需求，另一方面为有这方面爱好的学生提供了音乐实践的平台，实现在音乐技能上的普及，同时呼吁越来越多的学生加入音乐社团，从而推进校园文化的建设。

（2）艺术团排练课。从本次调查问卷的结果显示，当前大学生对学校艺术活动满意度不高，这也直接影响了他们主动参与提升自身艺术素质的积极性。学校应该通过丰富多彩的校园艺术活动营造自身独特的人文环境，艺术在校园文化构建的过程中是不可或缺的重要一环。艺术社团作为学校音乐教育的亮点，在校园文化氛围营造过程中往往能够起到示范和推动作用。将学校艺术团排练纳入音乐教学计划中，通过课内课外有机结合来不断促进艺术团的表演水平的提升。

三、北京农林高校音乐课程体系的实施

（一）制定以审美为核心的音乐通识教育课程体系

建立完善音乐通识教育课程体系，应当将音乐的功能与价值体现出来，通过音乐教育实现审美教育。在确定音乐通识教育目标方面，可以通过借鉴国内外高校在该领域的优秀经验，然后再结合我国国情，进一步明确音乐通识教育的最终目标。所确定的音乐通识教育目标中，应当涵盖音乐功能与价值，将音乐与中华优秀传统文化和民族精神相结合，让学生深刻体会音乐文化的精髓。

（二）提高音乐通识教育师资力量

由于本课程体系设计的课程面广、种类繁多，许多高校都不能够独立开设通识教育课程，需要由校内教师与校外专家共同完成，组建高校教师与专家相结合的音乐师资队伍。

为了更好地发挥音乐通识教育的效果，应当在完善音乐通识教育课程体系过程中进一步优化和完善师资力量，并且在教育课程体系中明确要求音乐教师通过不断学习提高自身音乐通识教育方面的专业水平，以确保其能够在教育工作开展上发挥出更高的成效。音乐教师除了拥有扎实的学科知识基础外，还必须对音乐作品有全面的了解，如音乐作品的历史背景、情感特征、创作理念、审美意义、社会习俗、文化传承等。这样才能够确保音乐教师在音乐通识教育工作开展中能够更好地从多个方面对学生进行音乐指导，从而提高学生的文化品位、文化精神，进而帮助学生树立正确的人生观、价值观。

与此同时，在音乐通识教育课堂体系中，还应当补充教师提高创新精神的任务，不断完善教学方式，调动学生学习音乐知识的积极性，以确保音乐教师在音乐通识教育过程中能够改变传统教学理念，迎合时代发展，充分结合最新的教学科学成果来展开音乐通识教育，从而能够有效提高音乐通识教育效果。

四、总结

随着我国高等教育改革的不断深入，为了提高学生审美和人文素质，以培养人才为目的的人才培养方式要贯穿学校教育的各个阶段。面向高校学生开展音乐通识教育，能够让学生对音乐知识结构有更为全面的了解，并且能够培养学生的音乐素质、社会责任感，为实现学生个体的全面协调发展，提供广阔、丰富、健康、和谐的校园人文艺术氛围和平台。

希望通过本文的研究能够帮助北京农林高校完善音乐通识教育课程体系规划，提高音乐通识教育质量，促使学生得到更为全面的成长，对于推动音乐教育事业发展也具有极为深远的意义。

参 考 文 献

高平，2021. 音乐通识教育课程体系构建的不足及改革建议 ［J］. 戏剧之家（22）：101-103.

孔宏娟，2020. 高校音乐教育课程体系改革探索——评《普通高校音乐人才培养模式研究》［J］. 中国高校科技（12）：19.

李丹丹，2016. 普通高校音乐素质教育的内容与课程体系研究 ［J］. 黄河之声（14）：32-33.

吕彪，2018. 高校公共音乐教育课程体系创新研究 ［J］. 艺术评鉴（8）：87-88.

徐春艳，2010. 高校音乐教育学科课程体系与内容优化 ［J］. 沈阳师范大学学报（6）：113-115.

新文科背景下的大学英语课程思政路径实践 *

张德凤①

摘　要：全面推进课程思政建设，是教育部提出的落实立德树人根本任务的战略举措。《大学英语教学指南》（2020 版）重点强调了大学英语课程思政的任务，因此大学英语一线教师在教学中应依据《大学外语课程思政教学指南》（2020 版）的要求，结合大学英语课程人文性和工具性的基本特征，从教学目标、教学内容、教学方法、教学评价四个方面来进行思政设计，从而实现大学英语教学的立德树人目标。

关键词：大学英语；课程思政；教学设计；立德树人

《大学英语教学指南》（2020 版）指出，"大学英语教学应主动融入学校课程思政教学体系，使之在高等学校落实立德树人根本任务中发挥重要作用"。在新时代背景下，外语教师在课堂教学中要有机融入以立德树人为根本任务的课程思政教育理念。《大学英语教学指南》（2020 版）提出大学英语"是大多数非英语专业学生在本科教育阶段必修的公共基础课程和核心通识课程"，提出英语课程思政的基本要求，明确大学英语课程的人文性包涵了中国文化理解、课程思政、立德树人等内容。

教育部高等学校大学外语教学指导委员会于 2021 年发布《大学外语课程思政教学指南》，对大学外语课程思政教学目标、教学内容、教学设计、教学方法与手段等均提出明确要求。蔡基刚（2021）认为，大学外语通识课程内容应进行四个转变：一是从外向性的跨文化交际教育转向内省的立德树人教育，二是从单一的人文教育转向与科学教育相结合，三是从外语通识教育转向专业通识教育，四是从文化素质培养转向批判性思维和沟通能力培养。

在上述两个指南的指导下，国内的高校外语教师开始进行教学改革与尝试。在实践和探索过程中，很多外语教师都不同程度地出现了教学问题，如没有把握外语教学的本质，或欠缺理论与实践相联系和转化的能力等（杨鲁新，2021）。因此，如何结合具体教学实际进行有效的课程思政实践，是值得高校英语教师认真思考的问题。

一、大学英语课程思政内涵

《高等学校课程思政建设指导纲要》指出，"课程思政建设内容要紧紧围绕坚定学生理想信念，以爱党、爱国、爱社会主义、爱人民、爱集体为主线，围绕政治认同、家国情

---

* 本文系北京农学院教育教学改革研究项目资助（BUA5046516648/202），立项单位：教务处。

① 作者简介：张德凤，女，硕士，副教授，主要研究方向为应用语言学，英语教学法。

怀、文化素养、宪法法治意识、道德修养等重点优化课程思政内容供给，系统进行中国特色社会主义和中国梦教育、社会主义核心价值观教育、法治教育、劳动教育、心理健康教育、中华优秀传统文化教育"。

作为我国高等教育的重要组成部分，大学英语是大多数非英语专业学生在本科教育阶段必修的公共基础课程，对于促进大学生知识、能力与素质的协调发展具有重要意义。《大学外语课程思政教学指南》（2020 版）指出，大学英语课程"兼具工具性和人文性，人文性的核心是以人为本，弘扬人的价值，注重人的综合素质培养和全面发展，社会主义核心价值观应有机融入大学英语教学。大学英语课程的工具性是人文性的基础和载体，人文性是工具性的升华"。

根据上述文件，大学英语课程思政教学设计应遵循以下三条基本原则：

第一，价值引领性。大学英语课程思政要在整个语言和知识学习过程中贯彻立德树人任务，保证学生在掌握语言知识的同时，形成正确的人生观和价值观。教师始终以社会主义核心价值观为导向，有针对性地开展英语教学活动，通过精心设计的活动来教会学生树立正确的立场，运用正确的观点方法去分析问题。

第二，协同性。大学英语课程设计有必要关注以下几个方面的统一：①课程目标中知识培养、能力提升、价值塑造的统一；②显性教育和隐性教育的统一；③正面引导与反面剖析的统一。英语教师要挖掘教材中蕴含的隐性思政元素，并有机融入英语课堂教学，做到"盐溶于水"，从而实现显性教育和隐性教育的有机结合；在挖掘课程思政元素时，应充分考虑时代特色和学生特征，结合语言知识，达到思政与学生成长和发展的有机结合；另外，教育方法做到中外比较，体现跨文化特征，使正面引导与反面剖析互为补充。

第三，系统性。系统性就是要聚焦爱党爱国爱人民的主线，围绕政治认同、家国情怀、文化素养等思政重点，系统进行以下几个方面的教育：中国特色社会主义、中国梦、社会主义核心价值观、法治、劳动、心理健康、中华优秀传统文化等，循序渐进、有条不紊地逐步将思政内涵巧妙融入教学整个过程，从而在真正意义上落实立德树人的根本任务。

二、大学英语课程思政教学设计

在课程思政教学设计的三条基本原则的指引下，根据《大学外语课程思政教学指南》（2020 版）要求，大学英语课程思政的教学设计应充分认清大学英语课程定位与思政使命，围绕大学英语教学的不同层面科学、有序组织和安排教学（向明友，2022）。

《大学外语课程思政教学指南》（2020 版）强调大学英语的立德树人使命，强化课程思政理念，要求充分挖掘英语课程蕴含的思政和情感元素，在知识传授与学习中通过价值引领、实践应用实现知、情、意、行有机统一。

《大学外语课程思政教学指南》（2020 版）结合大学外语课程特点，制定课程思政指导意见，提出将思想政治理论教育贯穿人才培养的全过程。外语教师要认真吃透教材，仔细设计教学活动，努力把立德树人落实到外语教学的全部过程中，这是新时代每一位英语教师的历史使命和责任担当。

大学英语课程强调立德树人，关注学生的"思想道德修养、人文素质、科学精神、宪法法治意识、国家安全意识和认知能力"的培养（向明友，2020）。因此，外语教师的使命在于：挖掘教材中的丰富思想和文化内涵，加强学生对外国文化的了解与反思，帮助学生深度理解中国传统文化，加深对家国情怀和社会主义核心价值观的认知，帮助学生树立正确的世界观、人生观、价值观，全面落实立德树人的根本任务。

三、大学英语课程思政教学设计实例

根据《大学外语课程思政教学指南》（2020 版）要求，大学英语课程思政教学设计具体可围绕教学目标、教学内容、教学方法和教学评价四个方面展开。

1. 教学目标设计

《大学外语课程思政教学指南》（2020 版）提出落实立德树人根本任务，教师要着力挖掘大学外语教学材料中的思政元素，将其有机融入教学活动，以润物无声的方式渗透教学全过程，并有效促成学生社会主义核心价值观内化。根据《大学外语课程思政教学指南》（2020 版）要求，大学英语课程思政的教学目标设计应聚焦关键能力与核心素养，如批判能力和创新能力等高阶认知能力。下面以新版《大学英语》第二册的 6 个单元为例（表 1）。

表 1　全新版大学英语第二册 6 个单元的主要内容

单元	单元一 Live and learn	单元二 A sporting chance	单元三 Breaking news	单元四 Animal magic	单元五 Time off	单元六 Crime wave
主要内容	一名外国数学教师教会学生如何独立思考的故事	中国古代和古希腊对运动的重视	记者的责任有哪些	瑞士如何对待动物的权益	如何度过闲暇时光	摩洛哥维护法律与秩序的方式

针对 6 个单元，教师有必要去进行深层次挖掘，如何去有意识地培养学生的政治认同、家国情怀、文化素养、宪法法治意识、道德修养等，让学生认识到什么是中国特色社会主义，中国梦的内涵是什么，对学生进行社会主义核心价值观法治、劳动、心理健康以及中华优秀传统文化的教育。

2. 教学内容设计

教学内容设计需要协同性，需要显性与隐性相结合，要溶"盐"于水。因此，把单元的主要内容与思政元素有机结合，是教师需要认真思考的问题。以下 6 个单元，可以从批判和创新能力培养、民族认同、家国情怀、道德观念、社会主义核心价值观和法治观念等角度进行内容的设计（表 2）。

表 2　6 个单元的思政元素设计

单元	单元一 Live and learn	单元二 A sporting chance	单元三 Breaking news	单元四 Animal magic	单元五 Time off	单元六 Crime wave
思政元素	独立思考能力、批判思维、创新思维	民族自豪感和勇于挑战的精神	社会主义新闻工作者的责任；讲好中国故事	尊重、感恩、珍惜和关爱动物	健康的三观和健康的休闲娱乐观	增强法制观念、树立法律意识

3. 教学方法设计

教学方法是为完成教学目标和任务而采用的方式与手段。为有效完成大学英语课程思政教学目标和任务，须正确选择和合理运用教学方法。教学方法针对不同的内容，可以线上线下相结合的混合式教学、翻转课堂、小组讨论、报告、辩论等形式（表3）。

表3　6个单元的教学方法设计

单元	单元一 Live and learn	单元二 A sporting chance	单元三 Breaking news	单元四 Animal magic	单元五 Time off	单元六 Crime wave
教学方法	讨论中国有独立思想的科学家、文学家、政治家，挖掘他们身上的闪光点	看视频：冬奥会开幕式和运动员在赛场上的拼搏场面	新闻舆论战线工作者群像：报道自己身边的新闻	观看《忠犬八公》，《一条狗的使命》《忠爱无言》，进行动物故事分享	网瘾案例；辩论网络的利弊，健康的休闲方式分享	区分违法犯罪行为；辨别学术抄袭；培养知识产权意识

4. 教学评价设计

课堂评价可采用多元评价方式，比如形成性评价与终结性评价相结合，北京农学院采取的比例是形成性评价占比50%，期末的终结性评价占比50%。形成性评价则包含了更多教师对学生的评价、师生合作评价、学生自评与互评等。通过多元评价体系，如课堂观察、成长记录、活动报告、反思性日志等，以全面地反映学生的总体收获。

四、结语

本文从课程思政内涵着手，分析了大学英语课程思政教学设计的基本原则，并结合实例从教学目标、教学内容、教学方法和教学评价四个方面讨论了大学英语课程思政教学设计的具体做法。在今后的大学英语教学实践中应进一步研究如何更有效地挖掘思政元素，实现立德树人的根本任务。

参 考 文 献

蔡基刚，2021. 课程思政视角下的大学英语通识教育四个转向：《大学英语教学指南》（2020 版）内涵探索［J］. 外语电化教学（1）：27-31.

教育部，2020. 高等学校课程思政建设指导纲要［EB/OL］. http://www.moe.gov.cn/srcsite/A08/s7056/202006/t20200603_462437.html.

教育部高等学校大学外语教学指导委员会，2020. 大学英语教学指南（2020 版）［M］. 北京：高等教育出版社.

教育部高等学校大学外语教学指导委员会，2022. 大学外语课程思政教学指南［Z］. 北京：教育部.

向明友，2020. 顺应新形势，推动大学英语课程体系建设——《大学英语教学指南》课程设置评注［J］. 外语界（4）：28-34.

杨鲁新，2021. 外语教师教育中理论与实践的转化难题［J］. 外语与外语教学（1）：57-64.

大学英语跨文化阅读课程思政教学案例*

黄庆芳①

摘　要：在全面推进课程思政建设的背景下，如何深入挖掘课程思政元素并将其有机融入课程教学已经成为一个重要课题。大学英语跨文化阅读课的阅读材料蕴含着丰富的德育资源，有利于开展思政教育。本文以上海外语教育出版社出版的《大学跨文化英语阅读教程2》第4单元为例，探讨思政元素与阅读教学活动的融合，指出在阅读活动的各个环节加入课程思政内容，从而为在大学英语阅读教学中开展课程思政提供借鉴。

关键词：大学英语；课程思政；跨文化阅读

一、大学英语课程思政研究背景

2016年12月，习近平总书记在全国高校思想政治工作会议上强调，"要坚持把立德树人作为中心环节，把思想政治工作贯穿教育教学全过程，实现全程育人，全方位育人，努力开创我国高等教育事业发展新局面"。2020年教育部印发的《高等学校课程思政建设指导纲要》提出，"让所有教师、所有课程都要承担好育人责任，使各类课程与思政课程同向同行，形成协同效应，构建全员全程全方位育人大格局"。思想政治教育是中国高等教育的重要组成部分，也是中国共产党在高校开展工作的重点之一。大学英语课程在学生综合素质培养中具有重要地位，因此将思政教育与大学英语课程有机结合起来，可以全面培养学生的思想品德和语言能力。大学时期是学生成长和形成其思想观念的关键时期，也是他们接触社会现实、思考价值观的重要阶段。大学英语作为一门广泛开设的基础课程，通过选取合适的教材和教学方法，可以为学生提供丰富的思想内容和思辨能力培养。随着国际化的发展和全球交流的增加，英语在各个领域的重要性不断提升。因此，教师在大学英语课程中不仅要注重语言的技能培养，而且要注重培养学生的国际视野、文化意识和价值观念，使他们具备更广阔的国际交往能力和更强的文化自信。在课程思政的大背景下，我国外语教育界已有很多权威学者围绕如何实施课程思政进行了探索。何莲珍（2020）、肖琼和黄国文（2020）、蔡基刚（2021）等探讨了课程思政的内涵和实施路径，并把价值

---

* 本文系北京农学院2023年教改项目：大学英语课程思政农林特色教材建设探索（项目编号5046516650/193）。

① 作者简介：黄庆芳，女，硕士，副教授，主要研究方向为跨文化教学、英语教学法。

观引领摆在重要的位置。文秋芳（2021）提出了外语课程思政的实施框架，为外语课程思政教学提供了具体操作建议；她还指出，进行跨文化教学时，要鼓励学生在充分理解西方文化的基础上，冲破西方理论"禁锢"，立足中国跨文化实践，增强文化自信。大学英语课程既要教授英语语言知识和技能，又要传承和弘扬社会主义核心价值观。如何有效地将这两者融合在一起，使学生既能够提高英语能力，又能够培养正确的思想观念和价值体系，是一个挑战。

二、大学英语课程思政研究现状

1. 教学内容和教材研究

研究者们致力于开发符合思政要求的英语教材和教学内容，旨在通过课程知识与思政内容的有机融合，提高学生的综合素质。然而，目前仍然存在着教材内容与思政教育目标之间的不匹配及缺乏有效的教材评估体系的问题。

2. 教学方法与技术研究

学者们探索了在大学英语教学中采用的思政教育相关的教学方法与技术，包括讨论互动、小组合作、案例分析等。然而，如何衡量这些方法和技术在思政教育上的实际效果以及如何将其有效地应用于英语课程中，仍然需要进一步的研究和实践。

三、大学英语阅读课融入课程思政的可行性

上海外语教育出版社出版的"大学跨文化英语阅读教程"系列是北京农学院本科一二年级的学生在大学英语阅读课上使用的一套教材，其涉及的题材聚焦于中西方文化生活的差异与融合，就《大学跨文化英语阅读教程2》而言，其主题就涉及"社交距离""西方人的迷信""西方教育制度""中国文化大使——林语堂"等，可供挖掘的德育资源和人文思想内容众多，为开展课程思政教育提供了良好的素材。通过阅读学习这些文章，学生能够反思和思考自己在社会中的角色和责任。这有助于培养学生的人文关怀和社会责任意识，使他们成为有社会良知和贡献能力的公民。让学生接触不同文化和背景的人们的故事和观点可以促进其跨文化交际能力的发展，包括对不同文化的敏感性、理解和适应能力，增加对多元文化社会的理解和尊重。通过分析和评价跨文化阅读材料，学生必须运用批判性思维和分析能力来理解和解释文本。这有助于培养学生的批判思维和分析能力，使他们能够在面对复杂问题时思考和评估不同的观点。在跨文化阅读课程中融入课程思政内容，教师可以选择与思政相关的文本，并设计相关的讨论和分析活动。此外，教师还可以引导学生思考文本背后的价值观，并引导他们探讨如何将这些价值观应用于实际生活中。

四、大学英语阅读课程思政教学实践

现以《大学跨文化英语阅读教程2》第四单元 *Don't Stand Too Close* 为例，具体阐述课程思政元素与大学英语阅读课融合的课程设计。

1. 教材分析

本单元的核心话题是"保持社交距离"，通过讨论在空间缺乏的地方的人们关于社交距离的讨论，并列举了在东欧、西欧和地中海地区人们社交距离的差异，探讨了在不同文

化中人们对社交距离的需求和如何维持保护社交距离。

2. 学情分析

授课对象为北京农学院大学一年级非英语专业学生。在平时的阅读课上，学生着重于对单词和语法的学习，很少关注文本中蕴含的德育信息，学生的跨文化意识有待加强。

3. 其他教学安排

教师在课前向学生提供相关的学习视频与资料，要求学生提前观看文化纪录片 *Social Distance* 片段，了解美国人的社交距离分为：公共空间（7.6～3.6 米）、社交空间（3.6～1.2 米）、个人空间（1.2～0.45 米）和亲密空间（小于 0.45 米）。对比我国的社交距离，为讨论中西方社交距离的异同做好铺垫。除此之外，安排两个小组根据中西方社交文化差别编排情景剧，提升学生的课堂参与度。

4. 课堂教学活动

（1）阅读前活动。

导入环节。教师组织两个小组表演情景剧（第一组表演的主题是中国人见面和社交的礼仪和距离，第二组表演的主题是法国人见面和社交的礼仪和距离），引导学生进入表演主题，并要求观看表演的学生总结情景剧中体现的中西方社交礼仪和距离的差别。

设计说明：通过学生自行编排并表演情景剧，提升学生的课堂参与度，同时可以活跃课堂气氛，激发学生的学习兴趣。中国人见面时，明清时期常常是互相作揖，现代则喜欢挥手或握手；法国人见面时，则喜欢握手、拥抱并行贴面礼。在公共场合，因为中国人口稠密，排队和等人时的距离会比法国人要近。朋友之间的社交，中国人喜欢围坐吃饭，法国人则喜欢站着的酒会。这些都可以通过情景剧中学生的表演生动地表现出来，从而引发学生对中西方社交礼仪和社交距离差异的思考，引导学生入乡随俗，既尊重别国文化，同时也去介绍和推广本国文化，增强学生的跨文化意识。

（2）阅读中活动。

①小组讨论一（根据课文内容设置的讨论）。围绕教材介绍社交距离问题，提出三个问题进行小组讨论：

a. Would you talk to strangers in a crowded elevator?

b. What is your reaction when your personal space is invaded?

c. What are the differences in privacy between China and America? Which do you prefer? Give your reasons.

组织学生小组中讨论中、美两国在人际距离、隐私文化方面的异同点，并发表对文化异同点的看法。学生在对比了解两国文化的异同后，能够更好地理解文化的多样性，更加深刻地理解西方国家和我国的国情差异和不同的社交之道。

设计目的：在小组讨论中，学生被要求分析问题，提出观点和想法，并对其他人的观点进行评估和讨论。这样的交流可以帮助学生发展批判性思维和逻辑推理能力。小组讨论要求学生在团队环境中协作。学生需要倾听其他人的意见，尊重别人的观点，并以富有建设性的方式与团队成员合作。这有助于培养学生的合作精神和团队合作能力。隐私问题是个敏感问题，但是正因为敏感，更要积极加以引导，不能避而不谈。在中国文化中，人们普遍认为个人的行为和言论会直接影响整个群体或家族的声誉和利益，因此个人可能更愿意放弃一部分个人隐私权，来维护群体的利益和稳定。中国人更倡导集体主义、爱国主义思想，更注重培养大局意识和家国情怀。美国文化中的个人隐私指的是个人对于其个人信息、生活、思想、信仰、家庭和身体的保护和控制权。美国人更注重个人隐私，其背后是个人主义价值观和西方宗教观。在对比了解两国文化差异后，学生能认识到两国政治制度和宗教信仰的差异使得我们对隐私问题关注的侧重点不同，在进行跨文化交流的过程中提高跨文化意识并增强文化自信。

②小组讨论二（结合社会时政设置的讨论）。

教师设置讨论背景：在全球新冠感染疫情防控背景下，各个国家对疫情采取了不同的防疫措施，如居家隔离、保持社交距离等，但效果不尽相同。

教师设置讨论问题：结合疫情防控期间西方国家民众的行为表现，如何看待中国民众和西方国家民众在响应政府号召方面的差异？其背后蕴含了哪些文化差异？

设计目的：结合社会时政开展小组讨论活动，帮助学生了解不同国家和地区间的政治文化差异，认识到不同行为决策背后的文化属性。通过对比，体现出我国集中力量办大事的社会主义制度优势和识大体、顾大局的传统文化优势，同时锻炼学生的综合思维能力。

（3）阅读后活动。

①巩固练习。教师设置与课文内容相关的习题，题型包括匹配题、填空题、任务型阅读题等。

②课外阅读。教师补充一篇介绍中国礼仪文化的文章，要求学生在规定时间内完成阅读，并分享阅读心得。

设计目的：通过补充与课文内容相关的阅读材料，既能训练学生的阅读技巧，又能使学生获得更多的知识。可以选取与中国礼仪文化相关的阅读材料，使课程思政贯穿课程设计活动的全过程，引导学生在中外文化对比中增强文化自信。

（4）课后活动。教师根据课程内容和教学情况，使用北京农学院专门的线上课程中心或学生常用的手机软件（如微信或企业微信）布置作业，如推送文章、完成阅读报告、拍摄短视频等，要求学生在规定时间内完成，教师及时在线批阅反馈。

设计说明：线上教学平台的优势在于灵活性、个性化学习，互动性、实时反馈和资源共享。这些优势可以帮助学生更好地学习英语，并提升学习效果和体验，形成与线下教学互补的教学关系。

五、教学成果与教学反思

本次阅读课作为课程思政元素和大学英语阅读教学相融合的案例，在阅读前、阅读中、阅读后三个环节都融入了课程思政元素，一系列活动的设计都围绕"社交距离"这个主题展开，使课程思政贯彻课程设计的全过程。将思政教育融入英语教学需要教师具备创新意识和能力。教师可以通过设计创新的教学活动、引导学生开展研究和讨论、利用多媒体技术等方式，提高教学的吸引力和有效性。思政教学鼓励学生思考和表达自己的观点，这要求教师拥有开放和包容的态度。教师应尊重学生的思想和观点，并鼓励学生展示多元的观点。思政教育是培养学生的思想品质和社会责任意识的重要环节。教师需要拥有高度的责任感和使命感，积极投入到思政教育中，并以身作则，成为学生的榜样。

参 考 文 献

蔡基刚，2021. 课程思政视角下的大学英语通识教育四个转向：《大学英语教学指南》（2020 版）内涵探索［J］. 外语电化教学（1）：27-31.

何莲珍，2020. 新时代大学英语教学的新要求——《大学英语教学指南》修订依据与要点［J］. 外语界（4）：13-18.

黄国文，2022. 挖掘外语课程思政元素的切入点与原则［J］. 外语教育研究前沿（2）：10-14.

教育部高等学校大学外语教学指导委员会，2020. 大学英语教学指南（2020）［M］. 北京：高等教育出版社.

文秋芳，2021. 大学外语课程思政的内涵和实施框架［J］. 中国外语（2）：47-52.

肖琼，黄国文，2020. 关于外语课程思政建设的思考［J］. 中国外语（5）：10-14.

新华社，2016. 全国高校思想政治工作会议 12 月 7 日至 8 日在北京召开［EB/OL］. http://www.gov.cn/xinwen/2016-12/08/content_5145253.htm? from＝singlemessage&isappinstalled＝0♯1.

徐锦芬，2021. 高校英语课程教学素材的思政内容建设研究［J］. 外语界（2）：18-24.

杨梅，李静春，王婷，2022. 浅析基于课程思政案例库建设的大学英语与课程思政融合路径［J］. 现代英语（8）：15-18.

高校体育教学改革与终身体育理念推广之研究

吴宝利① 闫晓军 逯合江

摘 要： 随着人们生活水平的提升，对于身体健康也越来越看重，要想教学质量能够有所提升就必须对当前的教学体制进行改革，当然终身体育理念能够很大程度地培养学生科学锻炼的意识和兴趣，并能促进学生的全面发展。本文通过对终身体育教育理念进行解析，并根据当前我国高校体育教学中存在的问题及面临的困境，指出了有针对性的策略，以期达到推动教学改革工作的顺利进行，促进高校体育教育工作持续健康发展，让学生能够养成终身锻炼的体育理念，将终身体育的思想根植学生内心，在行为意识中充分认识终身体育所产生的良好影响，从而自主地进行锻炼。

关键词： 高校；体育教学；终身体育理念；教学改革

高校体育教学改革是一项艰巨而复杂的任务。将教学的重心放在开创学生终身体育的新思潮上，"终身体育"已成为我国体育教育工作的核心思想，高校体育教育作为终身体育的重要组成部分之一，通过体育教育工作者的共同努力，如今终身体育理念被提出并且得到了应用。通过考察目前形势可知，高校仍普遍采用传统的体育教育形式，但想要真正践行这一理念，教师还应着眼于高校体育教学的现实背景以及核心要求，积极践行终身体育理念，形成正确的体育意识，进行积极创新，对传统的教育教学理念进行更新换代，为学生养成终身锻炼的良好习惯奠定有效基础。同时，推动学生在自身的信念系统中形成终身体育思想的态度；并且在这种观念的指引下教导学生进行各种体育锻炼，帮助其形成终身喜欢锻炼的良好习惯，已达到提升学生的自律意识和自我发展目标。

一、终身体育教育思想内涵及特征

终身体育的理念包括体育教育、体育锻炼、接受体育指导等，这种理念将伴随受教育者终身，从生命周期来看，终身体育不仅包括中小学和高等教育机构的学校体育活动，还包括各种不同的结构体系，这就要求一个人在一生中应该不断学习和丰富体育知识，始终参与体育锻炼，并且将体育锻炼视为生活中不能缺少的一部分，以此不断增强自身体质，带动其他方面的学习。事实上，终身体育，即指体育教育和体育锻炼贯穿人的一生，终身体育理念就是让体育教育变得更加科学，保证人生中各个时期都能积极参与体育实践活动。学校的体育教学活动作为终身体育最根本的环节，因此，在高校进行体育教育活动时

---

① 作者简介：吴宝利，男，副教授，主要研究方向为体育教学与实践研究。

应当将终身体育的理念落到实处。以终身体育理念为基础，充分实现体育教学的最终目标，来激发学生学习的兴趣，提高综合素养。因此，从教师角度来看，应该帮助学生树立终身体育意识，促进其健康成长和积极参与体育锻炼的良好习惯（图1）。

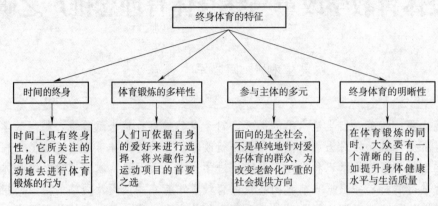

图1　终身体育的特征

二、高校体育教学中终身体育理念的发展现状

终身体育理念对学生的个性化成长和发展具有重大意义，任课教师应积极坚持这一重要理念，以高校体育教学活动为着眼点和落脚点，分析终身体育理念下的高校体育教学现状，从而为后面教学策略的调整奠定坚实的基础。

1. 终身体育观念不足，没有较强的终身体育意识

在高校开展体育教学活动过程中，教师对终身体育的内涵理解不够深刻，未能充分认识和理解终身体育的理念，以及终身体育对学生未来发展的重要影响。在课堂教学和训练指导中对学生的教育只局限于传统的完成教学任务和提高学生身体素质为目标，未能及时采用符合终身体育理念的教学方式。究其实，其主要原因是对终身体育理念的重要性不够重视和宣传力度不大。大部分教师在进行体育教学时着重培养学生的竞技能力，没有积极引导学生养成终身喜欢锻炼的体育意识，致使大部分学生对体育锻炼没有产生兴趣，从而导致学生上课的积极性不高、效率低，致使体育教学达不到预期的效果。

2. 课程设置不合理，难以发挥体育课程的育体和育人功能

体育课程设定缺乏合理性是当前高校体育教学存在的重大问题之一，有些高校在体育教学中并未以学生为主体，对学生学习兴趣和个人需求的关注力度不足。在课程安排上比例不协调，很多高校在体育课程安排上依然是一二年级有体育课；三四年级没有体育课，但体质健康达标测试正常进行；研究生不开设体育课和体质健康标准测试。这样的设置，造成三四年级学生、研究生体质直线下降，体质远远不如一二年级本科生的情况。另外，由于师资力量不足，学生在选课时存在不能选到自己擅长和感兴趣的体育项目，加之授课教师在授课中对课堂内容等方面设置缺乏趣味性及合理性，导致学生学习的积极性和兴趣的培养受到影响。在体育课程设置的过程中无视对学生自主锻炼意识的培养，而是直接以体育课程为依据落实体育锻炼和训练活动，最终难以提高体育锻炼的质量和效果。

3. 学生没有足够的体育锻炼时间

受当前高等教育现状的影响，部分学生除了每周上体育课，基本不会抽出时间进行自主锻炼，大多数学生自认为太忙，没有时间运动，这是一个值得推敲的问题。其实，大学生说忙只是一个借口，懒惰才是阻止大学生运动的最根本原因。还一部分学生认为自己缺少运动细胞，这只是心理上的自卑感在作怪。另外，面临毕业的大学生，体育锻炼就如同奢侈品，他们主要是为了将来的工作而努力，基本不进行体育锻炼。现实中，一部分大学生在网络游戏中难以自拔，经常熬夜，加之没有自主锻炼的习惯，这就导致了很多大学生身体素质直线下降，还有可能由于生病而不能正常毕业。

4. 教师团队综合素质有待提升

教师团队综合素质是决定教学质量的重要保障，传统的体育教育理念导致教师的专业素养提升受限，成为制在课堂上与其他学科相比，体育教师主要注重培养学生的竞技能力，却忽略了教导学生了解更多的体育知识，不能对学生加以引导，这就造成了学生对体育的认知不足，无法树立终身体育的观念。部分教师虽然对体育技术的分析和研究比较重视，但却无法令学生达到举一反三和学以致用的效果。这不仅阻碍了学生的个人成长和发展，而且也影响了学生自主学习能力的培养。之所以会出现这一现象，主要在于教师的教学能力有限，团队素质有待提升及培养。由于现有的专业水平较低，难以更好地体现高校体育教学的有效性和针对性，在很大程度上影响了体育教学的高水平、高质量的发展。

5. 高校课程教学评价体系仍存在着诸多问题

课程教学质量评价体系是对教学中的各项活动实施分析和诊断，对于发现的问题要进行及时的反馈，以确保课程教学质量实现稳步提升，但在具体运行中还是存在着很多的问题，如教师评价占比较高，忽略了对学生群体评价的反馈，或者对学生评价的结果不够重视。

（1）课程教学评价过程形式化比较突出。当前高校体育课程教学评价工作存在表面化和形式化，教师对课程教学评价质量问题很少去直接进行剖析，通常在评价过程中抱着应付检查的心态。因此，造成学生的随意性比较大，学生通常因为自身的利益纠葛，不能做出客观、有效地评价。

（2）课程教学质量评价存在主体单一化。课程教学质量评价是一项专业性比较强的工作，需要有专业知识的人来实施职业化的判断，这样才能更好地对课程教学质量评价体系中存在的问题进行纠正。由于当前很多课程教学质量评价是由高校职能管理部门来完成，实施自上而下的评价模式，对师生评价的作用没有进行充分的考虑。

（3）课程教学质量评价反馈存在滞后性。有的高校是由职能管理部门来进行课程教学质量的评价反馈。因为不能及时得到反馈，任课教师也不能获得相应的建议。由于信息反馈不到位，使得课程教学质量评价工作很难发挥出应有的激励、导向作用。

三、终身体育理念引导下的高校体育教学改进策略

高校体育教学改革的主要目标是建立终身体育教育模式，传统体育教学方式已无法满足当前高校学生发展需要。高校体育教育也应该在终身运动理念的指导下科学地展开体育

教学活动，让终身体育理念深入每个学生心里和日常锻炼之中。

1. 重视有关终身体育的理论教学

在体育教学中只有认真贯彻落实终身体育理念，才能够更好地开展高校体育教学，理论是实践的基础，因此在进行体育教学时，应对终身体育的理论知识进行简要梳理和整合，以便更好地完成教学目标。在教学过程中，为了让学生充分了解并掌握授课中的内容，必须根据项目技术的特点和难易的实际情况，有针对性地给学生安排课外作业，要求学生在课余时间在网上找所学项目的资料，并在课堂上进行分享。在贯彻落实终身体育理念的过程中，还应注重培养学生对体育运动的正确态度，使学生认识到体育的重要性，从而将体育视作一种日常行为，不断地学习和进步。另外，任课教师也要接受新的体育教学理念，从思想上对体育锻炼的意义以及价值有深刻的认知，使学生的体育锻炼兴趣有所提升，这对体育教师也能够实现教学目标有很大的帮助。

2. 优化课程内容，创新教学方法

教学内容的设置上，要严格按照教学计划和大纲的要求，尽量做到充分满足学生的现实需求，尊重每个学生的个性差异以及不同的兴趣爱好，有针对性地选择体育教学的内容，保证教学具有时效性。在教学方法上可借助多媒体技术，根据时代发展的需要以及学生自身的心理意愿，要以灵活性以及使用性为基础进行创新，教师要针对不同的体育教学内容选择适当的方法，来活跃课堂气氛，调动学生积极性，达到以培养学生的兴趣爱好为目的。

3. 尊重学生的主体地位

"以学生发展为中心，重视学生的主体地位"。在发挥教师主导作用的同时，特别要强调学生的主体地位。在体育教学中，要使学生正确认识自己的思想和行为，并注意培养学生的自我体育意识，是终身体育的一项重要内容，也是素质教育的要求之一。教师作为学生学习的引导者和学生发展的促进者应根据学生的实际情况制定教学计划，充分尊重学生主体性。如果在教学中搞"一刀切"，这就违背了因材施教的相关要求，难以激起学生的学习兴趣，甚至让学生对体育锻炼产生厌恶感。所以，教师在课堂教学中，任课教师必须力争了解每位学生的实际情况来充分调动其学习积极性，发挥学生主体作用，使学生进入乐学、好学的境界，自主探索。教师在教学中还应以身作则，廉洁奉公，平等对待每个学生，帮助学生树立终身体育理念，学生一旦发挥主体作用，就没有攻不破的难关。

4. 提升体育教学队伍的专业性

教师是体育教学的主导者，高素质的教师是高校体育教学改革的关键因素之一，只有拥有素质优良、专业过硬的教师队伍，才能够提升教师的教学质量和学生的学习效果。作为新时期的教师必须与时俱进，按照教育体制改革的方向，不断提升自身能力，加强理论学习，迅速适应新的变化，加快终身体育理念的传播。因此，高校也应该加大对体育教师专业业务培训，不断提升教师教学水平，可将教师的专业知识、培训经历、个人魅力等因素，作为选拔的要素进行考核。为体育教学奠定坚实的师资队伍保障。

5. 将高校终身体育教学评估体系进行改革和创新

在体育教学过程中，构建完善的高校终身体育教学评估体系至关重要。相关数据显示，很多高校基本采用分数量化的考核方式来评定学生成绩，这种单一的评定方式，只关注学生的体育考试成绩，而忽视了学生的个性发展，导致体育教育缺乏针对性。建议高校可实行体育教学监督评估机制，开放评价系统，让学生和老师自由、公正地进行评价和交流。针对考核评价的问题，高校应该根据自身的实际情况，可选取教学态度、教学方法和教学内容等评价指标，采用教师互评、教师与学生自评等评价方法。将终结性评价与过程性评价、定量评价与定性评价有机结合在一起，采用三维立体的综合考核评价方法，将学生的体育理念和平时成绩作为考核的依据。总之，学生体育成绩的考核评价方式应多元化，尊重学生的个体差异性和独特性。

四、结语

对于高校体育教学来说，应当将落实终身体育理念作为重要的目标和方向，着眼于培养学生对体育产生浓厚的兴趣并能有选择性地进行科学锻炼，积极探索将终身体育理念与高校体育教学有效的融合。在高校体育课程改革的背景下，终身体育教学是其核心内容，为学生打造良好的锻炼氛围，激发学生对体育锻炼的兴趣，有效培养学生终身锻炼的习惯，进一步推进我国高校体育教学的深化改革，提升师资队伍建设水平。改革目前的教学内容和教学形式，构建完善自主的选课机制，并且积极构建体育教学评估体系，以提高高校体育教学效果，为学生终身学习理念的形成打下坚实基础。

参 考 文 献

陈灿宇，2020. 终身体育理念下我国普通高校的体育改革研究［J］. 佳木斯职业学院学报（11）：46-48.

郭晓光，2012. 终身体育教育思想理念下的高校体育教学改革分析［J］. 赤峰学院学报（8）：134-135.

和琴语，2021. 基于终身体育理念下的高校体育教学改革［J］. 湖北开放职业学院学报（3）：153-154.

黄代海，2020. 终身体育思想下的大学体育教学改革探讨［J］. 当代体育科技（32）：3-5.

李丹，2018. 终身体育理念下高校体育教学的改革路径［J］. 经济技术协作信息（1）：26.

杨思齐，塔丽，2018. 高校体育教育作为终身体育教育的有效途径探析［J］. 黑龙江科学（3）：68-69.

张嘎，2017. 终身体育理念下的大学体育教学改革路径［J］. 黑龙江科学（22）：176-177.

张建，闫亚坤，2022. 终身体育视域下的高校体育教学改革存在的困境及出路分析［J］. 学校体育学（4）：105-107.

歧义容忍度对大学生英语学习及教师课堂教学的影响研究

李正玉①

摘　要： 英语学习是大学生学习生活中非常重要的组成部分，英语成绩会受到很多因素的影响。歧义容忍度作为个人学习风格的一种，会极大地影响大学生的英语学习，包括英语阅读策略及方式的选择、课堂学习表现及英语成绩。英语教师需要根据学生的歧义容忍度的高低适当调整教学方式方法，改善学生学习习惯，提高整体英语学习成绩。

关键词： 歧义容忍度；英语学习；课堂教学

歧义容忍度（tolerance of ambiguity）最早是由美国心理学家 Frenkel-Brunswik 于1948年提出来的概念，指个体和群体面对一系列不熟悉、复杂的或不一致的线索时，对模棱两可的环境刺激信息进行知觉加工的方式（龙赛苏，2012）。

英语学习中由于在语音、词汇、句型结构、语法以及文化背景方面和汉语学习有极大区别，所以英语学习中不可避免会存在语言有歧义或者含义模糊的现象。语言歧义或模糊会直接影响学生的英语学习，在阅读中体现尤为突出，因为学生的英语语言输入大部分仍然是通过阅读进行的，所以对于英语歧义和模糊现象的容忍度高低也直接影响学生的阅读成绩。从概念提出开始，歧义容忍度成为国外英语研究中的一个重要方面，Budner（1962）、Norton（1975）、Omaggio（1981）、Chapelle（1983）、Ely（1986）、Amold（1999）分别就歧义容忍度、英语学习策略以及英语阅读进行过细致的阐述。进入新世纪，国内学者也对歧义容忍度进行了一系列研究，其中张庆宗（2004）提出歧义容忍度是评价外语学习的一个重要指标，在某种意义上讲，提高歧义容忍度意味着扩大和提高外语学习的广度和深度。此外，还有黄冬梅（2006）、李二龙（2011）、张密（2012）、杨晶（2014）、李元元（2019）分别阐述了自己关于歧义容忍度与英语学习的观点。

一、歧义容忍度对学生英语学习的影响

英语学习是大学生的学习生活中非常重要的组成部分，英语成绩会受到很多因素的影响，歧义容忍度作为个人学习风格的一种，会极大地影响大学生的英语学习。具体表现在以下几个方面：

---

① 作者简介：李正玉，女，硕士，副教授，主要研究方向为英语教学、跨文化交际。

1. 歧义容忍度影响学生英语阅读策略、方式和准确性

英语阅读由于分值大，总分占比高，一直以来是学生英语学习的重要部分，但是阅读得分高低和词汇量、语法知识以及学生的知识面有很大的关系。在英语文章中，肯定会有一部分学生不熟悉、不认识的词汇和结构，但是歧义容忍度高的学生遇到不认识的单词往往会忽略过去继续阅读，不影响阅读的速度，或者会通过上下文的语境猜测单词的含义，而且更容易从篇章整体层面去理解文章主旨、大意。有些学生遇到不会的单词和句子结构往往会产生焦虑感或者慌乱不自信的感觉，做阅读练习的时候需要查词典知道词义才能继续读下去，过度关注单个词汇的含义而忽略整体中心思想的把握，而且有的学生还会出现指读，出声朗读的习惯，这些都会放慢阅读速度，使阅读效率低下，这就属于歧义容忍度低的现象。

另外，歧义容忍度也会影响学生的英语阅读策略的选择。常见的英语阅读策略包括元认知策略、认知策略、情感策略和补偿策略，拥有高歧义容忍度的学生能够有选择地运用学习策略，而低歧义容忍度的学生对策略的运用不加选择，存在盲目性和随意性的特点（杨晶，2014）。整体来讲，歧义容忍度和阅读速度和准确度正相关，但是歧义容忍度也并不是越高越好，过高的歧义容忍度会让学生忽略掉文章的一些关键细节，阅读的时候囫囵吞枣，不求甚解，这样反而会让文章阅读的准确性降低，并且容易造成学生对文章内容的一知半解。

2. 歧义容忍度对英语听力的影响

在英语学习中，听力理解是一项非常重要的基本技能，也是英语学习的一个难点，中国学生在听力过程中经常出现歧义的情况。首先，声调、语调、音位变化等发音会让学生对熟悉的词汇感到陌生。其次，很多学生存在发音不准确或者含混不清的情况，这会极大地影响听力的准确性，而且东西方文化和风俗习惯的差异经常使英语学习者产生歧义。最后，学生在听的时候不能看材料，说话者的话语往往简短、随意、不完整、语速快，导致材料模糊不清。事实上，第二语言的学习者在听的过程中，即使几乎理解了所有的单词，但还是会感到不容易理解大意，这使得学生处于一种混乱的境地。歧义容忍度高的学生，倾向于整体把握材料，即使有个别词汇不明白也不会影响继续听下去的动力，而且善于把所听到的信息进行整合，理解听力文章的中心大意，从而能顺利完成听力任务。歧义容忍度低的学生则更容易受到新单词或不同文化等细节的影响，更容易纠结于一个或几个不会的单词发音或含义，遗漏新信息。这会增强焦虑感，从而影响后面听力的效果或者有些学生会直接放弃听力部分的成绩。

3. 歧义容忍度对学习效率及课堂表现的影响

歧义容忍度影响学生的学习效率，在学习过程中，能容忍歧义的学生往往学习效率更高，具体表现在阅读速度快、准确性高、听力理解能力强，在同等时间内，学习效率更高。歧义容忍度高的学生课堂上积极参与，大胆尝试，勇于用英语回答问题，表达自己的观点和态度。即使在表达上出错也不会太在意以后的发言表现，不容易引起焦虑感，这种学生往往更能坚持学英语。歧义容忍度低的学生往往学习效率不高，比如在同等时间内阅读理解速度慢、准确性低，在听力理解方面更容易受挫，听力理解效果差。在口语表达上一方面表现为由于不会读或者发音不标准怕出错被其他同学笑话而不敢开口表达，上课不

敢积极回答问题；另一方面表现为学生对英语文章的文化背景或西方的文化价值观缺乏基本的了解，这些都会影响课堂上的话题讨论，学生在对话或主题阐发上无法做到有效沟通，言之有物，这些表现都会影响班级整体的课堂氛围。如果没有容忍度，学习也会给学生带来极强的焦虑感，在学习过程中无法产生积极回馈，无法取得成就感，从而自我效能感降低，影响其学习积极性和学习动力。

二、歧义容忍度对英语教师课堂教学的启示

较低的歧义容忍度对学生的阅读、听力、学习效率和课堂表现都有一定的负面影响，为了提高学生的学习效率，创建积极、高效、轻松、愉快的课堂氛围成为英语教师课堂教学需要关注的重要问题。通过问卷调查找出问题，让学生自己明白问题所在，教师要针对学生的不同歧义容忍度水平对症下药，因材施教，对不同歧义容忍度的学生采取不同的教学方式。针对在阅读、听力和课堂表现几方面的问题采用以下几方面的应对策略。

1. 选择适合学生水平的阅读和听力材料

英语阅读和听力理解中学生不可避免会遇到生词以及不太熟悉的句型结构，歧义容忍度低的学生往往会过度关注细节而忽略整体文章大意，并且引发焦虑情绪，导致恶性循环。要提高学生的歧义容忍度，减少歧义容忍度对英语阅读和听力的影响，首先要注意材料的选择，选择适合学生水平的阅读和听力材料。Krashen 语言输入假说"i＋1"理论，即如果语言学习者现有的水平为 i 级，他能接受的语言输入难度应该为 i＋1，如果为 i＋2，其会产生压抑、焦虑；难度为 i＋0，则不能激发求知欲，也没有提供进步所必需的新知识（Krashen，1981）。因此，教师在选择材料时，要根据学生阅读和听力的不同水平提供比学生实际能力稍微高一层次的材料来供学生选择，这样既能让学生学到新知识，调动学生学习积极性，又能适度提高学生的歧义容忍度，达到理想的学习效果。

2. 帮助学生培养良好学习习惯，运用多种学习策略

有些学生在以往的学习中养成了一些不好的学习习惯和学习方式，比如阅读中使用指读法、出声朗读法，频繁查词典，听力中不做笔记，不会通过提前查看选项来预测听力内容等，这些不良习惯都会无形中放慢做题速度，降低准确率和学习效率。教师可以教学生阅读时提前查看文章前面的内容提示和背景介绍，做听力理解时学会通过选项来大概确定文章内容，有目的、有针对性地去听。还要教会学生充分利用好的学习策略，如元认知策略来提升学习效果。元认知能力培养可以促成学生学习自觉心理，是学会自主学习的必要前提。利用认知过程获得知识，通过确立学习目标与计划，监控学习过程与评估学习结果等手段来调节语言学习行为。最后要增加阅读和听力的训练量，通过大量的语言输入来加强语言基础知识、扩大词汇量、培养语感、熟悉各种不同文章类型和材料。对歧义容忍度低的学生有针对性地培养跳读、略读、寻读等方法，教歧义容忍度高的学生一些猜测词义、细节推断的方法。通过这几种训练方法，歧义容忍度低的学生可以通过大量语言输入来提升语感以及对材料的熟悉程度，举一反三，学会猜测词义，降低焦虑感，提升歧义容忍度，提升学习效率，改善学习效果。

3. 培养学生文化意识，减少文化差异对英语学习的影响

语言是文化的重要组成部分，也是文化的载体，文化会通过语言文字表达出来，语言

学习就不可避免地涉及文化学习。在交际过程中，要达到良好沟通交流的目的，学生必须一方面充分学习与理解英语国家的文化，另一方面必须能有效地把中国的经典文化传播出去。然而大学英语教学由于课时有限以及考试需求，学生更多侧重于词汇、语法知识以及句子结构等具体语言知识的学习和掌握，忽略了文化背景以及文化的差异，所以在遇到包含宗教故事、文化典故、历史、风土人情的材料时，就会不了解，而且会产生不适感，这就是所谓的"文化冲突"。要解决这个问题，教师一方面可以通过文化导入的方法传授文化知识，比如对教材中具有文化特异性的内容加以注释，利用本国文化来对比文化的差异性，推荐学生通过电影录像、英语文学作品等具体语言实践方式来学习和了解英语文化；另一方面，还可以在教学中加入中国传统文化的介绍和讲解来培养学生的跨文化意识和提高跨文化交际能力。

4. 因材施教，区别对待歧义容忍度不同的学生

歧义容忍度不同的学生课堂表现不同，所以教师切记不要"一刀切"，需要区别对待。对歧义容忍度低、上课不积极的学生，教师要创造轻松的课堂气氛，鼓励学生积极回答问题，参与话题讨论，学生表达观点后也不要急于纠正语法、词汇错误，多针对主题内容给予表扬和正面反馈，创造机会让学生两人结对或参与小组展示，多提供表达机会，这样有助于学生克服恐惧，取得成就感。对于歧义容忍度高的学生需要适时提醒关注语言细节，纠正细节错误。在课堂上还可以进行阅读和听力计时训练，使歧义容忍度低的学生做题时专注于学习材料，没有时间查单词，学会通过上下文语境推测词义，理解句子结构，从而提升做题速度，提高做题准确性，而歧义容忍度高的学生可以有更充足的时间去推敲细节，进行分析推断，提升语言敏感度。

三、结语

英语学习是一个不断产生歧义的过程，歧义容忍度作为一种特别的学习风格极大影响学生的学习效率和效果。本文通过歧义容忍度对阅读、听力、学习效率和课堂表现的影响，提出了几点对英语教师教学的启示，通过选择合适的学习材料，教授学习策略，培养文化意识，因材施教提高学生的歧义容忍度，提升其学习表现和学习效率，改善学习效果。

参 考 文 献

龙赛苏，2012. 歧义容忍度的研究现状及其对外语教学的启示 [J]. 科教文汇 (6)：132, 193.

杨晶，2014. 歧义容忍度与外语阅读策略的关系研究 [J]. 北京化工大学学报（社会科学版）(3)：82-84.

张庆宗，2004. 歧义容忍度对外语学习策略选择的影响 [J]. 外语教学与研, (6)：457-461.

Krashen S, 1981. Second Language Acquisition and Second Language Learning [M]. Oxford：Pergamon Press.

高校体育课开展大学生慢性病干预的调查研究

王　珊①

摘　要：慢性病是一类疾病，其特点包括起病隐匿、持续时间长、康复困难、病理变化缓慢或无法在较短时间内治愈。这些疾病不局限于某种具体的类型。我国的慢性病发病率逐年增加，并呈现出低龄化趋势。对于大学生群体来说，普遍存在着许多常见的慢性病，如肥胖、近视、高血压、脊柱关节问题（如颈椎和腰椎问题）、糖尿病和抑郁等。为了解决这一问题，本文旨在探讨北京农学院大学生常见慢性病及其对健康造成危害的程度，并深入了解大学生与健康行为之间的关系。此外，本文还将分析可能导致大学生发展出潜在患上慢性疾病的因素。通过利用所得到的研究结果和数据分析，希望能够为促进大学生增强慢性病预防意识，以及培养身心健康认识提供科学的依据。

关键词：慢性病；大学体育课；锻炼

慢性病是一种在短时间内很难痊愈的疾病。随着我国经济发展，人民生活水平不断提高，生活节奏越来越快。慢性咽炎、免疫系统疾病、肥胖、高血压、糖尿病、抑郁症等为代表的非传染性疾病已成为威胁我国公民健康的主要目标。《中国防治慢性病中长期规划（2017—2025 年）》提出，慢性病主要包括心脑血管疾病、癌症、慢性呼吸系统疾病、糖尿病和口腔疾病，以及内分泌、肾脏、骨骼、神经等疾病。慢性病对我国居民健康构成较为严重的威胁。它们都属于免疫系统疾病。我国居民因慢性病死亡的比例占到死亡总人数的 86.6%，已成为国家经济发展和城市社会的主要公共卫生问题的障碍。慢性病与未能养成健康的生活方式密切相关，存在年轻化的趋势。大多数大学生认为慢性病是中老年人的免疫系统疾病。对慢性病的关注程度较低，自我控制意识较弱。

一、研究对象与方法

1. 研究对象

本次调查以北京农学院 8 个院系 4 个年级的大学生为研究对象，从办理大学生体质健康测试免予测试的学生中抽取 489 名进行分类分析。其中，男生 194 人，女生 295 人，平均年龄 20 岁。

---

①　作者简介：王珊，女，硕士研究生，副教授，北京农学院基础课教学实验中心副主任，主要研究方向为学校体育。

2. 研究方法

借助 CNKI 论文检测系统以及与体育成绩挂钩的主要相关机构的官方网站，笔者查阅了大量与慢性病具体内容有所关联的文献，如撰写的论文、相关书籍等资料，研究内容提纲取自高等学校体育实践教学、当代医学、学校卫生等专业基础课。

笔者使用特定分层随机抽样方法，选取研究对象，对大学生慢性病潜在危险因素进行问卷调查，并使用访谈法深入了解信息。调查结果的具体内容涵盖人类学特征、身体健康、日常行为和生活方式（吸烟、饮酒、饮食、参加运动、保证优质睡眠和心理压力）等。

3. 统计分类

使用 SPSS22.0 软件进行统计学分析，采用例数、百分比进行描述性分析。

二、大学生慢性病健康素养情况

根据郭静等（2011）的研究，他们对北京市大学生健康素养水平进行了调查。结果显示，有 24.75％的北京市大学生具备居民健康素养水平。这项调查还发现，大学生在基础理论知识和核心价值观、倡导健康生活方式、掌握犯罪行为和基本技能方面的居民健康素养比例分别为 41.77％、13.37％和 73.04％。然而，最新数据显示，尽管大学生拥有良好的计算机知识水平和专业技能，但这些知识和技能尚未有效地转化为科学的生活方式。饮食不合理及不良的生活习惯是导致大学生非传染性慢性病发展的原因之一。其中一个最重要且阻碍患者数量上升的因素与缺乏自我健康管理能力以及慢性病本身相关联。相比于传染病，人们对于非传染性慢性病所带来的威胁警惕性较低。

教育部制定了《国家学生体质健康标准（2014 年修订）》规定，每所学校每年必须对学生进行一次体质健康检查。毕业时，体质健康检查未能达到 50 分的学生将受到处罚（对于有病或家庭经济困难但已建档立卡的学生，可以提交书面要求和相应证明向普通学校申请免除处罚）。那些患有肥胖、高血压、类风湿关节炎等慢性病的在校学生将无法享受免检资格，而免疫系统疾病本身也给体检带来了一定困难。与此同时，那些在校期间患有单纯免疫系统或代谢方面问题的学生也是教育部运动成绩管理部门重点关注的对象。

三、北京农学院大学生健康状况及慢性病潜在危险因素

1. 健康状况

在对 489 名受访者进行调查后发现，1.68％的学生表示他们患有医生诊断的慢性病。在自我评价身体健康方面，0.60％的学生认为近期身体状况不佳，4.02％的学生感觉自己的身体状况较差，23.51％的学生内心认为自己的身体状况很好。学校中大部分学生则认为自己的身体状况一般。通过计算 BMI 值，发现 25.00％的学生超重或肥胖，17.3％的学生明显偏瘦，其余受访者则属于正常范围。结合定义标准以及向心性肥胖（男性腰围≥85 厘米、女性腰围≥80 厘米）参考数据，可以得出部分受访者存在腹部脂肪堆积情况。其中，男性比例为 55.98％，女性则占到了 44.02％。

2. 生活与行为习惯

（1）学生的饮食习惯存在一些问题。根据调查结果显示，大部分学校的学生在吃早餐

和午餐方面没有规律作息时间。只有 11.76％的学生能够按时并且适量地进餐，而 68.45％的学生虽然会按时用餐，但却无法保证摄入足够的量；只有 21.58％的学生能够按时吃早餐，很多人只是偶尔吃早餐或者经常不吃早餐。此外，很少有人选择蛋白质食物时会结合自身对营养需求的理解来进行选择，更多的是基于个人喜好来做决定。在学校中约 30.00％的学生能同时摄入蔬菜水果、动物性食品以及蛋白质来源如脱脂奶和奶制品。不过仍有 45.00％的学生倾向于过多地摄入零食（如薯片、巧克力和饼干）、各种类型的饮料（如碳酸软饮料、咖啡）以及甜点（包括巧克力糖和烘焙食品）。同时，36.28％的在校学生存在过量摄入腌制、烧烤和油炸食品，以及水果和蔬菜的情况。此外，有 12.50％的学生习惯于吃夜宵。这种不当和不科学的饮食和生活习惯会影响人体各种营养素的正常摄入，进而导致身体健康问题。一些常见问题包括胆汁反流性胃炎、肥胖、高血压以及口腔疾病。

（2）生活劣习。调查结果显示，在学校中有 7.00％的学生存在吸烟行为，并且 89.00％的学生处于二手烟环境中。此外，调查还了解到，超过一半的学生长期饮酒，只有 1/3 的学生能够做到不吸烟、不喝酒。吸烟和饮酒行为与鼻咽癌、慢性阻塞性肺部疾病密切相关，并且是急性心肌梗死复发的最主要因素之一。另外，过量饮酒可能导致心脑血管疾病和肝癌的发生。

（3）运动锻炼。调查显示，在校学生中，只有 20.53％的学生坚持进行锻炼，而 79.47％的学生很少参与体育锻炼活动。虽然 91.52％的学生每天都会进行体育锻炼，但仍有 8.48％的学生几乎从不参加锻炼。进一步了解到，大部分学生每天花较长时间使用互联网，显然缺乏身体型活动。身体运动不足会让心血管疾病、糖尿病和肥胖等风险增加，并提高患结直肠息肉、高血压、骨质疏松、脂质内分泌紊乱以及抑郁和焦虑等风险。

（4）睡眠状况。调查发现，大部分学生入睡时间较晚。在 489 名受访人中，仅有 11.01％的学生在晚上 11 点之前休息；大部分学生存在睡眠不足、失眠或过度嗜睡的情况。此外，11.16％的学生经常熬夜，75.30％的学生偶尔熬夜，仅有 13.54％的学生从不熬夜。沉迷于电脑或手机游戏，并长时间使用电脑或智能手机对眼睛、肩部周围和颈椎都可能造成影响，如近视、肩周炎和颈椎病等。

（5）心理疾病。情感问题以及学习压力是大学生失眠、抑郁、焦虑等精神疾病的主要诱因。这些长期存在的精神压力和焦虑也会间接增加高血压风险，并导致甲状腺功能障碍、胃溃疡、过敏性皮炎等其他健康问题。

此外，在经济发展、就业以及处理人际关系等方面，学生也会面临各种阻力。不同学校所面临的阻力不同，因此应选择适合的方法来缓解精神压力。

四、高校体育课开展慢性病预防的价值

作为祖国未来的希望，大学生的身体健康至关重要。然而，由于就业压力、情绪问题、缺乏锻炼和不良生活习惯等因素的影响，在校期间很多应届毕业生的健康状况并不理想。与中老年人常见的高血压、糖尿病、类风湿性关节炎以及呼吸系统相关疾病相比，这些慢性病在大学生群体中也越来越普遍。培养良好的生活方式是预防慢性病的关键之一。根据世界卫生组织的调查结果显示，60％以上的慢性病取决于每个人的生活方式，并且遗

传因素也与其密切相关。

目前，我国除了少数院校开设部分公共卫生课程外，大多数院校并未纳入身体健康等相关课程。此外，我国的高等学校在教育主管部门规定下设有体育课程，为本科学校的一二年级学生提供服务。《普通高等学校体育成绩通用标准》要求，普通高校每周至少安排144门理论课（专科毕业生不少于108课时），包括每周至少2门体育理论课，并且每门理论课不得少于45分钟的时长。体育课在大学生的日常学习中占据了相当的比例。然而，很多大学生并没有意识到参与体育赛事对预防和治疗代谢性疾病以及提高免疫力有益处。

五、结论与建议

1. 普及大学生慢性病预防理论课

将慢性病预防纳入专业体育课程，采用具体模式进行教授。这不仅需要在专业基础课程中考虑相关内容，而且应将其列为体育教学评价指标体系的一部分。尽管不一定计入专业教育理论课程，但通过专门的体育课程加强对于慢性病预防的培训和教育。有条件的高校可以聘请知名医疗卫生专家开设公开课，或者以演讲、慢性病预防专家讲座等特定形式向大学生普及慢性病防治知识。通过借助权威人士的声音和形式多样化的宣传，增进大学生对于慢性病预防重要性的认知。此外，利用体育教学来进行慢性病预防。借助体育课堂上授予技能，并培养学生养成健康生活方式，从而预防和干预大学生常见的非传染性慢性病。

2. 普及慢性病筛查

为确保患有重症疾病、潜在疾病和慢性疾病的学生参加体育课和教育部组织的大学生体质健康测试时的安全，需要采取一系列措施。高校可以结合体育课程进行学生健康筛查，并采用纸质问卷或在线问卷调查方式获取学生身体健康情况以及是否存在慢性疾病等信息，以提前发现相关风险因素。此外，在问卷中还可增设与预防慢性疾病相关的理论指导内容，向大学生提供初步的慢性疾病健康教育。

3. 对有慢性病的学生可以分类指导，开展运动处方教学

为确保高校体育课的安全性，可以通过新生体检和健康问卷来筛查学生，以确定是否存在严重疾病、慢性病或不适宜参与剧烈运动的情况，这样便可以对学生进行分类指导。

4. 建立健康教育平台

目前，大学校园的网络设备和系统已经得到有效的改善，借助学校的支持，负责该项目的学生能够利用官方网站发布信息，并通过校园网站进行健康咨询直播。利用这些平台向大学生传达慢性病防治知识，使得学生能随时了解最新的校内健康教育资讯。这一举措有助于提升大学生对慢性病健康素养的认识水平。与此同时，在现代社会中，手机已成为人们必不可少的通信工具。由于网络健康教育不受时间和空间限制，因此其成为一种更高效的推广健康知识的方式。大学生可以注册个人微信账号，并积极关注健康主题的微信平台，定期阅读疾病防控中心或科学家发布的文章，并通过有奖推送等方式扩散健康知识。这种方法能够扩大健康知识传播范围，并提升大学生群体对于保持良好身体状况所需的知识水平，从而有效降低患上慢性疾病的风险。

参 考 文 献

陈晓勇，李静宇，2019. 高校公共体育课开展课程思政同向育人的研究［J］. 现代经济信息（7）：441.

陈子豪，赵婷，贾静，2018. "互联网＋"慢性病管理模式的发展及现状综述［J］. 昆明学院学报（3）：109-114.

郭静，杜正芳，马莎，2011. 北市大学生健康素养调查［J］. 中国健康教育（6）：442-444.

尹冲淋，方燕，2015. 体育与健康课如何有效组织教学之探讨［J］. 当代体育科技（8）：136-137.

钟春兰，2015. 微信在儿科健康教育中的运用［J］. 安徽卫生职业技术学院学报（2）：102-104.

基于混合式教学的大学英语文化导入途径探析*

孙 淼①

摘　要：《大学英语教学指南》（2020 版）指出，"大学英语课程的重要任务之一是进行跨文化教育。语言是文化的载体，同时也是文化的组成部分。学生可以通过英语学习了解国外的社会与文化，增进对不同文化的理解，加强对中外文化异同的认识，培养跨文化交际能力"。新时期，大学英语课程的教学模式已经从单一的课堂教学逐渐转向线上与线下相结合的混合式教学模式。本文拟对如下问题进行探析：第一，探讨基于网络教学的大学英语文化导入途径；第二，以"新视界大学英语综合教程"相关课程为例，如何在大学英语课堂中，采用线上和线下相结合的混合式教学法有效地增强学生的跨文化意识，提高学生的跨文化交际能力。

关键词：文化导入；混合式教学模式；思辨能力；思政教学

　　新时期，随着经济全球化的发展，"世界命运共同体"理念的提出，世界各国之间的联系越来越紧密。英语作为世界通用语言，在国际合作中发挥着无可替代的作用。在"互联网＋"的时代背景下，各高校都在着力推进信息技术与教育教学的深度融合。丰富的线上英语课程与必要的线下课堂教学相互结合并融为一体，能够更有效地提高学生的外语学习效率以及其在英语方面的综合应用能力。目前，北京农学院也在致力于线上和线下的混合式大学英语教学模式构建以及跨文化交际课程的设计。

　　《大学英语教学指南》（2020 版）（以下简称《指南》）在对课程性质的阐述中指出，"大学英语课程是高等学校人文教育的一部分，兼有工具性和人文性双重性。就其人文性而言，大学英语课程重要任务之一是进行跨文化教育。语言是文化的载体，同时也是文化的组成部分，学生学习和掌握英语这一交流工具，除了学习、交流先进的科学技术或专业信息之外，还要了解国外的社会与文化，增进对不同文化的理解，对中外文化异同的意识，培养跨文化交际能力"。

　　《指南》的前言部分指出，"英语作为全球目前使用最广泛的语言，是国际交往和科技、文化交流的重要工具。通过学习和使用英语，可以直接了解国外前沿的科技进展、管理经验和思想理念，学习和了解世界优秀的文化和文明，同时也有助于增强国家语言实力，有效传播中华文化，促进与各国人民的广泛交往，提升国家软实力"。新时期的高校

---

　　* 本文系"基于混合式教学的大学英语文化导入途径探析"（项目编号 2021045），立项单位：外语教学与研究出版社有限责任公司。

　　① 作者简介：孙淼，女，硕士，副教授，北京农学院英语教师，主要研究方向为英语教学法。

英语课程不仅要响应我国战略目标的基本要求，同时也在很大程度上满足了学生在国际交流、学习、就业、深造等方面的个人需求与发展。高校大学生具有良好的英语水平不仅能够帮助他们树立正确的世界观，形成良好的国际意识，提升文化包容涵养，而且还能为其今后全面发展提供一个基本的工具，为全球化时代的到来做好充分的准备。

进入 21 世纪，高校基于网络技术的慕课和微课正在蓬勃发展，大学英语课程的教学模式也从单一的课堂教学逐渐转向线上与线下相结合的混合式教学模式。如何在新时期基于网络的大学英语教学中导入西方文化？怎样在大学英语课堂教学中培养学生的跨文化意识？怎样在文化导入的过程中帮助学生树立正确的世界观和价值观，培养学生的文化异同思辨能力？教师在英语课堂上介绍西方文化的同时，如何潜移默化地渗透中华传统文化，讲好"中国故事"？以上问题已经成为近些年英语教师基于网络发展的大学英语教学实践中十分关注的问题。

一、国内外研究现状

跨文化交际（cross－cultural communication 或 inter－cultural communication）一词及其研究最早出现在 20 世纪 50 年代的美国，此概念于 20 世纪 80 年代进入我国学者的研究领域。当时我国处于改革开放初期，将西方经济、贸易及文化"引进来"是迫切任务。那时，对跨文化交流人才的注意力较多地集中在了解和熟悉英语国家文化背景及知识上，研究者们对于跨文化交际能力的研究也更多地侧重于单方面的以西方文化导入为主，较少涉及中西文化差异对比，及对本民族文化的宣扬和推广。随着改革开放不断深化，中国经济建设取得了举世瞩目的成就，当代中国已经实现了从"赶上时代"到"引领时代"的伟大跨越，目前已进入建设中国特色社会主义新时期，因此，在培养跨文化交际人才方面，大学英语课程也应逐渐顺应时代的发展和社会的需求，一方面培养学生能够理解目标语文化的理念及价值取向，另一方面则是逐渐开始重视树立和培养本民族的文化意识，坚守民族自尊心和自信心，提升中华优秀文化素养。目前国内相应的研究方向也从以侧重研究目标语文化及内涵为主逐步转向为以研究中西方文化对比，及培养学生具有中国情怀、国际视野和跨文化沟通能力为主的课堂教学发展方向。另外，随着近两年中国国际地位的不断提升，各高校在大学英语课堂上融入思政教育也逐渐加强。学术期刊发表主要以理论性研究为主，兼有实证研究和课堂教学实践等方面研究。

二、中西方文化导入兼修并举，培养学生的思辨能力

首先，对本科非英语专业三个教学班的 185 名在校大一学生进行跨文化交际意识和跨文化交际能力调查。通过访谈和问卷调查发现：大部分学生了解的中西方文化知识主要涉及在饮食习惯、风土人情、节日礼仪等基础知识层面，对涉及中西方文化差异内容中的社会观、价值观等这些较深层的话题，学生的相关知识较少。同时，大部分学生不具备跨文化沟通和解决问题的能力，在碰到因文化差异引起的冲突时，多数学生缺乏思辨意识和处理、解决问题的能力。

以《新视界大学英语综合教程 1》第二单元 *Food for thought* 为话题设计任务为例。各小组按照教师给定的话题介绍不同国家的特色饮食，学生在汇报展示环节，ppt 的展示

内容主要集中在当地菜品的图片或菜品制作的视频介绍，较少会涉及饮食文化的形成渊源或历史文化层面。大部分学生只能识别各国饮食文化的表象差异性，不能透过现象挖掘或探析存在这些差异的原因及其对当地人民生活的影响。对基于话题所引发的深层的价值观和价值取向，学生不能较好的分析和理解。对于因涉及饮食文化差异所引发的实际案例，大部分学生无法做出恰当的预判或提出有效的解决方案。

通过问卷调查和课例分析，本校大一学生主要存在如下一些问题：①学生对中西方文化的相关知识储备不够；②学生缺乏较好的跨文化意识；③学生缺乏跨文化思辨能力和解决问题的能力。因次，根据调查结果，结合"新视界大学英语综合教程"系列教材（外语教学与研究出版社出版），教师制定了相关的教学计划、设计了具体的教学方法并实施，以期改善上述问题。

再以《新视界大学英语综合教程1》第四单元 *Mixed marriages* 为例，课程内容设计如下：首先，增加课前线下预习话题思考和相关话题资料的输入性阅读。教师通过设计与跨种族婚姻相关的一系列问题来激发学生的求知欲与探索精神。同时，通过布置阅读相关辅助的泛读文章，使学生对单元话题有初步的知识储备。其次，线上课堂互动方面。教师采用多样化的线上互动模式进行预习反馈，并有针对性地引导学生对跨种族婚姻所带来的各种问题进行探讨，在了解了跨种族婚姻的利与弊之后，尝试引导学生思考并比较中西方不同国家在爱情观、婚姻观、价值观等方面的异同，并溯源所涉及的相关历史文化、国家体制及国情等，让学生明白文化的形成是基于国家的历史、社会体制、群体习惯而逐渐形成的。最后，在本单元的线上学习结束后，教师根据学生在课程中所讨论的内容，选取部分问题拟定成话题，分配给各个学生小组进行课后总结讨论并准备小组线上展示，以此来检验评估学生的学习效果。

三、小结

大学英语课程在不同时期根据国家的不同需求，培养学生相应的英语交流和沟通能力。新时期，在《大学英语教学指南》（2020版）的指导下，英语教师应当根据国家和人才培养需求，制定明确的课堂教学目标，设计和调整基于线上和线下相结合的课程内容。通过为期一年的教学实践，教师通过设计多样化的跨文化交际能力训练，逐步提高学生的跨文化交际意识，有效地导入中西方文化；通过采用线上或线下的英语小品表演、师生问答互动等多种教学实践活动，增强学生的自我文化身份认同，对中西方文化差异性、文化思维、文化行为等有了更全面的学习和认知。

<h1 style="text-align:center">参 考 文 献</h1>

高永晨，2014. 中国大学生跨文化交际能力测评体系的理论框架构建［J］. 外语界（4）：80-88.

教育部，2017. 大学英语教学指南（2017最新版）［EB/OL］. https：//sfs. usts. edu. cn/info/1143/4132. htm.

教育部，2017. 习近平总书记谈高校思政：把思想政治工作贯穿教育教学全过程［EB/OL］. http://www. moe. gov. cn/jyb_ xwfb/xw _ zt/moe _ 357/jyzt _ 2017nztzl/2017 _ zt11/17zt11 _ xjpjysx/201710/t20171016_316349. html.

教育部高等教育司，2007. 大学英语课程教学要求［M］. 北京：外语教学与研究出版社.

孙有中，2016. 外语教育与跨文化能力培养［J］. 中国外语（3）：1，17-22.

Aguilar，M. J C，2017. Dealing with intercultural communication competence in the foreign language classroom. In Soler，EA. & Jorda，M. P. S. Intercultural Language Use and Language Learning［J］. Springer（2017）：59-78.

Byram M，1997. Teaching and Assessing Intercultural Communicative Competence［M］. New York：Multilingual Matters.

大学英语课程思政建设的探索与实践

杨　隽①

摘　要：《大学英语教学指南》（2020 版）指出，大学外语教育是我国高等教育的重要组成部分，除了培养学生的英语应用能力，还应围绕立德树人根本任务，融入课程思政理念和内容，帮助学生树立正确的世界观、人生观和价值观。笔者把课程思政内容有机融入大学英语教学过程中，探索出不断强化教师思政意识、深入挖掘教材思政元素，有效培养学生思政意识的教学方法，把立德树人作为教育的根本任务，推进高校课程思政的建设落到实处。

关键词：大学英语；课程思政；教学活动；思政元素

一、高校课程思政建设的背景

党的十八大以来，习近平总书记高度重视立德树人在教育中的重要地位和作用，多次强调要坚持把立德树人作为根本任务。2016 年 12 月，习近平总书记在全国高校思想政治工作会议上进一步强调，高校立身之本在于立德树人。

2020 年 6 月教育部印发了《高等学校课程思政建设指导纲要》，指出培养什么人、怎样培养人、为谁培养人是教育的根本问题。全面推进课程思政建设，就是要寓价值观引导于知识传授和能力培养之中，帮助学生塑造正确的世界观、人生观、价值观。《纲要》指出，课程思政的重点内容包括推进习近平新时代中国特色社会主义思想进教材、进课堂、进头脑，培育和践行社会主义核心价值观，加强中华优秀传统文化教育，深入开展宪法法治教育，深化职业理想和职业道德教育。要科学设计课程思政教学体系，将课程思政融入课堂教学建设全过程。

2022 年 10 月，习近平总书记在党的二十大报告中对"实施科教兴国战略，强化现代化建设人才支撑"做出全面部署，提出全面贯彻党的教育方针，落实立德树人根本任务，培养德智体美劳全面发展的社会主义建设者和接班人。

二、大学英语课程思政建设的必要性

教育部高等学校大学外语教学指导委员会发布的《大学英语教学指南》（2020 版）为新时期大学英语教育指明了发展方向，为大学英语适应高等教育发展的新形势提供了指

---

① 作者简介：杨隽，女，副教授，主要研究方向为英语教学法。

导。《指南》指出，大学英语课程是普通高等学校通识教育的一个重要组成部分，兼具工具性和人文性。大学英语课程可培养学生对中国文化的理解和阐释能力，服务中国文化对外传播。大学英语教学应融入学校课程思政教学体系，使之在高等学校落实立德树人根本任务中发挥重要作用。

大学英语作为大学外语教育的主要内容，是大多数非英语专业学生在本科教育阶段必修的公共基础课程，在人才培养中具有重要作用。一般来说，大学英语课程开设时间长，通常开设四个学期，覆盖面广，涉及非英语专业的大部分学生，因此，大学英语课程无论在时间跨度上还是教学内容上，都更具备思政教育的优势。

在新时代教育背景下，如何有效地将课程思政融入大学英语课程，提升大学英语的教学效果，培养学生的文化自信，激发学子的爱国情感，提高学生的综合素养是一个亟待解决的重要课题。

三、大学英语与课程思政的融入

（一）不断强化教师的思政意识

《高等学校课程思政建设指导纲要》提出全面推进课程思政建设，教师是关键，教师的思政素养将直接影响着课程思政的实施效果。2022 年 4 月，习近平总书记在中国人民大学考察调研时强调，培养社会主义建设者和接班人，迫切需要我们的教师既精通专业知识、做好"经师"，又涵养德行、成为"人师"，努力做精于"传道授业解惑"的"经师"和"人师"的统一者。

首先，大学英语教师要在不断提高自身专业知识水平的同时，进行思想政治理论学习，深入学习习近平新时代中国特色社会主义思想，坚定理想信念，提高政治站位，自觉地用习近平新时代中国特色社会主义思想武装头脑，将思政理论与专业知识相结合，以学习推动教学，不断提高思想政治素质，加强师德师风建设，增强立德树人、教书育人的责任感和使命感，做新时代"四有"好老师。

其次，大学英语教师应积极参加各级各类课程思政相关专题培训和研讨。通过参加培训，教师能够与教学名师进行近距离学习、交流，有助于解决课程思政建设过程中存在的疑惑和问题，正确理解课程思政的内涵，准确把握课程思政建设方法与实施路径，提升教师课程思政建设的意识和能力，全面推进课程思政高质量建设。

最后，大学英语教师还要利用身边的思政素材并将其有机融入课堂教学。《习近平谈治国理政》（第一、二、三、四卷）中英文版、《习近平谈治国理政》多语种语料库、"学习强国"学习平台和《中国日报》等不仅全面呈现习近平新时代中国特色社会主义思想，更是向世界传播中国声音的重要渠道。在开展语言技能训练时，教师通过有针对性地开展教学，发掘外语专业的思想价值渗透作用，启发学生学有所思、学有所感、学有所获、学有所用，引导学生形成良好的价值取向。

（二）深入挖掘教材的思政元素

在大学英语教学中，教师首先要用好教材，在传授语言的基础上，融入思政内容，引导学生培养社会主义核心价值观，树立坚定的理想信念。

北京农学院大学英语课程使用的教材主要有"新视界大学英语综合教程""跨文化交

际英语阅读教程"等。"新视界大学英语综合教程"为大学英语基础阶段综合教程，包括大学生活、饮食文化、思维方式、人际交往、家庭、旅游、环境等大学生感兴趣的话题，让学生在学语言的同时，了解其他国家的文化，培养批判思维习惯，提高其综合素质。"跨文化交际英语阅读教程"有机结合了大学英语的工具性和人文性特征，将文化知识的传授与跨文化交际能力的提升融入阅读技能的培养中，除介绍西方社会历史文化的篇章外，还有不少中华文化和中西文化交流的选篇：有讲述中国钢琴家郎朗奋斗历程的文章，有介绍"中西文化使者"林语堂的文章，还有阐述中西文化桥梁——丝绸之路的文章。这些文章有着丰富的人文内涵和广阔的文化背景，特别注重世界不同文化的对比，可以充分唤起学生的本土文化意识和跨文化交流意识。

此外，教师在讲解课文的同时还可以结合实际生活，多渠道深入挖掘思政元素。如在讲解课文 Sport in Ancient Greece and China（古希腊和中国的体育运动）时，笔者在导入环节加入 2022 年北京冬季奥运会和 2022 年北京冬季残奥会的主题口号推广歌曲《一起向未来》的英文版 Together for a Shared Future，学生在欣赏歌曲、学习有关词汇正确表达的同时，再一次重温了北京冬奥会的精彩瞬间，回顾了北京冬奥精神，激发了爱国热情，增强了文化自信心。

如在讲解有关丝绸之路的课文 Seven Myths（七大误解）时，笔者补充了"一带一路"的概念。"一带一路"（The Belt and Road）是 2013 年 9 月和 10 月由习近平总书记分别提出建设"新丝绸之路经济带"和"21 世纪海上丝绸之路"。"一带一路"旨在借用古代丝绸之路的历史符号，高举和平发展的旗帜，积极发展与沿线国家的经济合作伙伴关系，共同打造政治互信、经济融合、文化包容的利益共同体、命运共同体和责任共同体。

又如，笔者在讲解课文 Eating Hotpot（吃火锅）时，穿插介绍了由北京市政府外事办公室牵头成立编委会编辑的《中文菜单英文译法》中提供中文菜名的翻译原则和翻译方法、菜单译名，并选取了典型菜名，如夫妻肺片、宫保鸡丁、麻婆豆腐等，让学生尝试翻译。通过练习，学生不仅知道了每道菜品的正确译法，还了解了中华美食背后的深厚文化底蕴，从而能够弘扬中华美食文化，扩大中国传统文化影响力。

（三）有效培养学生的思政意识

在日常教学中，教师应坚持以学生为中心，不断创新教学模式，采用任务式、合作式、项目式、探究式等教学方法发挥学生主体性作用，通过引导不断培养学生的思政意识。如笔者讲解 Food for Thought（饮食文化）时，要求学生在课前进行小组展示。学生详细介绍了具有代表性的中华美食，随后和全班同学分享了唐诗《悯农》的英文翻译，不仅扩展了学生的知识面，也能够让学生在中西文化的对比中体会中国古典文化的博大精深，扩展学生的知识视野，同时传递了中华文明的道德情操与勤俭节约的美德。

又如笔者在讲解课文 Smart Shopping（心计商家）后，通过课堂讲解、小组讨论，引导启发学生提出自己的感受：文章看似在介绍商家如何通过精心的店铺设计来促进购物，但从消费者的角度来看，我们应该了解商家采用的心理技巧，从而树立理性消费观，避免冲动购物。

四、结束语

综上所述，课程思政对大学英语教师来说，既是挑战也是机遇。课程思政不是一门或一类特定的课程，而是一种教学理念。课程思政建设不是一段或一时的建设，而是一个长期积累的过程。大学英语教学应以学生收获为目的、以课程思政为载体、在教学过程中加强对学生思想政治指引，深入推动习近平新时代中国特色社会主义思想进教材、进课堂、进头脑，践行和弘扬社会主义核心价值观，引导学生形成正确的人生观、世界观和价值观，建立大学英语教育的思想文化阵地，办好人民满意的教育，加快建设教育强国。

参 考 文 献

教育部高等学校大学外语教学指导委员会，2020. 大学英语教学指南［M］. 北京：高等教育出版社.

人民网，2016. 习近平在全国高校思想政治工作会议上强调：把思想政治工作贯穿教育教学全过程开创我国高等教育事业发展新局面［EB/OL］. http://dangjian. people. com. cn/GB/n1/2016/1209/c117092-28936962. html? ivk_sa＝1024609w.

新华网，2022. 习近平在中国人民大学考察时强调坚持党的领导传承红色基因扎根中国大地走出一条建设中国特色世界一流大学新路［EB/OL］. http://cpc. people. com. cn/n1/2022/0425/c64094-32408562. html.

中华人民共和国教育部，2020. 教育部关于印发《高等学校课程思政建设指导纲要》的通知［EB/OL］. http://www. moe. gov. cn/srcsite/A08/s7056/202006/t20200603_462437. html.

Simon Greenall，2011. 新视界大学英语综合教程1［M］. 北京：外语教学与研究出版社.

Steven Maginn，2015. 跨文化交际英语·阅读教程1［M］. 上海：上海外语教育出版社.

北京市不同层次高校学生体育锻炼状况的调查研究*

常海林①　　陈晓昕　　王　珊

摘　要： 对北京市 9 所高校 3 668 名大学生进行体育锻炼状况问卷调查，应用列联表对不同层次高校学生的体育锻炼的态度、身体健康状况的自我认知、影响及促进体育锻炼的因素进行差异性分析，根据不同层次高校学生体育锻炼的特性，制定有针对性的体育教学内容和教学方法。

关键词： 北京市；不同层次高校；学生体育锻炼

体育课程是高校体育教育最主要的形式，也是实现高校体育教育的基本途径。在教学内容的选择上应遵循大学生的认知规律和身心特征，应结合现代大学生在校体育生活的现状和需求，开展素质教育，培养大学生的体育意识和体育能力。通过本次研究了解不同层次高校学生的体育现状、需求，针对不同层次高校学生体育锻炼的特点，制定符合不同层次高校学生需求的体育教学内容和教学方法，促进大学生终身进行身体锻炼和接受体育教育。

一、研究对象与方法

1. 研究对象

本次研究将高校分为三个层次。第一层次为一本院校，第二层次为二本院校，第三层次为高职院校。选取北京市 9 所高校为本次研究的对象。

2. 问卷调查法

根据研究目的，设计《大学生体育锻炼调查问卷》，对北京市 9 所高校发放问卷 3 668份，第一层次高校发放 1 354 份，第二层次高校发放 1 376 份，第三层次高校发放 938 份，回收 3 668 份；有效问卷 3 668 份，有效回收率 100％（表 1）。

表 1　调查问卷的发放与回收

	一本院校		二本院校		高职院校	
	数量（人）	比例（％）	数量（人）	比例（％）	数量（人）	比例（％）
男	485	35.82	434	31.54	468	49.89

*　本文系北京市教育科学"十三五"规划 2020 年度课题项目：健康中国视域下北京不同层次高校学生体质特点及促进策略研究（立项编号 CDDB2020154）。

①　作者简介：常海林，女，教授，硕士，主要研究方向为学校体育。

（续）

	一本院校		二本院校		高职院校	
	数量（人）	比例（%）	数量（人）	比例（%）	数量（人）	比例（%）
女	869	64.18	942	68.46	470	50.11
合计	1 354	36.91	1 376	37.51	938	25.58

3. 体质健康等级综合评价

体质测试按照《国家学生体质健康标准》测试要求及评价指标进行等级评价。评分等级为：及格（60～74 分）、良好（75～84 分）、优秀（85～100 分）。

4. 数据处理

运用列联表对数据进行统计处理。

二、结果与分析

1. 不同层次高校学生体质健康测试结果分析

选取不同层次高校学生的体测成绩，依据《国家学生体质健康标准》综合评级标准进行等级评价（表 2）。

表 2　大学生体质健康测试成绩等级分布（除去尚未参加当前学年体测的学生样本）

	优秀		良好		及格		不及格	
	人数（人）	百分比（%）	人数（人）	百分比（%）	人数（人）	百分比（%）	人数（人）	百分比（%）
一本	175	15.54	470	41.74	428	38.01	53	4.71
二本	117	8.92	546	41.65	551	42.03	97	7.40
高职	115	12.61	252	27.63	461	50.55	84	9.21
合计	407	12.15	1 268	37.86	1 440	43.00	234	6.99

对表 2 数据进行列联表检验 $p=2.14\times10^{-17}$，表明三个层次院校学生的体质健康测试等级有显著性差异。其中，差异最大之处在于高职院校学生体质健康测试等级为"良好"的比例为 27.63%，大大低于一本院校和二本院校学生的水平，而"不及格"比例 9.21% 又高于平均水平 6.99%；其次是高职院校学生体质健康测试等级为"及格"的比例为 50.55%，显著高于一本院校和二本院校学生的水平。可见，高职院校学生的体质健康测试成绩总体上低于一本院校和二本院校。

一本院校和二本院校之间，最显著的差异在于学生体质健康测试等级为"优秀"的方面，一本院校学生的比例 15.54%，显著高于二本院校学生的比例 8.92%。

2. 不同层次高校学生体育锻炼态度调查结果分析

体育态度是指个体在体育活动中所持的认知评价、情感体验和行为意向的综合表现。体育态度是学生参与、坚持体育锻炼的动力因素。

（1）不同层次高校学生对体育锻炼认知方面的差异分析（表 3）。

表 3 大学生对体育锻炼的认知差异

	很重要		一般		不重要		无所谓	
	人数（人）	百分比（%）	人数（人）	百分比（%）	人数（人）	百分比（%）	人数（人）	百分比（%）
一本	992	73.26	321	23.71	14	1.03	27	1.99
二本	870	63.23	450	32.70	20	1.45	36	2.62
高职	576	61.41	320	34.12	6	0.64	36	3.84
总计	2 438	66.47	1 091	29.74	40	1.09	99	2.70

对数据进行列联表检验，$p=1.59\times10^{-9}$ 具有显著差异。

差异突出表现为一本院校学生认为体育锻炼很重要的比率为 73.26%，显著高于二本院校和高职院校，而认为一般的比率为 23.71%，低于二本院校和高职院校，表明一本院校学生对体育锻炼的重视程度高于二本院校和高职院校学生。

（2）不同层次院校学生体育锻炼情感方面的差异分析（表 4）。

表 4 大学生对体育锻炼的情感差异

	喜欢		不喜欢	
	人数（人）	百分比（%）	人数（人）	百分比（%）
一本	1 037	76.59	317	23.41
二本	999	72.60	377	27.40
高职	705	75.16	233	24.84
总计	2 741	74.73	927	25.27

对大学生是否喜欢体育锻炼的选项数据进行列联表检验，$p=0.053$ 没有显著差异。大学生喜欢体育锻炼的均值为 74.73%，而不喜欢的均值仅为 25.27%，数据反映出大学生较喜欢体育锻炼。

（3）不同层次高校学生体育锻炼行为意向的差异分析（表 5）。

表 5 大学生每周体育锻炼频次

	几乎每天锻炼		每周 3～4 次		每周≤2 次		基本不锻炼	
	人数（人）	百分比（%）	人数（人）	百分比（%）	人数（人）	百分比（%）	人数（人）	百分比（%）
一本	210	15.51	507	37.44	467	34.49	170	12.56
二本	228	16.57	472	34.30	489	35.54	187	13.59
高职	258	27.51	285	30.38	257	27.40	138	14.71
总计	696	18.97	1 264	34.46	1 213	33.07	495	13.50

大学生周体育锻炼数据进行列联表检验，$p=2.35\times10^{-13}$ 呈现显著差异。几乎每天锻炼选项差异较大，高职院校学生为 27.51% 显著高于一本院校和二本院校学生，但基本不锻炼的人数又略高于一本院校和二本院校，呈现两极分化。一本院校学生几乎每天锻炼和基本不锻炼的比率均低于平均水平。

3. 不同体质健康等级学生在身体健康自我认知状况的差异分析

不同层次高校学生体质健康状况的自我认知与体质测试等级的相关数据进行列联表检验，均呈现出显著的差异性（表6）。

表6　大学生体质健康等级与身体健康状况的自我认知（除去尚未参加当前学年体测的学生样本）

| 院校 | 等级 | 很健康 | | 一般 | | 较差 | | 虚弱多病 | | p |
		人数（人）	百分比（%）	人数（人）	百分比（%）	人数（人）	百分比（%）	人数（人）	百分比（%）	
一本	优秀	125	71.43	44	25.14	3	1.71	3	1.71	
	良好	195	41.49	259	55.11	12	2.55	4	0.85	
	及格	98	22.90	277	64.72	42	9.81	11	2.57	9.73×10^{-38}
	不及格	10	18.87	25	47.17	11	20.75	7	13.21	
	总计	428	38.01	605	53.73	68	6.04	25	2.22	
二本	优秀	90	76.92	23	19.66	1	0.85	3	2.56	
	良好	232	42.49	289	52.93	21	3.85	4	0.73	
	及格	140	25.41	348	63.16	48	8.71	15	2.72	8.18×10^{-44}
	不及格	11	11.34	50	51.55	28	28.87	8	8.25	
	总计	473	36.08	710	54.16	98	7.48	30	2.29	
高职	优秀	100	86.96	14	12.17	0	0.00	1	0.87	
	良好	126	50.00	114	45.24	7	2.78	5	1.98	
	及格	172	37.31	236	51.19	41	8.89	12	2.60	2.33×10^{-27}
	不及格	15	17.86	45	53.57	19	22.62	5	5.95	
	总计	413	45.29	409	44.41	67	7.35	23	2.52	

体质健康测试等级良好学生的自我健康认知代表了所有学生的平均水平，而优秀的学生自我感觉很健康的比例较高，不及格的学生自认为虚弱多病比例较高；但及格水平的学生自我感觉很健康的比例相对很低。大学生对身体健康状况的自我认知较为准确。

4. 不同层次院校学生对于学习与体育锻炼相互影响的差异性分析

对表7数据进行列联表检验，$p = 1.46 \times 10^{-28}$，即不同层次院校学生对体育锻炼与学习之间相互影响的看法有显著差异（表7）。

表7　学习与体育锻炼的关系

| | 会占用一定的时间 | | 彼此之间没有影响 | | 有益于身心健康，有助于学习 | |
	人数（人）	百分比（%）	人数（人）	百分比（%）	人数（人）	百分比（%）
一本	460	33.97	177	13.07	717	52.95
二本	347	25.22	270	19.62	759	55.16
高职	154	16.42	270	28.78	514	54.80
总计	961	26.20	717	19.55	1 990	54.25

一本院校和高职院校学生对于前两项的回答呈现两极分化。一本院校较多学生认为体育锻炼会占用学习时间，且彼此之间会相互干扰；但高职院校学生并不认为体育锻炼会占用学习时间，且二者之间并无不良影响。

不同层次院校均有超过半数学生认为体育锻炼有益身心健康、有助于学习。

5. 不同院校学生不喜欢体育锻炼因素的差异性分析

对问卷中选择"不喜欢体育锻炼"的学生，分析其不喜欢的原因（问卷中为多选提问）是否有不同院校间的显著性差异（表8）。

表 8　不喜欢体育锻炼的因素

| | 身体好不需要 | 怕苦怕累 | 身体不宜 | 受场地限制 | 其他 |
	人数（人）/不喜欢体育锻炼总人数（人）	人数（人）/不喜欢体育锻炼总人数（人）	人数（人）/不喜欢体育锻炼总人数（人）	人数（人）/不喜欢体育锻炼总人数（人）	人数（人）/不喜欢体育锻炼总人数（人）
一本	28/317	224/317	92/317	86/317	40/317
二本	32/377	227/377	128/377	70/377	89/377
高职	34/233	85/233	97/233	37/233	51/233
总计	94/927	536/927	317/927	193/927	180/927
差异显著性	0.034	5.08×10^{-15}	0.0086	0.0022	7.09×10^{-4}

如表8所示，高职院校学生选择"身体好不需要"和"身体不宜"的比例显著高于一本院校和二本院校学生，但选择"怕苦怕累"的比例较低于一本院校和二本院校学生；一本院校学生选择"受场地限制"的比例，显著高于二本院校和高职院校学生，而选择"其他"的比例，又显著低于二本院校和高职院校学生。

6. 阻碍不同层次高校学生体育锻炼因素的差异性分析

对表9数据进行列联表检验，$p=4.30\times10^{-63}$，即不同层次院校学生对阻碍体育锻炼的原因归结有显著差异。主要差异呈现在一本院校和高职院校的两极分化，一本院校占比为39.44%、高职院校占比为14.18%的学生强调因学习压力大而影响体育锻炼；高职院校占比为18.44%学生认为因缺少专业教师指导而影响体育锻炼，但一本院校仅有7.16%的学生选择此项，一本院校的学生更加强调了学校的体育设施、体育场地的硬件条件较差而影响了其体育锻炼；由于其他原因而影响体育锻炼的选项上，一本和高职院校学生也有显著的两极分化表现。

表 9　阻碍体育锻炼的因素

| | 学习压力大 | | 学校设施和场地较差 | | 缺专业教师指导 | | 其他 | |
	人数（人）	百分比（%）	人数（人）	百分比（%）	人数（人）	百分比（%）	人数（人）	百分比（%）
一本	534	39.44	370	27.33	97	7.16	353	26.07
二本	308	22.38	262	19.04	217	15.77	589	42.81
高职	133	14.18	205	21.86	173	18.44	427	45.52
总计	975	26.58	837	22.82	487	13.28	1 369	37.32

三、结论与建议

1. 结论

（1）大学生体育锻炼态度总体上比较积极，不同层次高校的学生对体育认知、体育情感、体育行为三方面略有差异。

（2）一本院校的学生对参加体育锻炼的愿望较高，正确认识体育的健康价值；学生体质健康测试成绩等级高于二本院校和高职院校；受迫于学业压力，导致体育锻炼时间较少，但能保持持续、有效地进行体育锻炼。

（3）二本院校学生的各项数据均处于三个层次高校的均值水平。但体质健康优秀等级率低于平均值，而不及格率又高于均值。

（4）高职院校的学生周锻炼频次高于一本院校和二本院校，但体质健康测试成绩等级低于一本院校和二本院校，锻炼效果不佳，缺乏体育锻炼的有效性、针对性；自认为身体很好或身体不宜参加体育活动而不喜欢体育锻炼的学生远远超过一本院校和二本院校，没有厘清体育锻炼的价值及意义，导致参与身体锻炼的动力减低。

2. 建议

（1）一本院校应改善校园体育设施、场地，配齐配全体育健身器材，满足学生灵活、个性的体育锻炼方式。

（2）二本院校应开展丰富多彩的校园体育文化生活，举办不同层级的学生体育竞赛，调动学生体育锻炼的积极性。

（3）高职院校应强调体育锻炼是保持身体健康的核心要素，正确理解体育锻炼的意义和价值；配足专业教师科学地指导学生高效能地开展体育锻炼。

参 考 文 献

谢龙，赵东平，严进洪，2009. 青少年体育锻炼态度与行为的关系性研究 [J]. 天津体育学院学报（1）：72-74.

网球课堂教学融合思政元素的探究*

——以北京农学院网球课程为例

袁龙辉①　董肖旭　王卓识　路正荣

摘　要： 为全面贯彻落实教育部印发的《高等学校课程思政建设指导纲要》，全国各高校正不断加快对课程思政的研究。以北京农学院网球课程为例，经过课堂教学，把思想政治教育深入渗透到教学内容、教学方法、教学环境中，将相关的思政元素融合进网球课堂，充分挖掘体育的隐性育人功能，从而实现学生在学习过程中由强身健体到人格塑造的蜕变与升华，进而养成优良的道德品质。

关键词： 网球；课堂教学；融合；思政元素

"课程思政"的概念最早于 2016 年年底在全国高校思想政治工作会议和中共中央国务院印发的《关于加强和改进新形势下高校思想政治工作的意见》中提出。习近平总书记在全国高校思想政治工作会议上的讲话指出，"各类课程与思想政治理论课同向同行，形成协同效应。要坚持把立德树人作为中心环节，把思想政治工作贯穿教育教学全过程，实现全程育人、全方位育人"。体育课堂教学旨在使学生在领会体育精神、形成良好体育品德的同时，通过肢体练习掌握一项基本技术并以此提高身体素质，强身健体，与立德树人这一根本任务很好地契合，为体育课程融合思政元素打下学理基础，也使运动的综合功能和价值得到更大的释放。

网球被誉为"世界第二大球"，也是"世界四大绅士运动"之一，它是一项隔网对抗类项目，具有观赏性、挑战性、合作性和技巧性，在高校体育课中深受学生喜爱，是学生的首选体育课项目，在北京农学院开设的"大学体育（网球）"必修课程，主要针对大学一二年级，普通教学班每学期开班近 9 个，每班 30 人左右，还为全校学生开设了每班 15 人左右的"网球训练"选修班。由学生自主选课，每学期选课一开始就被学生疯抢"秒空"，可见学生对网球的热爱程度之高。课程讲述网球运动的相关理论知识，网球的基本技战术和练习方法、场地设备、比赛规则以及网球竞赛和鉴赏等方面的内容。课程教学针对学生特点，因材施教，通过分组教学，使不同水平的学生能够基本了解网球的相关理论知识和掌握基本技能，并能在比赛中正确地运用基本的技战术。

通过网球课程的学习，学生基本能掌握网球的相关技能、理论知识、规则以及裁判

---

* 本文系北京农学院 2022 年增设本科教育教学研究与改革项目（项目编号：BUA2022JG25）。

① 作者简介：袁龙辉，男，研究生，讲师，主要从事体育教学和运动训练研究。

法，不少"网球训练"班的学生，经过 2～3 年的训练，会利用课余时间开办网球培训班，有的会选择去场馆当教练，还有的农口专业的毕业生甚至转专业考上了体育院校的研究生。北京农学院网球课程同时也注重培养学生的实践能力，比如在每个学期的期末考试比赛周、学校教职工网球赛，会让学生参与到裁判工作中来。通过参与裁判工作，从而达到培养学生公平公正、诚实守信、处事随机应变；通过网球训练，培养"网球训练"班学生坚韧不拔的品质；通过介绍网球运动在中国的发展历程，宣传爱国主义精神，"网球训练"班学生通过参加北京市大学生网球锦标赛、全国大学生网球锦标赛，来培养学生勇于面对困难和挫折、坚韧不拔的品质。可见，网球课堂教学融入思政元素是非常有意义的，有利于体育和德育工作协调发展。

一、网球课程思政元素挖掘及融合的分析

大学生是祖国的未来，也是社会主义建设的主力军，当他们走出校园走向社会后，不仅要有健康的体魄，而且要有正确的价值观、人生观以及高尚的道德情操。体育项目不同其蕴含的思政功能也不同，网球作为既有单项比赛又有团体比赛的竞技性竞赛项目，可以潜移默化地起到培养学生勇于拼搏、永不言败、团结协作、遵守规则、合理竞争等精神品质，树立终身体育思想的作用。

1. 学生爱国主义精神教育

19 世纪后期，网球运动才进入中国，整体基础薄弱，高水平选手较少，教练员整体水平不高，在国际大赛中缺乏大赛经验。自李娜 2011 年在法国网球公开赛、2014 年在澳大利亚网球公开赛夺冠，李婷、孙甜甜 2004 年首夺奥运冠军，再到 2023 年 ATP 巡回赛中国运动员吴易昺夺冠，创造了历史。当赛场上飘扬五星红旗和嘹亮的国歌声奏响，大国魅力尽显无遗。通过体育健儿刻苦训练、奋勇夺金的事例，让学生树立精忠报国、为国争光的志向，陶冶爱国情操。

2. 培养学生礼仪意识和尊重意识

中华民族是礼仪之邦，礼仪在中国人心中是一种美德，但随着外来礼仪文化的冲击，以及目前部分大学生缺乏礼仪修养，越来越多的人忽视了礼仪教育的重要性。网球运动是"世界四大绅士运动"之一，主要体现在以下几个方面，如在比赛过程中，尊重观众，尊重对手，尊重裁判和所有的工作人员，同时也遵守规则和制度，爱护场地和器材等，这是对运动员最基本的要求。在课堂上老师会通过讲解和共同观看比赛视频的形式，让学生对运动员在场上的文明表现产生印象，并在课堂上约束学生的不文明行为；让学生看比赛结束后运动员向观众、向对手、向裁判示意的录像，培养学生的崇敬之心。

3. 培养学生拼搏、永不放弃的坚强意志品质

在一场激烈的网球竞赛中，胜利取决于诸多因素，如高强度的体能储备、技战术的合理安排以及顽强拼搏的意志力。在比赛中，运动员需要全场快速移动击球，变换击球方式，防守反击，斗智斗勇。往往一场激烈的比赛会耗时 4 个多小时、需要耗费运动员大量体力，在这种异常胶着的比赛中，顽强的意志品质和永不言败的精神是决定胜负的关键。课后，教师给学生布置了观看高水平比赛录像的任务，让他们感受运动员拼搏、永不放弃的精神。从而通过潜移默化地学习，使他们在平时的学习、生活中做到了敢打敢拼，不轻

言放弃。

4. 培养学生遵守规则的意识

俗语说，无规矩不成方圆。《网球竞赛规则》使得网球运动越来越规范、合理，同时也约束着运动员的行为举止，如课堂中的课堂常规，促使学生养成自觉遵守课堂规章制度、文明礼貌及乐于奉献的品质。如果运动员做出侮辱性的动作或对裁判员做出的判罚不满时"出言不逊"，都属于"举止失当"，那么就会受到惩罚。所以规则让比赛变得更加公平有序。学生除了学习基本的技术和战术外，还要掌握网球的基本理论知识、网球竞赛规则，长此以往，就能形成一种规则意识。

5. 培养学生集体荣誉感和团结协作的精神

网球运动是隔网对抗类运动，至少两人及以上才能进行比赛。比赛形式包含单项赛和团体赛。团体比赛主要体现在队友之间的配合与交流、团体协作、优势互补、共同促进，虽然个人的技战术非常重要，但配合才能取得最后的胜利。在教学过程中，教师会根据学生的水平差异进行因材施教，主要体现在教学方法上，一般是进行分组教学。分组教学过程中涉及互相配合、互相交流以及互相帮助，要想集体水平提升就得充分发挥协作能力，以此达到提高学生的团结协作能力，培养学生集体荣誉感。在教学过程中，教师会在热身阶段或者技术学习、教学比赛过程中安排需要团结协作的游戏进行教学，引导学生在比赛、游戏过程中相互团结合作，做到胜不骄、败不馁，以此培养学生团结协作的精神。

二、实现网球课堂教学融合思政元素的有效路径

1. 系统设计网球课程思政的教学

根据课程思政教育指导思想，设计具有农口特色的课程思政人才培养目标和人才培养方案，将吃苦耐劳、爱祖国、爱农民，守法、守纪，无私服务乡村振兴、团结协作、诚实守信编入人才培养方案，培养目标中突出"立德树人"思政要素，如课程教学目标中除了掌握基本的技战术，提高身体机能，还应加入爱国情怀、道德情操、核心素养等社会主义核心价值观的内容。教学设计是实现网球课程思政的直接教学文件，需深挖网球课程的每个教学环节，以此融入课程思政元素和理念，如可以在课前的师生互相问候环节，加强学生以礼待人的品质教育；在体育教学器材的领取与自觉归还的环节，积极进行学生组织纪律性教育；在技能知识学习的过程中要适时地贯彻思政知识，时刻警示学生持之以恒的锻炼习惯；在项目训练时用知名运动员拼搏的精神来感染学生等。

2. 注重提高教师的思政意识和能力

教师是推动课程思政的关键，思政意识和能力是教师在课堂开展思想政治教育的前提。当下的网球教师队伍在技术教学上基本可以做到得心应手，但对于理解"育人"的内涵不深刻，大部分教师还只停留在传授课本知识技能的表象上，完全没有课程思政意识，部分教师虽然具备课程思政意识，但自身课程思政能力不足，无法把思想政治教育合理地融入课堂教学中。因此，应首先引导教师树立正确的课程思政观念，充分理解"教书"和"育人"的内涵及关系。另外，应积极开展课程思政教师能力培训，针对教师队伍中存在的重技能轻知识、重体能轻内涵等问题，加大培训力度和理论学习深度。针对年轻教师思想政治素养不高的问题，通过专项政治理论学习，帮助教师实现德育意识和德育能力的双

强化。这样网球课程思政才能够真正落地，才能最大限度地发挥出网球课程育人的功能价值。

3. 完善网球课程思政的考核评价体系

网球课程思政效果的呈现需要网球课堂教学强化课程思政效果的考核与评价，以保障网球课程思政的教学改进。在网球课程中学生的理论认知和技能评定，已有很完善的评价体系，而合理的思政评价体系却迟迟没有完善。当下，应注重和完善对学生的学习态度、课堂纪律、师德师风、社会主义核心价值观践行情况等内容的考察，以考评促进学生主动学习和练习，引导学生构建正确的价值观，养成良好的行为规范。

三、结语

综上所述，思政元素融合进入网球课堂教学是非常必要的。学生除了提高身体素质和掌握基本的运动技能外，更应该注重人格塑造。网球课程思政的点很宽泛，但需要教师在课堂教学中不断去探索思政路径、去挖掘思政元素，教师要根据学生性格特点的不同、活动场景的不同因材施教，寓德育于运动，让学生拥有健康体魄的同时，培养学生高尚的品德。学校要高度重视教师课程思政教学能力的提升，不仅需要教师自身深化认识、提高德育意识，而且需要通过培训的手段引导激励教师、提高德育能力。积极完善思政教育的评价体系，促进体育教育在思政教育方面的进一步发展，从而为国家培养全面发展的高素质人才。

参 考 文 献

陈莉琳，黄妍，杨雪红，等，2020. 羽毛球课堂教学融合思政元素的研究——以集美大学体育学院羽毛球课程为例 [J] . 体育科学研究 (5)：73-76，81.

陈洋，2022. 体育教育专业网球课课程思政研究 [D] . 重庆：重庆工商大学.

刘晗，李水苗，2021. 高校体育课程思政融合方式探索与路径分析——以乒乓球课程为例 [J] . 体育科技文献通报 (10)：169-170.

钱慧文，2019. 高职体育教学中的"课程思政"探析 [J] . 体育世界（学术版）(11)：127-128.

新华社，2016. 全国高校思想政治工作会议 12 月 7 日至 8 日在北京召开[EB/OL]. http://www.gov.cn/xinwen/2016-12/08/content_5145253.htm? from＝singlemessage&isappinstalled=0♯1.

杨亚慧，2021. "课程思政"视域下高校网球课程发掘思政元素探究 [J] . 当代体育科技 (23)：129-131.

赵继学，2020. 课程思政背景下高职院校教师教学能力提升策略 [J] . 轻纺工业与技术 (3)：93-94.

朱秀清，2018. 高职体育课程思政元素的挖掘与融合——以浙江工贸职业技术学院羽毛球选项课为例 [J] . 运动 (20)：130-132.

中外合作办学环境管理专业"遥感技术与应用"双语课教学实践探索

陈改英[①] 董 翔[②] 夏孟婧 姜 楠

摘 要：教育国际化是高等学校一流大学建设和教育发展的趋势。双语教学已成为中外合作办学教学与国际接轨、培养精通专业和外语知识性人才的重要途径。北京农学院与澳大利亚埃迪斯科文大学（ECU）合作的农业资源与环境（环境管理）专业"3+1"项目，是学校提高教育质量和办学水平，增加对国际教育的融合与开放的教育形式的重要方式。"遥感技术与应用"是合作项目一门核心专业基础课。结合项目及专业特点，学生由中文学习向全英文学习过渡，该课程进行了双语教学实践研究，在课程内容和学时分配、作业与考核、课程思政建设等教学内容和方法进行了探索实践。针对存在的问题，提出改善的建议。

关键词：双语课教学；中外合作办学；教学设计；课程思政

一、"遥感技术与应用"双语课教学背景及特点分析

1. 中外合作办学项目及专业的培养目标

中外合作办学项目是中外教育机构之间进行合作、共同兴办的项目，可实现优势资源的共享和互补，提高教育质量和办学水平，增加对国际教育的融合与开放的教育形式。中外合作办学始于 20 世纪 80 年代，经历 30 多年的发展历程，已成为推动我国教育国际化和高等学校高质量发展的一种重要方式。中外合作办学作为我国高等教育的重要补充，为我国培养了一批精通中、英两种语言，熟悉中、西两种文化，具有广阔国际视野的社会精英人才，为行业精英人力资源供给侧结构性改革起到了良好的推动作用。

北京农学院中外合作办学项目农业资源与环境（环境管理）专业经教育部批准设立，北京农学院与澳大利亚埃迪斯科文大学（ECU）合作的办学项目。项目采用"3+1"国内外联合培养模式，即国内 3 年，在满足学分和英语成绩要求的前提下，赴 ECU 学习 1 年。完成专业培养方案所要求的全部课程后，分别获得中华人民共和国高等学校本科毕业证书、农学学士学位证书和澳大利亚埃迪斯科文大学学士学位证书。合作项目的培养目标是，在国际化教育环境下，培养能够熟练使用英语交流，系统掌握农业环境监测与质量评价、农业资源环境规划与管理、农业环境保护等的基本理论和基本技能，掌握环境污染治

---

① 作者简介：陈改英，女，博士，副教授，教师，主要研究方向为地图学与地理信息工程。
② 作者简介：董翔，女，硕士，初级研究员。

理及生态修复的技术方法，能在农业资源与环境相关部门和单位从事环境监测、环境保护和环境管理等工作的国际型、应用型、复合型高级专业人才，满足北京城乡、都市农业可持续发展及生态环境保护对资源与环境领域人才的需求。

2. 中外合作办学课程双语教学特点

中外合作办学，除以办学层次多和专业设置广为特点外，教学环节也别具特色，最为突出的是双语教学。双语教学（bilingual teaching）指用两种语言教授非外语类课程的一种教学方法，是以两种语言为工具，强调专业知识的学习和运用。中英双语教学是为了学习、掌握、运用汉语和英语语言而实施教学模式，双语教学也是高校中外合作办学教育国际化教育特征的重要体现之一，是培养高素质人才的重要支撑，是建设高水平大学的重要途径。推进中外合作办学课程的双语教学，与国外合作院校进行更加有效的国际交流与合作，对提升合作办学教学水平和科研水平具有推动作用。

3. "遥感技术与应用"双语课课程性质及目标

"遥感技术与应用"（Applied Remote Sensing）是一门涉及地理信息科学、计算机科学、大数据分析等领域的跨学科的空间信息技术类课程。课程主要内容包括遥感原理、遥感数据获取与处理、遥感图像处理、遥感应用等方面。通过课程学习，学生能够掌握遥感技术的基本理论、遥感数据的获取与处理方法、遥感图像解译的方法与技巧，遥感在环境监测、国土资源开发和利用监测、城市规划、林业、农业等领域中的应用等。"遥感技术与应用"的课程教学具有很强的技术性和实践性，通过理论教学和实践教学培养学生的知识运用能力、动手能力以及在实践中应用能力和创新能力。

"遥感技术与应用"是环境管理专业的核心课程，在环境管理专业课程体系中属于专业基础课。课程教学在专业学科课程体系中起着承上启下的作用，为"环境调查与监控""环境管理与可持续发展""农业资源利用与管理""自然环境""土壤及土地治理""海洋及淡水环境治理""环境影响评估"等后续相关专业课的学习打下坚实的基础。

"遥感技术与应用"双语课在强化课程专业性的同时，重视课程双语的特点，重视"3+1"课程对接的有效性，为了让学生顺利完成从中文向英文、国内教师向国外教师授课的过渡，"遥感技术与应用"课程进行了双语课程教学探索，依据ECU对该课程的教学要求及学校的实际情况，编写了双语教学大纲、授课计划，选用英文软件、教材及参考资料等系列教学材料。课程发挥"遥感技术与应用"课程特点，拓展学生的专业兴趣和语言兴趣，培养学生跨文化交流的能力，通过遥感技术在环境评估、保护、规划和生态系统的环境管理过程中应用知识，培养学生理解资源与环境管理，为学生从事环境管理的职业观念打下良好的专业基础。

二、"遥感技术与应用"双语课课程教学设计

1. 教学内容及学时

"遥感技术与应用"双语课程的教学包括以下内容：①遥感基础知识，介绍遥感技术的基本概念特点、分类、传感器种类等基础知识。②遥感发展历程，介绍遥感技术的发展历程和未来趋势，让学生了解遥感技术在国家发展战略中的重要性。③遥感技术的物理基础，介绍遥感技术的原理、电磁波谱及反射波谱等。④遥感平台及数据获取，介绍卫星遥

感、航空遥感和地面遥感等各种遥感数据获取技术及其特点。⑤遥感解译及数据处理，介绍遥感数据的处理方法与技术，包括数据纠正、分类、解译等；同时，让学生掌握遥感数据处理软件的使用方法。⑥遥感应用领域，介绍遥感技术在地质、水文、农业、城市规划、环境保护等领域的应用。⑦遥感技术与地理信息技术、卫星导航定位技术的融合应用。⑧双语交流，在课程中采用双语交流方式，让学生充分练习英语口语和听力能力，在听、说、读、写方面都有所提高。以上内容结合实际案例及实验操作，通过多种教学方式，激发学生兴趣，提高学生学习效果。"遥感技术与应用"课程教学内容及学时分配如表1所示。

表1 "遥感技术与应用"课程教学内容及学时

章节	题目	主要内容	学时
第一章	绪论	遥感基础知识、遥感技术的发展历程及应用	4
第二章	遥感技术原理	遥感技术的物理基础	4
第三章	遥感平台及数据获取	卫星遥感、航空遥感和地面遥感等平台遥感数据获取技术及其特点	4
第四章	遥感目视解译及原理	介绍影像判读、遥感目视解译及原理	4
第五章	遥感数据计算机处理	介绍遥感数据的处理方法与技术，包括数据纠正、分类、解译等	12
第六章	微波遥感、高光谱遥感等	介绍微波遥感、高光谱遥感等	4
第七章	遥感在环境监测和自然资源管理中的具体应用及领域	介绍遥感技术在地质、水文、农业、城市规划、环境保护等领域的应用的先进高效性	12
第八章	遥感技术 RS、地理信息技术、卫星导航定位技术的融合应用	介绍遥感技术 RS、地理信息技术、卫星导航定位技术的融合应用	6
合计			50

2. 作业及考核评估

课程作业和考核评估是教学过程中必不可少的环节。课程作业帮助学生巩固课堂上所学知识，是提高学习效果的一种方式。课程考核评估是用于评价学生学习成果和掌握程度的一种方法。"遥感技术与应用"课程教学课程作业采用学生选题、PPT 汇报课堂演讲、上机实验操作并完成实验报告、课程小论文的方式激发学生学习兴趣并巩固教学成果。考核评估采用课堂小测验、上机实操考试和期末考试的方式，督促和检查学生的学习成果和掌握程度。在教学过程中，作业和考核评估与教学目标和教学内容相对应，注意避免"重期末、轻平时"的考核方式，设置多元化考核方式。例如，对于遥感基础知识、原理等章节的考核，重点考核学生对知识点的理解和掌握；而对遥感技术的数据处理等章节，侧重于学生操作技术和动手能力的教学和考核，考核评估可以采用上机考试、笔试等方式；对于课程实验部分，作业可以包括实验、设计任务、项目报告等内容，考核评估可以采用实验报告方式。课程作业和考核评估方式注重权威性和客观性，同时也注重学生个体差异的考虑，关注学生的学习过程和学习能力的提高，而非仅仅关注分数。在终评成绩中，设置期末考试占比 50％、实验报告占比 15％、平时作业及测试占比 30％、出勤占比 5％。其中，期末考试以全英文试卷进行考核，降低依靠背诵和记忆的考核内容比例，重点考查学生对专业知识的理解与分析；同时考虑到学生英语水平的差异。

三、"遥感技术与应用"课程思政建设

"遥感技术与应用"课程涉及遥感技术广泛的领域和应用，包括环境监测和环境保护、资源调查和开发利用、区域规划和全球环境变化等方面，具有较好的思政教育价值和建设需求。在"遥感技术与应用"课程中，在以下方面进行思政建设：①强调社会责任。"遥感技术与应用"不仅仅是科技发展的产物，更是服务社会的一种手段。在教学过程中，可以强调学生的社会责任意识，让学生了解"遥感技术与应用"对于社会经济发展和环境保护的重要作用，促进学生主动参与社会实践活动以及环保、资源保护等方面相关的志愿服务等活动，培养学生的公民意识和社会责任感。②鼓励实际应用。"遥感技术与应用"课程中有很多实际应用案例，可以引导学生关注实际应用的情况和发展趋势，让他们学会将技术应用于实际问题解决中，培养其创新思维和实践能力。③关注科技伦理。"遥感技术与应用"不仅仅在环境保护和资源调查等方面产生影响，而且还涉及隐私保护、信息安全等伦理问题。在教学过程中，可以关注科技伦理的相关问题，引导学生关注科技与人类社会的互动关系。④强调专业精神。"遥感技术与应用"属于高新科技领域，在教学过程中强调专业精神，注重工程技术人员的职业素质和职业操守，培养学生刻苦钻研和追求精益求精的工匠精神。

四、"遥感技术与应用"双语课程存在的问题和改善方法

中外合作办学经过十多年的发展，"遥感技术与应用"双语课积累了丰富的教学实践研究和探索的经验和方法，但是目前，在教学实践中，该课程仍然存在以下问题。

（1）教学资源不足。由于教学资源等方面的限制，中英文教材、讲义、案例、实验数据等资源相对存在问题。需要在中外双方课程建设中给予支持，也需要教师多渠道收集教学资源，通过网络、图书馆、行业研究等多种渠道收集双语教材、讲义、案例等，丰富课程教学资源。

（2）课程专业语言难度过高。"遥感技术与应用"双语课专业性强，双语课程需要进行中英文的切换，对于一些语言能力不够强的学生来说，可能会增加理解的难度，需要教师在授课时针对学生的情况，因材施教，根据学生的语言水平和学科知识水平合理确定课程难度，避免过于复杂难懂的语言的使用。在教学中采用多种教学方法，如情境教学、探究式学习、综合实践、研究性学习等，更好地促进学生双语能力的发展和"遥感技术与应用"相关知识的掌握。

（3）文化背景差异。双语课程中，中英文表达方式和语言风格存在差异，需要教师进行适当的调整，使得学生更易于理解。在教学中，应该注重中西文化的融合，同时也应该在教学过程中注重科学技术、语言技能、文化背景三方面的培养，提高学生文化素养和水平。

（4）加强师资力量建设。通过加强师资队伍的建设，提高教师的双语教学能力和"遥

感技术与应用"相关知识水平，保证教学质量的稳定持续提升。

五、结论与展望

北京农学院与澳大利亚埃迪斯科文大学（ECU）合作的办学项目经过十多年中澳双方的合作，"遥感技术与应用"双语课程教学实践探索不断优化改进，使本科生提高了"遥感技术与应用"及相关课程的知识和专业素养，更促进了合作办学项目的专业深化和发展。

参 考 文 献

高佳琪，2017. 本科中外合作办学项目工业工程专业双语课程《管理信息系统》的实践与探索［J］. 现代交际（13）：1.

黄增荣，2021. 基于"双向融合"的土壤学双语教学改革与实践［J］. 教育现代化（60）：71-74.

李璇，薛峰，俞云，等，2019. 食品质量与安全专业中外合作办学"食品营养学"双语教学改革初探［J］. 农产品加工（23）：110-115.

刘志丽，冯建伟，2021. 石油高校中外合作办学双语教学改革探索与实践［J］. 科教导刊（5）：17-19.

谭诣，2020. 中外合作办学高校专业课双语教学有效性思考［J］. 烟台职业学院学报（1）：80-83.

徐春梅，2015. 高校中外合作办学项目专业课程对接实践分析与对策研究［D］. 武汉：武汉工程大学.

论元宇宙与高等教育改革创新：对大学生职业生涯规划教育的作用*

杨 熙① 高嘉齐 高 原

摘 要：随着社会的快速发展，大学生职业规划变得更加重要。元宇宙是一个虚拟的、三维的、互动的、开放的、跨平台的、经济的和社交的空间，可以使人深度沉浸于人造虚拟空间。作为一个新兴的虚拟社交空间，元宇宙为高等教育改革和创新提供了新的机会和资源，并起到了积极的推动作用。本文分析了元宇宙对高等教育改革创新的相关理论和实践，并探讨了其对大学生职业规划的影响。最后，本文提出元宇宙对于高等教育改革创新的若干建议，旨在为大学生职业理想的实现提供支持。

关键词：元宇宙；高等教育改革；大学生职业规划

2021年，"元宇宙"一词引发了全球的关注，同时2021年也被称为"元宇宙元年"。在同年3月，元宇宙（metaverse）的潜在商业、产业和学术价值得到了凸显，罗布乐思（Roblox）在纽约的证券交易所正式上市，一天之内市值就飙升近40倍。脸书被正式更名为Meta，微软、英伟达、高通、百度、网易和腾讯等知名科技公司也相继进行元宇宙布局。元宇宙是一种虚拟的数字空间，可以模拟现实世界的各种场景和体验。在元宇宙中，人们能够与其他人进行互动、学习和交流，同时也能够模拟各种职业场景和体验。元宇宙被公认为能够对教育产生巨大的影响。我国已经开始推动创立"元宇宙教育实验室"以探索元宇宙与教育的关系。因此，教育元宇宙将代替"人工智能＋教育"和"互联网＋教育"，加速教育行业的新变革。同时，高等教育改革创新也是大学生职业规划与发展的重要手段。高等教育改革创新可以提供更加灵活、开放、多元化的学习环境和学习方式，鼓励学生自主学习和探索，培养其创新思维和创新能力，进而更好地适应职业发展的要求。在大多数大学生职业理想不确定的背景下，亟须探究元宇宙与未来教育改革如何帮助大学生树立明确的职业生涯规划变得尤为重要。

一、元宇宙的概念与内涵

全球暴发的新冠感染疫情导致人们的生活和工作受到了巨大的影响，当前，人们不得

---

* 本文系2023分类发展定额项目：人才培养质量提高经费——ChatGPT对高等教育课程教学改革的影响研究和应对策略。

① 作者简介：杨熙，女，博士研究生，讲师，主要研究方向为创新创业、农村创业、数字教育。

不进行前所未有的数字化迁徙，将他们的生活和工作场景从传统的线下转移到线上。这是一个巨大的转变，需要适应新的技术和工具，以确保能够继续进行日常生活和工作。数字化转型的出现为网络技术的发展带来了全新的机遇。在这种情况下，互联网上的社交活动得以持续，并且通过各种社会活动的推进，线上和线下的交互也变得更加紧密。这种变化极大地推动了元宇宙（web3.0）的形成。《牛津英语词典》（*Oxford English Dictionary*）将"元宇宙"定义为"一个虚拟现实空间，用户可在其中与电脑生成的环境和其他人交互"。它被认为是第三代互联网，通过一个虚拟现实空间将用户和其他人在电脑生成的环境中实现交互。在元宇宙中，人们可以自由地探索、交互而不受时间和空间的限制。这为人们的社交、商业和娱乐活动带来了全新的可能性。维基百科（wikipedia）将元宇宙定义为"通过虚拟现实的物理现实，呈现收敛性和物理持久性特征，是基于未来互联网的具有连接感知和共享特征的 3D 虚拟空间"。清华大学在《2021 年元宇宙发展研究报告》中将元宇宙界定为"整合多种新技术而产生的新型虚实相融的互联网应用和社会形态，元宇宙基于扩展现实技术提供沉浸式体验，基于数字孪生技术生成现实世界的镜像，基于区块链技术搭建经济体系，将虚拟世界与现实世界在经济系统、社交系统、身份系统上密切融合，并且允许每个用户进行内容生产"，是一种通过数字技术构建的虚拟世界，与现实世界相对应，且具有更大的创造自由度。在这个虚拟宇宙中，人们可以通过数字基础来建立各种虚拟环境和物体，实现自己的创造和想象。这个虚拟宇宙与自然宇宙相互映射，但并不受自然宇宙的限制，人们可以在其中自由地探索和创造。通过数字技术的发展，这个虚拟宇宙的规模和复杂度不断增加，数字宇宙的出现为我们带来了更多的机会和体验，通过对数字宇宙的探索，我们能够更深入地了解和利用自然宇宙。尽管元宇宙领域目前还不够成熟，但正美国作家如威廉·吉布森所说的那样，"未来已经来临，只是尚未流行"。

二、元宇宙在教育领域的应用与发展

元宇宙作为一种新兴的技术，拥有广阔的发展前景。其发展受到两个重要因素的推动：科学技术的进步和市场需求的增长。科学技术的进步将极大地促进元宇宙的发展和形成，与此同时，市场需求也将推动外界资本投入和元宇宙相关产品研发。科学技术的不断进步对元宇宙的发展和形成起到了重要的推动作用，同时市场需求也将促使外界资本投入和研发与元宇宙相关的产品。这种相互作用将为元宇宙的发展提供更加广阔的空间。元宇宙的兴起将对各行业产生影响，吸引更多的内容创作者和产品研发人员参与其中。在技术的不断推进和人类需求的共同推动下，元宇宙发展成为一个成熟的产业只是时间问题。元宇宙是一个对真实世界的延伸和拓展，它带来了巨大的机遇和革命性的影响，这是我们值得期待的。在教育者眼中，元宇宙的最大优势在于以用户为主体，充分发挥人的主观能动性，让人的创造欲望和能力得到最大限度的释放。随着元宇宙的出现，为非面对面教育提出了新的解决方案，提供了一种高效的远程学习模式。远程学习必须具备开放性（无时间、空间限制）、灵活性（学习者自主决定学习进度并自主学习）和分散性（在多个地方利用各种学习资源）的特点。在第四次工业革命高速发展的未来社会中，培养具备灵活性和弹性的创新人才成为至关重要的问题。因此，进一步发展远程学习平台已经成为时代发展的潮流。将元宇宙技术框架仅应用于游戏和娱乐领域过于狭隘，而开发教育元宇宙

（education-metaverse）则成为当前教育从业者的宏伟构想。实现教育类元宇宙技术的方法是将数字化的生存环境与游戏化的学习过程有机地融合在一起，这种形式既具有重要的理论意义，又具有实践上的重要意义。

"元宇宙＋教育"是一个涉及现代教育变革的热门话题，但是它不只是简单地将元宇宙技术应用于教育领域。实际上，人工智能、线上与线下混合教学、虚拟模拟技术等现代教育技术，已在教育教学领域得到广泛运用并发展。这些技术不仅是一种简单的技术，而且创造了一个崭新的教学生态体系，在推动课堂教学中起着至关重要的作用。同时，也为未来高质量、内涵化的教学目标提供了指导。在新的教育生态下，我们的教育观念也在不断地改变。我们鼓励学生敢于尝试，敢于犯错误，提倡自我发展，提供丰富多样的教学内容，注重学生的实际学习经验，为学生提供及时的引导。这种新型的教学生态，打破了传统教学中师生主客之间的矛盾，建立了一种平等的师生关系。这种新的教育生态，也创造了一种浸入式的学习氛围，激发了学生的自觉性和创造性。要保证教育的公平，就必须实行分散化的理念，健全元宇宙体系和道德规范，以保证个人隐私。教育元宇宙定会因学校的弹性、适应性和物质结构而发生结构变化。在元宇宙的蓬勃发展中，教育领域正在经历一场革命性的变革。在这个新的世界中，传统的师生关系、教学内容和教育环境将会被重新定义。在这个融合了物质和数码的世界中，教育将变得更加多样化。在元宇宙时代，教育已不能单纯地给予知识，而要激发学生的本性和潜力。所以，元宇宙与教育的融合将会深刻地影响到整个教育界。元宇宙在高等教育改革与创新的大背景下，对大学生的职业生涯规划教育产生了深远的影响。专家认为，元宇宙是一种很好的沉浸式学习体验，能够营造出一种身临其境的学习氛围，让人产生一种全新的、多感觉的、深度的浸入感。所以，元宇宙的教学恰好与分布认知理论吻合。

三、高等教育改革创新背景下元宇宙对大学生职业生涯规划教育的影响

在教学创新实践中，元宇宙具有非常重要的价值。因为它可以创造出更加身临其境的极度真实的学习环境，提供高度逼真的深度沉浸和全感官体验，让学生完全沉浸在虚拟世界中，感受到真实的互动，从而帮助学生更好地理解和掌握所学的知识。匈牙利积极心理学家米哈里·契克森米哈赖（Mihaly Csikszentmihalyi）2009 年提出了沉浸理论，"用于描述一个人全身心投入一种活动并且不受周围环境其他因素影响而达到一种极致愉悦的心理状态，即活动的参与者全神贯注地投入其中，完全沉浸在活动的氛围中，并从中获得心理上的愉悦和满足"。例如，在历史教学中，能够通过虚拟现实技术将学生带入历史场景中，让学生亲身体验历史事件。这种技术的应用能够激发学生的学习兴趣，提高其对历史知识的理解和记忆。同时，元宇宙技术还可以为历史教学提供更多的资源和信息，让学生能够更全面地了解历史背景和文化传统。通过元宇宙技术的运用，历史教学可以更加生动有趣，激发学生对历史的兴趣，提高学习效果。并不只是流于表面，而是真正如影视剧中的穿越一般，学生可以身着汉服唐装，行走在各朝各代的道路上，见证盛唐开元、北宋汴京等历史上令人神往的时代，甚至可以和李白、杜甫等大诗人对话。使用元宇宙技术可以模拟昂贵的教学设备，从而有效地降低教育成本。另外，元宇宙技术还可以协助教师进行课堂教学，以提升教学效率和激发学生的学习兴趣。

教师也可以根据喜好去设置形象来授课，如嬴政、霍金、拿破仑等伟人。总之，元宇宙技术可以激发学生对各学科的探索欲望和热情，深入感受各学科的魅力，为高等教育改革奠定基础，培养大学生对各学科的学习兴趣，从而重塑他们的职业理想。

大学时期是职业认知培育的关键时期，丰富的、沉浸式的职业体验会促进学生进行更适合自身的职业规划。目前大学生职业规划与目标制定存在试错成本高、体验机会少等问题，这些问题导致大学生很难找到最适合自己的职业，无法充分发挥自身的潜力。然而，元宇宙技术提供了解决以上问题的可能性的方案。一些研究发现，通过在元宇宙中模拟不同的职业场景和体验，可以提高大学生对于职业选择和发展的认知和理解，增强其职业自我效能感和职业决策能力。

首先，元宇宙提供了丰富的、多样化的职业体验。多数大学生对从事某职业所需的职业能力素质并不清楚，对该职业的工作内容、发展前景等缺乏必要的了解。元宇宙则能提供高仿真的社会环境，还原真实职业情境，大学生可以选择不同的虚拟职业并进行沉浸式体验。通过科技的发展，人类成功地弥补了身体生物的局限性，同时也打破了现实世界的限制，使得人类能够进一步拓展自己的能力和视野。大学生可以在元宇宙中切换不同的职业场景和角色身份，获得对职业环境和职业身份的真实化、立体化感知。

其次，元宇宙有助于提升学生的职业认知与自我职业认知能力。在元宇宙中，每一位学生都有为自己提供个性化职业指导的虚拟导师。在与虚拟导师的交互中，学生需要完成每一个职业的角色任务。如学生选择体验教师职业，在自己擅长的学科中定位某学段的教师角色后，经过教师岗前培训及前期准备后，作为实习教师完成授课。在此过程中，虚拟导师会有针对性、有计划地引导学生解决职业活动中所遇到的不同困难，提出一些关键性的建议，强化学生的职业体验。经过这样一系列的职业体验活动，学生会从对职业的外部表面的感知，逐渐深化到对职业内部的认知与认同。与此同时，在这一过程中，学生也会对自身职业能力有较为清晰的认知，清楚自己的素质能力与何种职业相匹配，不断调整并寻求适合的职业目标，增强职业自我效能感，形成积极向上的职业价值观。

最后，元宇宙有利于增强学生的职业兴趣，选择适合自己的职业发展方向和目标。在元宇宙不同的职业情景刺激下，学生对某一种或多种职业类别产生兴趣。结合自身的职业兴趣、自身的潜能，对自己的职业能力和水平进行合理的评估，确定自身的职业发展核心区域，制定科学合理且有针对性的职业发展方向和发展目标。

综上所述，元宇宙高等教育改革创新具有重要意义，可以为大学生的职业规划和目标制定提供有益的帮助。通过加强对元宇宙技术的应用和推广，我们可以为学生提供更广泛、更深入、更个性化的教育体验，为高校人才培养和社会发展实现更大的贡献。

四、总结

本文从元宇宙高等教育改革创新的角度，探讨了其对大学生职业理想的作用。通过对文献资料的分析和归纳，发现元宇宙高等教育改革创新能够为大学生提供更加丰富、多样化的职业体验和认知，从而重塑其职业理想和规划。为此，本文提出以下几点建议：

首先，加强元宇宙技术的开发和应用，以提供更加丰富、多样化的职业体验和认知。

其次，推动元宇宙高等教育改革创新，提供更加灵活、开放、多元化的沉浸式学习环境和学习方式，鼓励学生自主学习和探索，以培养其创新思维和创新能力。

最后，加强职业指导和咨询，帮助学生更好地了解职业要求和特点，制定适合学生自身的职业规划和目标。

总之，元宇宙为高等教育改革和创新提供了一个新的平台和空间。通过个性化学习体验、跨文化交流、模拟实践、社交体验和联合创新等方式，可以推动教育和科学技术的发展，培养创新型人才，为大学生实现其职业理想和目标提供帮助。因此，对元宇宙高等教育进行改革创新具有极其重要的现实意义和巨大的发展前景。

参 考 文 献

胡乐乐，2022. 论元宇宙与高等教育改革创新［J］. 福建师范大学学报（哲学社会科学版）（2）：157-168.

华子荀，黄慕雄，2021. 教育元宇宙的教学场域架构、关键技术与实验研究［J］. 现代远程教育研究（6）：23-31.

黄欣荣，曹贤平，2022. 元宇宙的技术本质与哲学意义［J］. 新疆师范大学学报（哲学社会科学版）（3）：1-8.

清华大学新媒体研究中心，2022.2020—2021 年元宇宙发展研究报告［EB/OL］. https://max. book118. com/html/2022/0217/5323121020004142. shtm.

新华网，2017. 95 后的谜之就业观，你看懂了吗？［EB/OL］. http://m. xinhuanet. com/2017-05/22/c_1121013214. htm.

郑金武，2022. 元宇宙从教育"撕开口子"［N］. 中国科学报，2022-01-06.

左鹏飞，2021. 最近大火的元宇宙到底是什么？［N］. 科技日报，2021-09-13.

Chen，H.，2021. Exploring the potential of virtual reality technology in career development：A systematic review［J］. Journal of Vocational Behavior（1）：129.

Jeon J H，2021. A Study on Education Utilizing Metaverse for Effective Communication in a Convergence Subject［J］. International Journal of Internet，Broadcasting and Communication（4）：129-134.

Mihaly Csikszentmihalyi，2014. Flow and the Foundations of Positive Psychology［M］. Dordrecht：Springer.

Yoo G S，Chun K，2021. A Study on The Development of A Game type Language Education Service Platform Based on Metaverse［J］. Journal of Digital Contents Society（9）：1377-1386.

Zheng，X.，Huang，et al.，2021. Career development in the metaverse：An exploratory study on the influence of immersive virtual experiences［J］. Computers & Education（1）：75-86.

实验室安全教育的实践与探索[*]

——以北京农学院为例

宋婷婷[①]

摘　要：高校肩负着培养国家人才的重任，要培育出具有科学、安全、环保的行为模式和综合素养高的综合性人才。本文通过分析北京农学院现有的安全教育关键环节问题及其成因，在政策保障、措施配套、制度完善等方面提出切实可行的建议与措施，为学校实验室管理部门创新管理提供借鉴，增强广大师生对于安全知识的学习和掌握，建立有农林特色的校园实验室安全教育培训，为培养健康、安全、环保和综合素质高的农业人才提供保障。

关键词：高校实验室；安全教育；安全文化

高校实验室是培养创新型人才、进行高水平科学研究和进行本科教育的重要场所，做好安全教育培训工作是发挥实验室功能的前提和保障。随着学校的发展和仪器设备开放共享等工作的进行，实验室的使用频率不断提高，对实验室安全管理形成了不小的挑战。对近几年高校实验室的安全事故进行调研分析得出，大部分都是由于实验室管理使用人员安全意识不到位，安全知识不足造成的。让学生、教师的安全教育"入脑入心"并发挥应有作用，是高等院校实验室管理单位急需解决的重要课题。本文在分析安全教育培训和各高校实验室安全现状的基础之上，以北京农学院为例，结合农业院校相关专业特点，探讨实验室安全教育的新方法和有效途径。

一、实验室安全教育工作现状

北京农学院自 2019 年起建设"实验室安全准入培训"平台系统，设置"实验室安全准入教育""化学化工类实验室安全""实验室事故急救与应急处理"等 9 门课程。新生进入实验室前，完成相关培训并参加"实验室安全知识测评"考试，合格后方可获得进入实验室资格。北京农学院的基本安全教育培训框架已建立完成，但是与高校对实验室安全运转的迫切希望、与各级政府不断提高的安全管理要求相比仍然存在一定的差距。

---

* 本文系 2021—2022 年北京农学院教育教学改革研究项目：北京农学院教学实验室安全教育的实践与探索（BUA2021JG61）；2023—2024 年全国高校实验室工作研究会农业高校分会"农业院校实验室安全教育实践探索"（NYFH2022-19）。

① 作者简介：宋婷婷，女，硕士，北京农学院助理研究员，主要研究方向为实验室管理、大型仪器开发使用。

根据北京农学院近几年的相关数据汇总及与其他院校的对比梳理，目前实验室安全教育工作还存在以下不足：

1. 师生重视程度不够，实验室安全教育体系不健全

大部分高校人才培养的重点在于传授专业知识和提升创新实践能力，而对于安全素质没有明确的要求，传统的教育体系还未明确实验室安全教育的定位和标准，从而导致实验室安全教育的实施和开展没有保障。

2. 实际操作性差，实验室安全教育效果不明显

实验室安全教育手段繁多，但针对本校实际情况的策略少，教育的针对性和专业性不强，甚至有些教育手段不是以提高师生实验室安全技能为主，而是以应付检查、留档备案为目的。

3. 缺乏制度规范，实验室安全教育缺乏针对性依据

实验室安全培训缺乏针对性和操作性强的管理制度与办法，尤其缺乏对院级和实验员等一线管理人员的责任划分不清晰，培训内容千篇一律，应付了事。

二、实验室安全教育中存在的问题

高校实验室人员流动性大，危险源众多，管理难度大，科学探索性强，安全风险有累加效应。所以，高校的安全教育改革需要解决以下三个方面问题。一是增强在校师生对于实验室安全的认识，通过安全文化建设实现师生从"要我安全"到"我要安全"的转变。二是实验室安全培训方法与手段相对单一，利用现代信息技术进行教育培训的能力不足。三是通过完善相关管理制度，完善安全教育平台，建立健全符合学校实际需要的实验室安全教育体系。

三、农业高校实验室安全教育建设新模式

结合对北京农学院实验室管理、培训及准入情况的调研结果，设计适用于北京农学院的安全教育建设新模式，构建以实验室安全教育管理为核心内容的培训、考试网络系统，供各二级单位根据实际情况选择，为学校的实验室安全管理和安全文化建设提供支撑。

1. 从文化层面激发师生"关注安全、珍爱生命"的意识，实现师生从"要我安全"到"我要安全"的转变

实验室安全文化是被师生广泛认同的共同文化观念、价值观念、生活观念，是学校教学素养、人文精神、学术精神的集中反映。通过在 2018—2022 年北京农学院改革实践发现，学生对于参与度高、与实际连接紧密、须动手动脑的教育形式反应明显，因此学校应建立长效机制，每年定期开展"实验室安全文化宣传月"活动。通过各种应急演练、紧急疏散、现场教学、调查问卷等特色教育形式，潜移默化地增强师生的安全意识。

2. 增加覆盖重点领域的实验室安全基础课

利用网络平台开展有针对性的"实验室安全基础"课程，通过重点学科试点、相关学科推广等实施步骤，全面推进高校安全教育进校园、进学生头脑，并在化学、生物、园艺等学科进行推广。

3. 建立完善的多维度管理模式的实验室安全准入制度

根据管理主体、准入对象的不同，建立校级、院级、实验室三级准入制度。各级管理主体共同组织实施，实现实验室安全准入网格化、精细化教育管理。同时，为了使实验室安全教育工作更加规范化、制度化，真正做到有据可查、有章可循，结合学校及各学院的学科特点，针对实验室安全教育尤其是准入培训、考核制定出有针对性、操作性强的实施细则和操作规程，落实长效管理机制，形成规范管理的常态化。

四、改革初步成效

通过制定有针对性的管理制度、开展教育培训、开展信息化建设等具体举措，保障每年进入实验室的相关人员在校内就能满足 16 学时以上的专业安全培训要求。有效增强学校师生安全知识及应急能力，大幅降低实验室安全风险，营造安全、和谐的实验室环境。

本文全面贯彻"以学生为中心、以结果产出为导向"的教育理念，从人才培养关键环节入手，通过建设"在线教育、日常宣传、专题活动、实践体验"四位一体的安全教育体系，使北京农学院的安全工作有了长足进步。在校师生通过系统的教育培训，安全意识得到了明显的提高，不仅在日常教学科研过程中融入安全意识，而且能在完成自我安全管理的同时对实验室的安全发展提出建设性的意见。近三年，北京农学院实现实验室安全"零事故"。

五、展望

党的二十大报告用专章对推进国家安全体系和能力现代化，坚决维护国家安全和社会稳定进行了全面部署，充分体现了以习近平同志为核心的党中央对安全工作的高度重视。高校作为教育事业发展最重要的组织机构之一，加强安全教育、提高学生安全素质是教育教学中的重要一环，责无旁贷。2023 年 2 月，教育部办公厅印发了《高等学校实验室安全规范》的通知，明确提出了涉及重要危险源的高校应设置有学分的实验室安全课程或将安全准入教育培训纳入培养环节，再次强调了安全教育在高校中的重要地位。

通过对北京农学院三年间的实践研究，将各种特色活动与传统教育培训相结合，改造传统安全教育培训方法，建设以演练、现场、实际操作等元素为主的特色模式，增加学生实际参与的更多可能性，优化服务于学校安全管理与教育，为培养健康、安全、环保和综合素质高的农业人才提供保障。

参 考 文 献

陈浪城，严文锋，刘贻新，2015. "以人为本"建设高校实验室安全文化［J］. 实验室研究与探索（7）：285-288.

教育部，2019. 关于加强高校实验室安全工作的意见［EB/OL］. http://www.moe.gov.cn/srcsite/A16/s3336/201905/t20190531_383962.html.

刘海波，沈晶，王革思，等，2019. 工程教育视域下的虚拟仿真实验教学资源平台建设［J］. 实验技术与管理（12）：19-22，35.

刘洁，2020. "互联网＋"视域中高校思政课改革创新路径［J］. 现代交际（5）：165，164.

刘晓彤，王玉垒，崔斌，等，2020. 基于信息化管理的高校开放式实验室管理现状及对策研究［J］. 无线互联科技（7）：145-146.

刘学芳，张娜，2013. 中医院校实验室安全教育的重要性［J］. 中国中医药现代远程教育（11）：100-101.

谭机永，李萌，胡顺莲，等，2018. 浅谈新时期高校实验室安全文化建设［J］. 卫生职业教育（11）：10-11.

张淼，王艳素，曹丽丽，等，2022. 高校化学实验室安全文化建设新模式探索［J］. 实验室科学（6）：202-206，209.

新农科引导性专业浅析*

郑冬梅①

摘　要：本文介绍了新农科建设背景和新农科引导性专业的提出，以四个新农科引导性专业：生物育种技术、兽医公共卫生、食品营养与健康和乡村治理为例，分析了新专业的基本情况和人才需求，并提出新专业建设应加强基本建设、严格专业绩效考核、优化专业发展规划三个方面的工作。

关键词：新农科；引导性专业；需求；建设思路

2022 年，为深入贯彻落实习近平总书记给全国涉农高校的书记校长和专家代表重要回信精神和在清华大学考察时的重要讲话精神，引导涉农高校深化农林教育供给侧改革，加快布局建设新农科专业，教育部组织全国新农科建设中心制定了《新农科人才培养引导性专业指南》，为开展新建专业工作，对新农科建设和引导性专业的进一步深入分析十分必要。

一、新农科建设背景

2018 年，教育部提出要加快发展建设新工科、新医科、新农科、新文科，也就是"四新"建设。2019 年，新农科建设奏响"三部曲"：2019 年 6 月，在浙江安吉召开全国农林高校会议，形成"安吉共识"。"安吉共识"从宏观层面提出了要面向新农业、新乡村、新农民、新生态发展新农科的"四个面向"新理念。同年 9 月，在黑龙江七星农场召开会议，称为"北大仓行动"。该行动从中观层面推出了深化高等农林教育改革的"八大行动"新举措。同年 12 月，在北京召开会议，提出"北京指南"。该指南从微观层面实施新农科研究与改革实践的"百校千项"新项目，北京农学院获批四项全国新农科项目，2022 年通过了中期考核。2021 年 10 月，北京农学院参加了全国新农科建设工作推进会，会后，组织召开了北京农学院新农科建设研讨推进会，教务处结合学校实际情况，提出了北京农学院加快新农科建设的 27 项工作思考。

二、新农科引导性专业提出背景

2022 年 8 月，教育部印发了《新农科人才培养引导性专业指南》的通知，该文件是

---

* 本文系 2022 年北京市高等教育学会项目"新农科专业建设的探索与实践"（MS2022196）；2022 年北京市数字教育研究项目"教学管理信息化建设的研究与实践"（BDEC2022619021）。

① 作者简介：郑冬梅，女，北京农学院教务处，副研究员，主要研究方向为教育教学管理。

加快新农科建设的一项重要举措，目的是引导涉农高校深化农林教育供给侧改革，加快布局建设一批具有适应性、引领性的新农科专业，加快培养急需紧缺的农林人才，提升服务国家重大战略需求和区域经济社会发展能力。指南面向粮食安全、生态文明、智慧农业、营养与健康、乡村发展五大领域，设置了 12 个新农科人才培养引导性专业：生物育种科学、生物育种技术、土地科学与技术、生物质科学与工程、生态修复学、国家公园建设与管理、智慧农业、农业智能装备工程、食品营养与健康、兽医公共卫生、乡村治理、全球农业发展治理。

三、新农科引导性专业需求分析

本文以四个新农科引导性专业：生物育种科学、兽医公共卫生、食品营养与健康和乡村治理为例，分析新专业的需求情况。

1. 生物育种科学专业

该专业目前为新设立的国家专业目录外的审批类专业，面向保障国家粮食安全以及促进农业高质量发展的战略需求，服务现代种业强国建设，着力解决优异品种创制的关键科学与"卡脖子"技术问题，全面推进生物育种专业人才的定向培养，引领中国分子设计育种创新发展。

2022 年 4 月，中共北京市委、北京市人民政府印发的《关于做好 2022 年全面推进乡村振兴重点工作的实施方案》提出，2022 年要打造"种业之都"，组织实施北京种业振兴方案。目前，北京市持证种子生产经营企业 265 家，国家级种业研发机构 80 多家、国家级种业工程中心和重点实验室 50 余个，育繁推一体化企业 13 家，占全国总数的 15%，种子进出口贸易额占全国三分之一，种业人才需求迫切。目前，全国开设种子专业的院校 43 所，而在北京市高校中，只有中国农业大学设立该专业，每年毕业生约 20 人，远远不能满足北京市种业发展的需求。该专业主要就业领域为生物育种公司，主要用人单位有先正达集团、大北农集团、山东寿光蔬菜种业集团有限公司等，未来 5～10 年全国人才需求数量约 3 万人。

2. 兽医公共卫生专业

该专业目前为国家控制的审批类专业，面向健康中国建设和公共卫生治理等重要战略，在人畜共患病、动物源性食品安全、环境保护、耐药性、生态平衡、生物安全等领域源头防控上具有绝对的专业优势，承担着不可替代的社会责任。

北京作为首都，对公共卫生安全要求极高，兽医公共卫生作为公共卫生的重要组成为北京市"四个中心"建设和"四个服务"的实现具有不可替代的作用。培养兽医公共卫生专业人才，符合补足国家公共卫生防控体系短板的战略需求，是"新农科"建设的迫切需求。该专业主要就业领域为省、市、县等各级机关公务员，从事动物疫病预防控制、动物卫生监督等行业管理部门，海关技术中心，动物诊疗集团，养殖集团，医药集团等，未来 5～10 年全国人才需求数量约 8 万人。

3. 食品营养与健康专业

该专业为国家专业目录内的备案类特色专业。2016 年，中共中央、国务院印发的《"健康中国 2030"规划纲要》，明确了未来 15 年内"健康中国"建设的总体战略，将发展健康产业作为其中重要的战略任务，健康产业迎来重要的历史发展机遇。2017 年国务院办公厅印发《国民营养计划（2017—2030 年）》，该计划指出要加强营养人才培养，我国健康服务人才需求量巨大。主要就业领域为营养与保健食品生产制造企业、餐饮企业、大健康产业领域、食品监督管理部门、疾病预防控制中心人群营养监测岗位、大中小学及幼儿园等企事业单位等。未来 5～10 年全国人才需求数量约 40 万人。

4. 乡村治理专业

该专业目前为国家控制的审批类专业，在全面推进乡村振兴背景下，以培养德才兼备、基础宽固、面向社会、全面发展和服务各层级乡村振兴战略的高层次乡村治理人才为目标，培养扎实掌握数理基础、农业科学知识、经济管理、乡村规划、乡村组织、社会发展、农业科学知识，熟悉乡村振兴方针政策、法律法规和乡土文化，拥有良好组织协调、团队协作、沟通交流、宽阔视野和创新创业能力，能够为相关企事业单位、政府部门和非营利组织提供乡村治理解决方案、引领乡村振兴发展的交叉复合型高级专门人才。

党的二十大报告指出，"健全共建共治共享的社会治理制度，提升社会治理效能""到二〇三五年，基本实现国家治理体系和治理能力现代化"。中共北京市委、北京市人民政府印发的《关于全面推进乡村振兴加快农业农村现代化的实施方案》指出，计划到 2025年，"党对农村工作的全面领导更加坚强有力，自治、法治、德治相结合的现代乡村治理体系更加完善，乡村社会充满活力、和谐有序，京华大地成为习近平新时代中国特色社会主义思想的实践范例，京郊农村成为超大城市乡村治理体系和治理能力现代化的成功范例"。

主要就业领域为具有乡村治理专业知识的基层组织工作人员，以北京市为例，每年需要 500 个乡村振兴协理员，基层政府公务员事业单位需求至少 180 名，广西壮族自治区仅2022 年就计划招聘 5 006 名乡村振兴协理员；专门从事乡村公共服务和公益事业、承担政府购买社会服务的社会组织工作人员；从事农业农村生产经营业务的企业工作人员。未来5～10 年全国人才需求数量约 40 万人。

四、新农科专业建设思路

北京农学院立足首都城市战略定位及国际一流和谐宜居之都建设对都市型现代农林业发展的新需求，不断强化都市型现代农林高等教育办学特色和高水平应用型大学办学定位。在全国率先提出"都市型现代农业发展理论"，积极开展都市型现代农林人才培养实践探索，入选国家首批"卓越农林人才培养计划"，获批北京市级人才培养模式创新试验区，人才培养工作荣获国家级教育教学成果二等奖、北京市教育教学成果一等奖等。

作为一所都市农林特色高水平应用型大学，全校现有本科专业 37 个。一方面近五年学校进一步优化专业结构：做好前瞻性研究，增设或改造适合首都发展需要、有特色、有生命力、就业前景好的专业，增设设施农业科学与工程等 4 个专业、动物科学（伴侣动物）等 6 个专业方向，停招不符合首都经济社会发展的 7 个专业。另一方面，学校不断深化专业内涵建设：对标新农科，在专业内涵上实现新突破，2022 年获批 1 个国家级和 8个北京市级一流专业建设点，是历史最好成绩，现共有 4 个国家级和 13 个北京市级一流专业建设点，占所有招生专业的 55％。此外，学校还出台一流专业绩效考核办法等。

学校在"十四五"专业建设和本科人才培养专项规划，以及学校根据《北京高等教育本科人才培养质量提升行动计划（2022—2024）》制定的方案中均提出，"十四五"期间新增新农科本科专业，为国家解决"卡脖子"难题和北京农业农村现代化贡献力量。

新建新农科引导性专业如果能被批准，应加强以下三方面的建设：

1. 对新专业基本建设加强扶持

应根据《普通高等学校本科专业类教学质量国家标准》，新专业存在师资不足、达不到国家标准人数、实验室软硬件条件配备不够等问题，需对增设的新农科专业从师资、设施设备以及经费方面进行重点倾斜，加强新专业建设。

2. 严格专业绩效考核

为快速提升专业的建设水平，需要对新专业的建设成效每年从多方面多角度加以评价，以利于新专业不断弥补不足，强化优势特色。

3. 优化专业发展规划

作为探索性的新农科引导性专业建设，很多专业发展方向及规划需要根据国家、北京市和学校的发展不断优化，不断促进专业的内涵建设和高质量发展，不断提升学校新农科人才培养质量。

高校学生考试作弊原因与对策研究

刘　芬[①]　陆家兰

摘　要：随着高等教育的发展，社会对提高人才培养质量的呼声越来越高，而考试成绩作为衡量学生学习效果的最直接方式，在考研、就业、出国甚至毕业证和学位证获取方面发挥着举足轻重的作用，由此导致大学生作弊现象屡禁不止。本文从考试作弊形式、作弊原因及防范作弊的对策方面着手研究，提出降低学生作弊率的切实可行的办法，从而营造公平公正的考试环境，提高人才培养质量。

关键词：高校学生；作弊；现象；原因；对策

高校的主要任务是教学、科研、社会服务和文化传承，高校的发展与培养的学生质量息息相关，考试作为人才培养环节无可替代的重要一环，是衡量学生学习能力和学习效果的重要手段，尤其是学生评奖评优、就业、保研、出国的重要参照，考试成绩备受学生关注，不少学生置学校规章制度于不顾，冒着严重警告、留校察看甚至开除学籍等风险而作弊，给学校管理带来严重挑战，本文着重分析学生作弊的手段、原因对相关对策，以期降低学生作弊率，营造公平公正考试环境，进而提高人才培养质量。

一、高校学生考试作弊形式

1. 高校学生作弊形式分类

作弊形式可以分为传统作弊形式和高科技作弊形式。传统作弊形式主要包括夹带小抄、交换试卷、交头接耳、假借文具、替考等；高科技作弊形式主要指在考试中使用手机、电子手表、各种高科技耳机、对讲机、录音笔等现代化通信工具进行作弊。

2. 学生使用各种形式作弊概率统计

以笔者工作高校2019—2022学年度学生作弊情况为例，进行统计，三年间，共有学生作弊77人次，具体统计情况见表1，其中夹带或传递小抄、手机作弊是学生作弊的主流，占比达到将近90%。

表1　2019—2022北京某高校学生作弊情况统计

作弊形式	作弊人数（人）	作弊率（%）
夹带或传递纸条	35	45.45

---

① 作者简介：刘芬，女，助理研究员，管理学学位，主要研究方向为高等教育管理、教育信息化。

（续）

作弊形式	作弊人数（人）	作弊率（%）
手机	34	44.16
替考	3	3.90
交头接耳	2	2.60
电子手表或者网络	2	2.60
身体上提前写答案	1	1.30

二、高校学生作弊原因分析

1. 从学生心理层面分析学生作弊原因

深入剖析学生作弊的心理，大概包括以下几种："及格万岁"的不挂科心理、"不作弊是傻子"的不吃亏心理、"争优当先"的好面子心理、"法不责众"的责任平摊心理、"为朋友在所不惜"的假义气心理、"为碎银而折腰"的贪财心理、"学不在精，作弊则灵；功不在深，会抄就行"的不劳而获心理。所有这些心理背后，都隐藏着"伸手未必被抓"的侥幸心理。侥幸心理的存在往往又与学校的教学管理制度顶层设计息息相关。

2. 从高校教学管理制度方面分析学生作弊原因

首先，唯分数论的评价方式和侧重知识记忆为主的考核方式。

高校学生的考试成绩往往与评奖评优、考研、出国、就业紧密挂钩，有些高校英语四六级是否通过直接影响能否拿到毕业证和学位证；有些高校能否毕业不仅仅与学生分数有关，甚至还与平均学分绩点（GPA）有关，有的高校学籍管理规定毕业生 GPA 低于 1.8、留级生低于 2.0，则不能取得学位证。这就导致部分学艺不精的学生，为了毕业及美好前程，不惜放手一搏，冒险作弊。目前，不少大学开设的大部分课程以知识讲授为主，考试时往往考核的也是教师讲课时的重点知识，教师在讲授这些知识的时候如果不能激发学生的兴趣，学生往往就会旷课或者上课时不务正业，这就导致学生临时抱佛脚，突击学习，有些学生可能觉得这些知识点暂时记住对就业或者将来的帮助不大，甚至突击一下都不愿意，但是又不甘心不及格，于是就铤而走险，打小抄，带手机。这是导致学生作弊的最主要原因。

其次，毕业年级的清考制度。

随着高校招生规模的扩大，教育质量下滑，文凭含金量下降，已成为不争的事实，大多数高校过分看重毕业证率、学位证率和就业率，为了让学生能顺利毕业，让这些数据尽可能好看，在培养过程中存在一定的放水现象，毕业生清考制度便是其中一例，这就会导致存在"及格万岁、毕业就行"心理的学生一步步降低自己的要求，寄希望于清考时打打小抄、作作弊蒙混过关。

最后，监考巡视制度。

有些高校监考巡视制度不健全，或者虽有制度，但执行和贯彻力度不够，导致监考老师存在"多一事不如少一事"的怕麻烦心理，或者害怕学生报复，甚至害怕学生教学质量评价打低分影响自己职称评定，从而对学生作弊睁一只眼闭一只眼。这时候如果学校的巡视再流于形式，那对学校考风考纪、校风校纪的建设带来的挑战和灾难将是毁灭性的，过度宽松的考试环境也会导致学生作弊率明显上升。

3. 影响高校学生作弊的家庭原因和社会原因

目前在校大学生多为独生子女家庭，家长寄予厚望，希望孩子上个好大学、考个好成绩、评上奖学金，找个好工作，这些也往往会成为促使学生作弊的推力，再加上当今社会风气浮躁，社会上的拜金主义、精致利己主义、诚信危机等都会或多或少对在校大学生产生不良影响。学生若侥幸作弊成功，会破坏考试的考核评价功能，影响学校的学风考风建设，损害教育公平公正，降低人才培养质量，同时会让学生养成藐视规则的习惯，从而进一步挑战社会规范，影响整个社会诚信教育。

三、防范高校学生作弊对策研究

1. 加强制度建设并严格贯彻执行

（1）改革课程考核制度及评价方式。从侧重以知识考核为主过渡到侧重以批判性思维能力、创造性思维能力、解决问题能力等能力考核为主，加大过程化考核力度，实行全过程考核，比如采取混合式教学、互动式教学、探究式教学、翻转课堂等教学形式，在日常教学中利用手机端或者网络教学平台对学生进行课堂测试、周测、月测等，将这些测试作为学生的平时成绩，实践性强的课程甚至可以将平时的实验实践成绩作为成绩的一部分，而不是仅仅将期末考试当成学生的最终成绩，公选课成绩还可以结合学生与课程相关的竞赛成绩、社会活动成绩、志愿者成绩、慕课成绩等给予相关学分认定，构建柔性化的多元评价体系。

（2）取消清考制度。各高校必须响应教育部"学生忙起来、教师强起来、管理严起来、效果实起来"的号召，坚决取消清考制度，肃清之前清考制度带来的影响不是一日之功，也绝不是一时之功，而是要常抓不懈，以长久之功严格执行学生课程成绩评定标准，引导学生严格遵守学校考试管理有关规定，养成勤奋认真的学习习惯和积极进取的人生态度，避免侥幸心理的出现。

（3）完善学校各项规章制度。制定并完善学校《课程考核管理办法》《学生违纪处分办法》《本科生学业预警管理制度》《本科教学事故认定与处理办法》《教学值班员制度》等各项规章制度并严格执行，明确学校、监考教师、学生应履行的责任，及出现违规情况时的处理办法，充分调动制度的力量，协调各方严格执行。

（4）认真贯彻执行教育部41号令《普通高等学校学生管理规定》。该规定第三章第二节第十八条为"学校应当健全学生学业成绩和学籍档案管理制度，真实、完整地记载、出具学生学业成绩，对通过补考、重修获得的成绩，应当予以标注"。各高校应认真贯彻执行，将补考、重修等成绩备注标注进学生的成绩单，将学生作弊及解除作弊的发文放入学生档案。用人单位、考研高校录取会参照这些记录，长期执行下来并经学生口口相传，会对试图作弊的在校生起到一定的震慑作用。

2. 加强学生诚信考试道德建设

增加学生诚信课程，加强学生诚信教育，编撰《高校学生作弊警示教育案例集》，全国大学英语四六级考试、中小学教师资格证考试等国考中制作诚信考试条幅，将《中华人民共和国刑法修正案九》第二十五款第一至四款、《国家教育考试违规处理办法》及其他法律法规中考试作弊有关条款制作成易拉宝和小视频，提醒考生诚信考试，国考中考试作弊违反《刑法》；组织开展或者指导二级学院教学工作会、专项工作会、主题班会等；联合学生处，在学校官网向考生发出《关于严肃考风考纪、诚信考试的倡议书》。通过这些方式，在全校范围内布置诚信考试相关工作，营造诚信考试氛围。

3. 发挥"人"的主观能动性

首先，向监考教师发出《关于规范监考行为、履职尽责的倡议书》，撰写并发布《监考教师须知》和《考场纪律》，要求监考教师明确自己的职责，在须知上签字并在考前给考生宣读《考场纪律》，监考教师作为考场第一责任人，必须切实负起责任来，只有全体监考教师严格履行监考职责，才能最快发现作弊苗头并将其扼杀于摇篮之中，最大程度杜绝作弊现象的发生。

其次，学校和学院两级巡视，教务处领导、学校督导、教务处相关教师组成校级巡视，二级学院督导、学生副书记、教学副院长、辅导员、教学秘书组成院系级巡视。校、院两级巡视加强联动，共同协作，及时发现考试过程中出现各种问题并迅速加以解决，营造公平公正、风清气正的考试环境，让学生放心安心静心进行考试。

4. 强化高科技手段预防作弊

（1）加强考试环境硬件建设。要求每个学院自行购置手机袋，每场考试，在考场悬挂手机袋，让学生在考试前把手机都交上来，杜绝手机带到座位，从源头上阻断学生的侥幸心理。为监考教师配备屏蔽仪、安检仪、身份核验系统，逢考必检，从硬件上为教师从严监考提供支持。

（2）推进考务管理信息化建设。建设教室监控系统，利用信息手段使考场环境得以还原和保存。考试结束后，若有学生举报考场有人作弊，或者举报监考教师未认真履行监考职责，或者学生对作弊认定有异议，教室监控系统将有助于学校对事实进行认定，若学生诉至学生争议处理委员会甚至法院，监控材料将会是特别重要的证据，在考试作弊及争议处理中发挥着无可替代的作用。同时，还应引进在线考试系统，用技术手段，降低学生作弊可能性，保障考试公平公正。

四、结束语

大学生思想活跃，年轻气盛，容易受周围环境的影响。高校要实现学生考试零作弊绝非一日之功，需要多方面的因素。首先，需要校领导、教务处领导、学生处领导和学院领导的重视和支持，既包括财力和制度方面的支持，又包括舆论环境的支持。其次，需要考务管理人员、校院两级督导和监考教师多方联动，密切配合，缺一不可。再次，高校的首要任务是立德树人，是培养德、智、体、美、劳全面发展的社会主义事业建设者和接班人，"德"字放在首位，打铁必须自身硬，只有学生自身不敢不想不能作弊，高校学生作弊之风才能彻底刹住，而这更需要高校、学生、家庭、用人单位、社会的通力合作。

参 考 文 献

李孝更，金惠怡，2017. 大学生考试作弊之形、因、害、治［J］. 现代教育科学（2）：55-60.

姚琦，兰娟，2019. 论大学生考试作弊及预防［J］. 高教学刊（21）：148-150.

中华人民共和国教育部，2017. 普通高等学校学生管理规定［EB/OL］. http://www. moe. gov. cn/srcsite/ A02/s5911/moe_621/201702/t20170216_296385. html.

新时代劳动教育综合育人价值实现路径研究*

吴卫元①　孙　曦②

摘　要：立足新时代，劳动教育是"德智体美劳"五育并举中不可或缺的一环，对培养全面发展的高素质人才具有十分重要的意义。本文分析了目前大学生劳动教育在价值认知、课程体系、实施模式等方面存在的问题，提出通过构建多元的劳动教育体系，将劳动教育融入思政教育、通识教育、专业教育、文化教育和实践教育中，以润物无声的方式实现树德、增智、强体、育美、爱劳的育人目标；创新劳动育人新模式，拓宽劳动育人途径，让家庭、学校、社会共同为学生创造更多参与劳动实践的机会，促进学生全面发展。

关键词：劳动教育；育人价值；实现路径

人才培养是教育的重要目标，高校是高层次人才培养的主阵地，肩负着为党和国家培养社会主义建设者和接班人的重任。苏联教育家苏霍姆林斯基曾说过，"离开劳动，不可能有真正的教育"。新时代大学生劳动教育应坚持立德树人的根本目标，践行马克思主义劳动价值观，提升大学生的综合素质。

一、大学生劳动教育的重要性

1. 是实现中华民族伟大复兴的必然要求

党的二十大报告中提出"德智体美劳"全面发展，而党的十九大报告的表述是"德智体美"。党的二十大报告中指出，劳动教育的回归，就是要通过劳动教育使学生形成正确的劳动观，具备满足生存发展需要的基本劳动能力。劳动者的劳动素质关系着国家及民族的发展，大学生肩负重任，是国家的未来和民族的希望。新时代大学生正值青春年华，要不断加强劳动教育，在劳动中增强克服困难的勇气、学习干事创业的本领，形成勇挑重担的优秀品质，为中华民族伟大复兴贡献自己的力量。

2. 是高校贯彻立德树人教育方针的必然要求

2018年，习近平总书记在全国教育大会强调，"要在学生中弘扬劳动精神，培养德智

* 本文系北京高等教育学会2022年教学改革项目：新时代大学生劳动教育的综合育人价值研究（MS2022061）、北京市教育委员会2022年北京高校教学改革创新项目：都市特色应用型农林人才实践能力提升体系的构建与实施项目支持研究成果。

① 作者简介：吴卫元，女，北京农学院教务处副研究员，主要研究方向为高等教育研究与管理。

② 作者简介：孙曦，女，北京农学院创新创业学院副院长，副教授，主要从事创新创业教育与劳动教育研究。

体美劳全面发展的社会主义建设者和接班人",这是新时代党的教育方针的丰富发展,是新时代弘扬劳动精神、倡导劳动教育的集中体现。2020 年,《中共中央 国务院关于全面加强新时代大中小学劳动教育的意见》中强调,劳动教育是中国特色社会主义教育制度的重要内容,要培养学生树立正确的劳动观念和思想,培育积极的劳动精神和劳动态度。2021 年,中共北京市委教育工作领导小组印发《北京市关于全面加强新时代大中小学劳动教育的实施意见》,明确指出大学生劳动教育是培养高素质劳动者的重要举措,是承载和践行"为党育人、为国育才"的使命和实践路径。

因此,高校实施劳动教育的重要性不言而喻,高校要牢牢把握育人导向,培养大学生正确的劳动观,引领大学生勇担时代重任和历史使命。

二、大学生劳动教育存在的问题

结合对劳动育人对象(大学生)调研,笔者在高校劳动教育实施等研究实践中发现,各高校积极倡导劳动教育,将劳动教育理念贯穿在课程改革中,但在课程体系、价值认知、实施模式等方面还存在以下问题:

1. 价值认知方面

部分学校劳动教育观念陈旧甚至错误,认为"劳心者治人,劳力者治于人",家长、学校往往更关心学生的智育成绩,不注重培养学生的劳动意识,一些大学生不想、不会、不爱劳动,不珍惜他人的劳动成果。

2. 课程体系方面

劳动教育普遍存在着劳动教育目的性、计划性不强,劳动课程体系不健全,劳动教育的核心是实践,但在实际操作中往往缺乏劳动师资、场地和经费,劳动资源无法统筹和共享,很多学校只开设了劳动教育理论课程,劳动实践未落实落细。

3. 实施模式方面

劳动教育还不够深入,在实践层面也是以体验为主,未形成体系,劳动的独特育人价值在一定程度上被弱化甚至缺位,没有与德育、智育、体育、美育相融合。在劳动教育上,学校与家庭、社会未形成合力,未能促进学生的全面发展,实现其综合育人价值。

三、大学生劳动教育问题的解决路径

理念、认知的改变不是一蹴而就的,离不开体系的构建和具体实施。劳动教育对综合育人能力提升具有耦合价值,在全面教育体系构建中,德智体美劳"五育并举"相互融合是高校的人才培养目标,五育之间既有密不可分的关系,又各自拥有不同的价值和功能。

(一)构建"五融入"劳动教育体系

实现劳动教育的综合育人价值,需要构建"五融入"劳动教育体系,即将劳动教育融入思政教育(树德)、通识教育(增智)、专业教育(强体)、文化教育(育美)和实践教育(爱劳)。学生在劳动教育中知农事、敬自然、勤四体、明道德、善思维、养雅趣,起到树德、增智、强体、育美等综合性育人功能。

1. 以劳树德:劳动教育融入思政教育

将劳动教育与思政教育相融合,把理想信念教育、爱国主义教育、党史学习教育融入劳动教育过程，弘扬中华传统农业文化，厚植"三农"情怀。高校应该有目的、有计划地培养学生的劳动能力，树立"大劳动教育观"，通过与思政教育相结合，把握育人导向，帮助学生树立正确的人生观、价值观、劳动观，激发其报效祖国、回馈社会的爱国热情。

2. 以劳增智：劳动教育融入通识教育

高校应合理规划开设劳动专题教育课、公共基础课等，以核心素养为主轴，设立劳动教育必修课程不少于 32 学时，可以结合高校自身的优势特色设置专题内容，让学生在课程中领悟劳动精神，掌握劳动技能、培养劳动习惯、养成诚实守信的合法劳动意识。

3. 以劳强体：劳动教育融入专业教育

根据学科、专业的特点，探索"劳动教育＋X"新模式，如农科类专业可以将劳动教育与农林教育有机结合，培养服务农业农村现代化和乡村振兴的卓越农林人才；人文、社科类专业可以推广服务性学习；理工类专业可以结合专业实验、生产实习、科技竞赛等。以实习实训课为主要载体，注重培养学生的敬业精神，引导学生干一行，爱一行，吃苦耐劳，勤恳努力，爱岗敬业。

4. 以劳育美：劳动教育融入文化教育

结合五一国际劳动节、植树节、学雷锋纪念日等节日开展主题教育。通过弘扬模范典型，宣传优秀案例，引导大学生在劳动中提高审美能力，以劳育美，以劳促美，在热爱劳动的校园文化氛围中，将勤勉敬业的劳动精神传承给学生。

5. 尊劳爱劳：劳动教育融入实践教育

劳动是获取真知的实践起点，热爱劳动是中华民族的优秀传统美德，实践劳动是劳动教育的"好传统"，高校尤其是农林高校应高度重视劳动教育工作，制定劳动教育、耕读教育实施方案等文件制度，突出劳动教育与耕读教育相融合的教育模式。积极统筹校内外资源，建设具有农林特色的耕读教育基地；设立彰显学校特色的劳动周，有序安排学生学习观摩、集体劳动、专业实践；组织学生参加校外实践，进行实习、实训、调研和科学研究，深入田间、车间、工地、商场等公共场所；鼓励学生参军、支教等活动等。

（二）创新劳动育人新模式

劳动教育与大学生的家庭、学校和社会息息相关。《中共中央　国务院关于全面加强新时代大中小学劳动教育的意见》明确提出，拓宽劳动教育途径，整合家庭、学校、社会各方面的力量。创新劳动育人新模式，丰富劳动教育的内容与形式，多方激发学生的劳动热情，形成"家校社"劳动教育共同体。

1. 发挥家庭的基础作用

培养学生的基本生活技能，养成良好的劳动习惯，家庭的作用不可忽视。家长应鼓励学生开展日常生活自理和自我生活管理劳动。通过与学生一同做家务活、种植盆栽，鼓励孩子积极参与和分担家务，培养孩子的生活能力和家庭责任感，发挥劳动教育的独特价值。

2. 发挥高校的主导优势

高校是人才培养的主阵地，应加强顶层设计，将劳动教育纳入人才培养方案，明确理论、实践课程等学分要求，全面培养学生的综合能力和优良品质。与此同时，学校可通过加强教学研究和培训，提升教师劳动教育的专业素养，进而提升师资水平。

3. 发挥社会的资源支持

积极发挥社会力量，政府应对劳动教育资源进行整合重组，发挥区域资源优势，以充足的社会劳动资源保障劳动育人目标的实现。使学生真正走出校园，将校内所学的理论知识与社会实践相结合，走入真实生活，了解劳动价值。家庭、学校、社会应形成合力，为学生创造更多参与劳动实践的机会，通过参与式、体验式和探索式等，以劳动教育为实践载体，成为学生树立劳动意识、磨炼意志品质、激发创造能力的有效途径。

四、结语

综上所述，新时代，高校应深入挖掘劳动教育的综合育人价值，以立德树人为根本，将新时代劳动教育理念融入人才培养的全过程，将劳动教育与思政教育、通识教育、专业教育、文化教育和实践教育有机融合，经过家庭、学校和社会的共同努力，发挥劳动教育的综合育人价值，培养崇尚劳动、热爱劳动、肯吃苦、能担当民族复兴大任的德智体美劳全面发展的新时代青年。

参 考 文 献

梁大伟，茹亚辉，2022. 新时代加强劳动教育的根本遵循、目标导向与价值旨归［J］. 现代教育管理（6）：20-26.

习近平，2022. 高举中国特色社会主义伟大旗帜为全面建设社会主义现代化国家而团结奋斗——在中国共产党第二十次全国代表大会上的报告［EB/OL］. https://politics. gmw. cn/2022-10/25/content _36113897. htm.

新华社，2020. 中共中央 国务院关于全面加强新时代大中小学劳动教育的意见［EB/OL］. http://www. moe. gov. cn/jyb_xxgk/moe_1777/moe_1778/202003/t20200326_435127. html.

杨颖东，王学男，2021. 劳动教育实现综合育人的四个关键点［J］. 中国德育（11）：5-9.

赵静，石彩红，2020. 新时代高校劳动教育的育人价值及实施方略［J］. 黑河学刊（5）：80-84.

新农科专业建设和发展的思考*

吴雨桐① 马兰青 张德强

摘　要：在实现我国农业农村现代化总体目标的关键时期，新农科专业建设发展是涉农高校的重点工作之一。本文介绍了新农科专业建设发展过程中在顶层设计、师资队伍、大众认可度等方面的潜在问题，并从专业设置、课程建设、实践教学管理、教师队伍建设、专业宣传等角度提出了解决对策，为新农科专业进一步建设和发展提出有针对性的建议。

关键词：新农科专业；专业建设；教学管理

一、建设新农科专业的重要意义

党的二十大报告提出，加快建设农业强国，坚持农业农村优先发展，全面推行乡村振兴战略，农业被提到前所未有的高度，成为社会关注的焦点。2023 年中央 1 号文件《中共中央　国务院关于做好 2023 年全面推进乡村振兴重点工作的意见》提出，推动农业关键核心技术攻关，发展现代设施农业，扎实推进乡村发展、乡村建设和乡村治理等重点工作。但现有部分农业从业人员文化程度不高、专业技能不强、年龄老龄化，无法满足国家对农业发展的需求。传统农业工作环境较差、收入较低、专业对口岗位少等刻板印象，导致农科专业大学生从事农业的意愿低、"三农"意识淡薄，甚至少数学生产生厌农情绪。农业人才"下不去""留不住"的情况仍是需要持续关注且不断改善的问题。

作为农业类高校，培养爱农村、懂农业、爱农民的复合型人才是责任也是使命。2022年教育部等四部门联合出台的《关于加快新农科建设推进高等农林教育创新发展的意见》提出，大力推进农林类紧缺专业人才培养等 14 个方面的意见。同年，教育部办公厅印发《新农科人才培养引导性专业指南》，聚焦乡村振兴战略和国家对农林人才的迫切需求，面向五大领域设置了 12 个新农科人才培养引导性专业，快速建设并发展新农科专业是解决农业人才流失问题的重要途径之一。

二、新农科专业建设中存在的潜在问题

1. 顶层设计有待加强

《新农科人才培养引导性专业指南》明确了国家未来发展的 12 个引导性专业，但这些

---

* 本文系 2022 年北京市高等教育学会项目：都市特色应用型人才培养体系的探索与实践（ZD202248）。

① 作者简介：吴雨桐，女，硕士，主要研究方向为本科教育教学管理。

专业并不完全适用于所有农林类高校，如果仅仅为了顺应政策，而盲目开设新农科专业，未充分考虑到学校定位和实际资源，可能很难达到预期效果。

2. 师资队伍匹配度不高

学校现有教师团队虽然具有丰富的教学经验和过硬的教学能力，但其研究领域与新农科专业不完全匹配。专业对口的应届博士研究生掌握熟练的专业技能、拥有丰硕的科研成果，但教学实践经验不足。学校现有的教学资源与新农科专业所需不匹配，教材课件、实习实践基地等不能满足新农科专业的需求。

3. 新农科专业的大众认可度有待提升

大众对新农科专业持有就业难、发展空间有限等刻板印象，对国家农业发展规划和现行农业政策了解少，存在不愿报考农科专业的畏难情绪。此外，新农科专业大部分是新成立的专业，考生家长对新农科专业的教学内容、就业前景的了解不充分，产生不敢报考的心理。

三、新农科专业建设发展的思考

1. 深刻理解政策要求，做好专业建设顶层设计

《新农科人才培养引导性专业指南》对新农科专业建设起到了总体把控、政策引导的作用，促进涉农高校深化农林教育供给侧改革，引导高校重构农科专业体系，加快培养国家紧缺的复合型农林人才，助力乡村振兴主战场。涉农高校应高度重视新农科专业建设工作，并做好学校新农科专业的整体布局。首先，高校应在现有资源的基础上，明确新农科专业的建设方向。新农科专业虽是新成立的专业，但它并不是真正意义上"全新"的专业，而是建立在学校已有的多个专业基础上，为了满足新时代人才需求而衍生出的新专业，目的是培养多学科复合型人才。因此学校现有专业和师资力量是建设新农科专业的重要资源储备，学校应立足实际，结合已有特色专业和师资力量，把重心更多聚焦在现有传统农科专业的问题上，对传统农科专业进行优化升级。同时，也可以开展跨学科交流，聚焦学科交叉领域，将现有多个学科的优势纳入新农科专业规划建设中，通过借鉴、吸收、汇总等方法，将新农科专业建设成为完整且独具特色的高质量农科体系。其次，开设新农科专业前要做好大量的调研和充分的论证。专业的选择不仅影响着青年人的职业选择和事业发展，更承担着为国家培养栋梁之材的重大责任，因此必须在新农科专业筹划前期对教学、科研及就业等多方面情况进行全面调研和评估，对于学校承办新农科专业的综合实力进行反复论证，避免造成时间和资源浪费。再次，应完善高校新农科专业评估体系，对专业进行动态化调整。新农科专业刚启动不久，需长期的实践与探索才能最终形成一个真正成熟的一流专业。因此，应制定一套符合学校实际的新农科专业评估指标体系，建立新农科专业建设常态数据库，对新农科专业进行常态化监督、检查和预警，为新农科专业评价提供客观数据依据，不断推动新农科内涵式发展。

2. 加强新农科课程建设，培养复合型人才

课程建设是影响新农科专业发展和本科教学质量的关键因素，应重视以下四点工作。一是，加强新农科专业课程思政建设，培养学生"三农"情怀。新农科专业是为了解决国家农业农村振兴过程中所遇到的新问题和现实需求，因此新农科专业课程思政应重点围绕

提升学生农业思想站位和夯实农业基本素养，引入"农耕文化""农情政策"和"农学精神"等内容，帮助学生熟悉国情民情，了解人文底蕴和科学精神，激发学生学习兴趣与动力，培养学生"三农"情怀，提高学生的专业认同感和社会责任感。二是，优化新农科专业课程内容设置。新农科专业学科交叉、内容繁杂，因此在专业课内容上需要仔细梳理、反复斟酌，特别是对学科交叉部分知识点，应进行细致归类，避免不同专业课讲授相同的知识点。如果遇到重复的知识点，可以考虑从不同的思考角度或应用场景出发，对知识点进行多维度扩展延伸。三是，优化理论课与实践课设置比例。新农科专业对学生的实践能力要求较高，因此应结合新农科专业工作实际，调整理论课和实践课的学时分分配比例，精简理论课，适量增加专业实验课，为学生在校内提供实操平台。四是，创新新农科专业课程设计。在专业课程设计中可适量引入实际的乡村振兴项目，帮助学生了解我国农业发展真实情况和需求，也可让本科生加入研究生乡村振兴科研项目或课题中，培养本科生养成新农科专业科研思维，为本研贯通培养打好基础。

3. 优化新农科专业实践教学管理，提高学生实践能力

新农科专业面向的就业市场非常明确、人才需求量大，大部分岗位迫切需要毕业生尽快投入实际工作中，对学生的实践能力要求很高，因此新农科专业的实践教学工作成为新农科专业建设中的重要部分。首先，应完善新农科专业实践教学基地建设。新农科专业涉及多学科交叉，不能图省时省力而直接借用其他专业的实践教学基地，学校应统筹规划校内外资源，加大政策和资金支持力度，根据新农科专业的人才培养目标，建设一批适用于新农科专业的固定实践教学基地。学校可采取校所合作、校企合作、学校引进等多种方式，积极争取社会力量，多渠道增加实践育人经费投入，设立新农科专业学生科技创新实习基地。其次，应创新实践教学方法。学校应鼓励教师探索线上线下、校内校外混合式新农科专业教学新模式，如将专业课与农作物生产基地参观、院所科研成果汇报、农业种源企业实习等结合，使学生能够独立发现并准确分析农业领域中存在的痛点问题，利用所学专业知识为这些问题提供科学合理的解决方案，不断提升学生的综合实践能力。再次，应对新农科专业实践教学进行动态管理。建立健全新农科专业实践教学管理制度，细化实践教学各环节管理规范，实现一生一档的实时动态管理模式，掌握学生实践实习过程中的真实学习和生活状况，并及时汇总学生各阶段实践效果。

4. 完善教师教学管理，建设专业化教师队伍

新农科专业建设需要一支具有崇高师德素养、前沿知识储备、强大学习能力、高超教学能力、高水平科研成果的教师队伍。首先，应激发教师打破专业壁垒的自主性。教师是学生的引导者，需要不断整合跨专业的知识，摸索其中的关联机制，构建新农科专业的知识体系，才能准确地把知识传递给学生。因此，学校应鼓励新农科专业教师不断提升自身知识整合、课堂教学等能力，激发教师接触和学习新农科有关的跨学科知识的自主性。其次，应鼓励老教师、新教师和企业人员结成教研小组，取长补短，共同进步。老教师拥有丰富的教学经验和应对教学突发情况的处理能力，但缺乏跨学科领域的知识储备。新教师拥有更前沿的跨学科知识储备和强大的学习能力，但缺乏教学经验。新农科企业人员拥有丰富的农业工作背景，但缺乏教学管理经验。新老教师和企业人员各有优势且形成互补，新农科教研小组能够加强新老教师、企业人员之间的沟通交流，使新老教师能在短时间内积累知识储备、工作经验，提升教学能力，形成校企育人合力。学校也可定期开展新农科新老教师座谈交流会，分享新农科教研小组的教研成果。再次，学校应健全新农科专业教师评价机制。新农科专业与其他成熟专业相比，教师在跨学科知识整合、知识体系构建、教学模式探索等过程中付出更多时间和精力，因此新农科专业建设前期所获得荣誉奖励可能无法与其他成熟专业进行横向比较。为了进一步鼓励教师建设新农科专业，应将新农科专业建设过程中的工作进行量化，制订一套适用于新农科专业的教师评价机制，同时也将教师获得的新农科专业建设成果作为聘任、晋级、评优选先的依据。

5. 加强专业宣传力度，提升新农科专业影响力

加大宣传新农科专业宣传力度对新农科专业发展具有很大影响。新农科专业作为新型复合型专业，大众对其初印象是陌生的，如果忽视宣传，将无法解开大众对农科专业、农业行业的刻板印象，新农科专业极大可能会走上传统农业的老路，出现报考热情低、期待值低等不良现象。因此学校应在新农科专业招生、教学、实践、就业等全过程培养的各个环节加大宣传力度，通过线上线下等多种途径扩大宣传，如微信公众号推送、线上公开课、线下招生宣传、企业实习经验分享讲座等方式，为大众解读国家新农科发展政策，明确新农科专业发展前景，了解新农科专业人才培养方案，拓宽新农科专业就业平台，激发考生对新农科专业的兴趣，增强考生家长对新农科专业的信心，提高新农科专业生源质量，为新农科行业输送优质复合应用型人才，带动新农科行业的发展，提升新农科在社会上的影响力和认可度。

四、小结

新农科建设是助力 2023 年全面推进乡村振兴工作的重要抓手。新农科专业建设发展过程中仍在顶层设计、师资队伍、大众认可度等方面存在一些问题。作为涉农高校，应贯彻落实国家新农科发展的政策要求，统筹规划校内外资源，做好新农科专业布局的顶层设计；加强新农科课程建设，培养学生"三农"情怀；将提高学生实践能力作为新农科专业的重要育人目标，持续优化新农科专业实践教学管理体系；完善学校教师管理机制，建立专业化的教师队伍；加强新农科专业宣传力度，提升新农科专业的社会影响力。

参 考 文 献

李迎军，2022. 新农科背景下大学生耕读教育实践基地建设研究［J］. 高教学刊（S1）：54-58.

牟少岩，刘焕奇，李敬锁，2020. "新农科"专业建设的内涵、思路及其对策——基于青岛农业大学实践探索的思考［J］. 高等农业教育（1）：7-11.

漆勇政，孙倩茹，2021. 农林高校课程思政建设的实践路径［J］. 学校党建与思想教育（6）：46-48.

青平，吕叙杰，2021. 新时代推进新农科建设的挑战、路径与思考［J］. 国家教育行政学院学报（3）：35-41.

魏华，李应东，赵莹莹，等，2022. "新农科"背景下校企融合产业学院协同育人模式探索［J］. 现代农业研究（12）：36-39.

浅析高校辅导员人才队伍建设的意义、方法与未来

余晓濛①

摘　要：高校辅导员扎根一线，是高校与学生之间联系的重要纽带。重视高校辅导员队伍建设是学校以人为本、重视基层的体现，是高校提升对学生综合服务能力的要求，是辅导员自我能力锻炼和自我价值提升的期待。新时期下辅导员队伍建设要优选优引，要制度保障和资源支持相结合，要建立和完善学习机制。探究辅导员队伍建设的未来对高校可持续发展具有重要意义。

关键词：重视基层；优选优引；学习机制；规范化

高校辅导员作为连接学校和学生的重要纽带，在收集和传递各类信息、组织学生日常教学工作、开展课外各类文体活动等学校各类常规事务上发挥着重要的黏合作用，而正是因为常规事项中辅导员和学生的高黏合性，在各类突发事项的应对和处理中，高校辅导员往往也发挥着重要的齿轮作用。大到疫情防控、小到生病请假，上到升学就业、下到评优评先，学生从踏入校园到毕业离开，无论学习还是生活，都和高校辅导员密切相关。高校近年也愈发重视对辅导员队伍的建设，本文将从高校辅导员队伍建设的意义、高校辅导员队伍建设的方法与建议及高校辅导员队伍建设的前景与未来三个方面展开。

一、高校辅导员队伍建设的意义

1. 高校辅导员队伍建设是学校以人为本、重视基层的体现

在高校的人员编制中，承担教学、科研职责的教学岗的教师是最为重要的，也是受重视程度最高的，一方面是因为教师的科研成果是高校学术能力和研究能力的综合体现，深受国家重视；另一方面优秀的教师在课题的申请、相关资格的认定、对学生的吸引等方面起到了决定性作用。因此，承担教学、科研职责的教学岗教师也成为高校的核心竞争力。近年，随着高校辅导员担当的职责越来越多，对辅导员工作的要求也越来越高，各高校对辅导员岗位的重视度也逐渐提升。高校辅导员岗位在教师队伍中的定位类似于大学生村官在公务员队伍中的位置，其本质特征都是扎根一线、服务基层，国家重视、鼓励大学生村官并给予方方面面的扶持，高校也在提升对辅导员队伍的关注，倾斜资源打造高质量、高素质的辅导员队伍，这都是体现了以人为本、重视基层的管理理念。

---

① 作者简介：余晓濛，女，文学硕士，北京农学院人事处劳资科职员。

2. 高校辅导员队伍建设是高校提升对学生综合服务能力的要求

高校辅导员的工作职责和角色定位就像义务教育阶段的班主任，而相比义务教育阶段的班主任，辅导员除了管理学生的学习还增加了管理学生日常生活的职责，初高中时期学生基本是走读，而高校则基本上是住校，学生除了学在高校还吃在高校、住在高校，虽然高校学生多数是 18 岁以上的成年人，但是因为尚未正式步入社会，还处在人生观、价值观培养的重要阶段。所以相比起初高中重视学业、主抓学习，高校更加迫切地需要提升对学生的综合服务能力，素质教育成果需要综合服务能力的支撑，而高质量的辅导员队伍是高校对学生综合服务能力的有力保障。

3. 高校辅导员队伍建设是辅导员自我能力锻炼和自我价值提升的期待

高校辅导员身处教学一线，工作强度大、工作时间长、工作场景多，碎片化的工作内容让辅导员很难有时间做系统地自我提升，但辅导员之间因为工作内容相近，其实在工作方法上是有许多可以互相交流、借鉴的，正因为如此，从高校角度组织辅导员队伍建设，一方面可以搭建辅导员之间的沟通平台，有效提升整体辅导员队伍的工作效率；另一方面也是给辅导员队伍充电赋能、为长期工作打下良好基础。

二、高校辅导员队伍建设的方法与建议

辅导员队伍建设的方法应将自上而下与自下而上相结合，将外部学习与内部提炼相结合，将高校期待与辅导员期待相结合。

1. 辅导员队伍建设首先要优选优引

辅导员服务的群体是学生，但工作的过程其实涉及学校各个部门，学生的安全问题涉及保卫处、学生的选课退课涉及教务处、学生的就业升学涉及学生处，辅导员工作的接触范围涵盖了学校行政工作的方方面面，工作的难度可想而知，辅导员队伍的建设回到根上还是要优选优引，优选包括在辅导员校园招聘时多关注有学生工作经验且担任过班级助理等学生干部岗位的候选人，这样的候选人有过学生服务经验，对学生涉及的各类学习、生活事务较为熟悉，能够有条理地上手工作；优选还包括在辅导员社会招聘时多关注过往工作的背景调查，看是否具备吃苦耐劳、脚踏实地的工作作风。优引则是加强从学校其他岗位引入人才的力度，从其他教职岗位选拔有热情、有能力担任辅导员的教职工直接进入辅导员队伍、阶段性在辅导员队伍里锻炼或兼职辅导员，一方面有助于增加辅导员岗位与非辅导员岗位教职工的相互理解、相互支持，降低内部协调的成本；另一方面也是对辅导员队伍的内部赋能，增加人才活水，拓宽工作方式方法。

2. 辅导员队伍建设需要制度保障和资源支持相结合

辅导员队伍招人难、人员流动性强是诸多高校面临的共同难题，这需要高校谋划、制定、出台合情合理的制度、在行政指引上做相应的安排，包括新聘教工必须在辅导员岗位服务 1~2 年、从辅导员岗位向外转岗不能低于 2 年服务年限、从辅导员岗位离职如低于 3 年服务年限学校将保留在背景调查上做负面评价的权利等，用制度保证基础，确保大方向正确。同时也需要与资源分配相结合，对于专职辅导员岗位任职时间达一定年限可以在职级评定上做适当倾斜。对于在辅导员岗位上锻炼的其他教职工或者新聘教职工，可建立学生民主打分反馈机制，按照一定比例对表现优秀的辅导员在回到原岗位后给予适当照

顾、鼓励先进。对于兼职辅导员，除了兼职期间按照制度给予一定的岗位津贴和经济补贴外，因为兼职辅导员主要是辅助学院工作，可以搭建由各学院领导、教师组成的评价小组，按学期对兼职辅导员的工作进行成果认定，达到相应标准可在其原部门年度考核上做相应上调。

3. 辅导员队伍建设需要建立和完善学习机制

学习是进步的阶梯，好的队伍不一定起初就是素质最高的，但一定是过程中最能坚持学习的。辅导员工作相对碎片化，集中学习难度很大，因此更需要把好课程关、提高学习的质量。学习的形式可以将"引进来"和"走出去"相结合，"引进来"是指把校外其他学校优秀的辅导员、校友、教育专家、心理学家等社会资源引进来，对辅导员队伍赋能，一是针对辅导员队伍的短板查缺补漏，二是让辅导员能够掌握最新的工作方法和工作思路，既抓住薄弱环节，更注意方式方法的与时俱进。科学的学习机制体现了高校领导对辅导员队伍的重视，完善的学习机制能为辅导员提供更开放的视角、搭建更广阔的舞台，并且通过共同学习，也能增进辅导员之间的互动和联系，形成良好、和谐的团队氛围，打造学习型、互助型组织。

三、高校辅导员队伍建设的前景与未来

高校辅导员队伍建设应该总结过去、立足现在、展望未来，从社会需要什么样的人才到学校怎么培养高素质的学生，再到学生成长成才需要什么样的辅导员，只有结合了社会、学校、学生，才能在辅导员队伍的建设上具备充分的前瞻性。源源不断的学生是缔造社会美好未来的生力军，社会进步、科技进步都离不开人才进步，讨论高校辅导员队伍建设的前景与未来，是人才进步的重要话题。高校辅导员队伍建设的前景与未来有三大趋势：规范化、职业化和专业化。

规范化，包括对于辅导员队伍招聘的规范化，坚持优选优引、在规范的招聘制度下选人用人，标准统一且公平、公正、公开，尤其对于主动担当的内部转岗或锻炼兼职的教师，明确相应的待遇，鼓励下基层；考核的规范化，尊重每一位学生的想法、做好360度民主考核，奖励先进、扶持落后，打破一碗水端平、适度拉开考核差距。

职业化，包括辅导员工作流程上的职业化，对普遍性问题的应对和处理客观公正，不随心所欲，不掺杂过多个人主观想法；晋升的职业化，目前许多高校的辅导员还是编制外员工，抱着"干多干少都一样，做一天和尚撞一天钟"的心态，职业化改革势在必行，未来有望参考教师岗聘任的模式，为辅导员队伍设置合理晋升通道，干部能上能下、人员能进能出，增强队伍活力、充分调动队伍工作积极性。

专业化，包括辅导员思想政治素质的专业化，辅导员必须提高政治判断力、政治领悟力和政治执行力，讲政治、守规矩、严作风，才能应对未来复杂多变的国际形势，严守初心；辅导员心理辅导的专业性，近年学生心理疾病患病率逐年攀升，由此引发的恶性后果触目惊心，辅导员身处一线应充分提升心理辅导的专业性，早发现早解决。

四、结语

辅导员队伍建设是一个系统化的长期工程，需要高校有高屋建瓴的顶层设计和面向未

来的前瞻性，也需要脚踏实地、循序渐进地尝试与落实。加快建立规范化、职业化、专业化的高素质辅导员队伍既是高校教育改革的使命要求，也是培养高素质人才的先决条件。

参 考 文 献

冯刚，2016. 高校辅导员队伍专业化、职业化建设的发展路径——《普通高等学校辅导员队伍建设规定》颁布十年的回顾与展望［J］. 思想理论教育（11）：4-9.

何萌，2016. 高校辅导员核心能力建设问题研究［D］. 济南：山东大学.

林伟毅，2017. 高校辅导员职业能力的现状及提升路径［J］. 思想理论教育导刊（1）：134-136.

谈传生，胡景谱，刘文成，2022. 高校辅导员专业化职业化发展的现实困境及破解路径——基于中部某省 51 所高校 3 176 名辅导员的实证调查［J］. 思想教育研究（01）：148-153.

王丽萍，姜士生，2013. 高校辅导员队伍专业化、职业化、专家化建设的内涵与逻辑［J］. 思想理论教育导刊（6）：123-125.

王振华，朱蓉蓉，2022. 论新时代高校辅导员队伍建设的优化［J］. 学校党建与思想教育（2）：58-60.

左辉，王涛，2022. 新时代辅导员队伍建设的发展路径研究［J］. 学校党建与思想教育（20）：75-78.

农林高校科学传播现状分析

廉文文①

摘　要：科学传播在农林高校中发挥着至关重要的作用，对于推动农林科技发展具有重大意义。本文首先对科学传播的概念和定义进行了梳理，接着分析了中国农业大学、北京林业大学、北京农学院等农林高校的科学传播现状，对国内外科学传播人才培养体系进行了简单梳理。最后，提出了未来农林高校科学传播的着力点，以期为我国农林科技创新与传播提供有益参考。

关键词：农林高校；科学传播；自媒体；科普

党的二十大报告指出，"教育、科技、人才是全面建设社会主义现代化国家的基础性、战略性支撑"。提升科技实力是增强综合国力的关键，而科技的迅猛发展除了技术的革新外，还要体现在国民科学素质的全面提升上，科学传播在科技革新与科技成果被国民广泛深入接受的过程中所起的作用越来越大。

一、科学传播的概念和其重要作用

科学传播是一个比较宽泛的概念，也是一个新兴的研究领域，许多学者将科学传播与科技传播等同，在科技越来越发达的今天，科技传播的很多领域与科学传播是重叠的，科学与技术也很难非常精准地区分，许多资料在对"科技传播"与"科学传播"这两个术语的使用上并没有本质区别。伊兹奥尼（A. Etzioni）和纳恩（C. Nunn）认为，"科学和技术对民众而言通常是一回事"而不加区分。怀特曼（Alan T. Waterman）也认为，"科学常与技术及其产品密不可分"。但整体而言，科学传播还是包含的范围更广，研究的领域更深。主要包含了"科学"和"传播"两个根本属性，相对而言，为"科学传播"下这样一个定义，"科学传播是指科技知识信息通过跨越时空的扩散而使不同个体间实现知识共享的过程"是目前得到广泛认可的。

科学传播包含了科学技术研究、科学知识传播、传播技术研究等科学与传播两大领域的有效融合，既是技术和知识方面的"实力派"，也是启迪民智的"高效传声者"。科学传播有多重要？习近平总书记给出了答案，"科技创新、科学普及是实现创新发展的两翼，要把科学普及放在与科技创新同等重要的位置"，科学普及是科学传播的核心内容，科学传播的最终目的就是为了提高全民科学素养，全民科学素养的提高才能有效提升整个国家

---

① 作者简介：廉文文，女，研究生，助理研究员，北京农学院党委宣传部综合办公室主任，主要研究方向为思政、新闻传播。

的科技创造力和创新力，进而提升国家综合实力，所以科学传播在实现中国梦的过程中起着非常重要的作用。

二、科学传播在国内外的发展现状

从整个科学传播史来看，科学传播活动已经有很漫长的历史，自从科学的职业化逐渐固定下来后就有了相应的科学传播活动。19世纪后半期大规模的科学传播活动开始形成，主要包含日常的科学知识普及、专业的研究杂志定期传播、研究领域的专业会议等。科学传播在欧美发达国家起步早发展快，目前已经非常成熟了，如美国持续对学校的科学教育进行投入，政府机构和民间组织都积极投身于科普活动，各类科技馆、博物馆等硬件设施建设持续进行。英国在1985年博德默的《公众理解科学》报告发表之后，将科学推广政策列入政府计划。欧洲其他国家在科学传播方面也做了大量的工作，如各类科普活动、电视台科学节目、各种科普杂志等都进行得如火如荼。一句话概括就是欧美发达国家对科学技术有多热忱，就对科学传播有多重视。

国内的科学传播起步晚，大致是从明末清初开始随着工业革命逐渐由西方传入，国内的科学传播主要就是科技新闻报道和大众科普，近些年随着国力的增强和科学技术的迅猛发展，国家对科学传播越来越重视，中国科学院把科学传播放在与技术转移、转化同等重要的位置，长期推进"全民科学素质行动计划"，将科学传播视为提高全民科学素养的重要途径。科学传播的专著、大众科普作品层出不穷，中小学生科普热情持续高涨，科技馆、博物馆成为网红打卡地，科普达人在网络上持续走红。例如，中国农业大学副教授、健康管理专家范志红，研究热度持续不减的微信公众号"知识分子"，研究目前火遍抖音、小红书，坐拥3 500万粉丝的科普达人"无穷小亮"，都成为科普届和传播界的"现象级"人物。

三、农林高校科学传播的现状分析

（一）科学研究、科学技术的迅猛发展为科学传播奠定了坚实基础

在调研中国农业大学、北京林业大学、西北农林科技大学、北京农学院等国内几所农林高校后，笔者发现农林高校的专业设置相对集中，以生物技术、动植物科学、园林设计、食品科学等为主要学科和研究方向，近年在国家对这些研究领域持续加大投入和越来越重视的影响下，这几大学科的科学研究水平取得了突飞猛进的发展，涌现了一批具有国际先进水平和领先性的科学技术发明及科研成果，而生物、动植物、园林、食品科学等学科与普通老百姓十分贴近，民众对这类通识的科学知识非常渴望，所以农林高校的科学研究和科学技术的发展天然地为科学传播打下了良好的基础。

通过实际调研显示，随着人们生活水平的逐步提高，民众对普及类的科学传播十分热衷，比如对与生活相关的生物技术，对宠物的饲养与宠物常见病的了解，对常见植物的栽培与管理，对常见花种类的鉴别等都非常感兴趣，一些新品种、新技术的科研进步常会引起民众的广泛关注。

（二）传统的各种类别的科普活动已开启了科学传播之路

高校肩负着人才培养、科学研究、社会服务的重要使命，不少高校都已经陆续开展了

形式多样的科学传播活动。撰写科普文章、举办展览和培训、进行科普演讲或召开论坛、开办科学俱乐部、公开科研和实验相关数据、开放实验室、接受报刊采访、参与影视科普片的制作等，都成为常见的形式。经过长期的积累，农林高校在科学技术创新、科学成果转化等方面形成了大量的成果，大量的专业报告和科普读物的面世，引发了一次次全民科普热潮，客观上已开启了科学传播的专业之路。如北京林业大学将整个学校打造成了科普馆，科学传播效果显著。学校的树木花草几乎都挂上了知识牌，附有二维码，随时都可以获得相关知识；2020 年建成的学校标志性景观林之心，可以说是高校科学传播的集大成者；还有打通的校史馆与博物馆，设置了 10 个基本陈列展厅，收藏各类标本 33 万余份。北京农学院 2016 年前后成立了媒体实验室，根据不同专业老师的研究方向，建立了媒体专家库，与中央电视台、北京电视台、《北京日报》等多家媒体建立了长期的合作，通过文字、视频等传播方式，创作了诸如"罗汉果不仅能解暑！北农教授发现罗汉果含抗癌成分""专业教授教您如何鉴别注水肉""宠物治'心病'""白凤爪靠过氧化氢美容"等多个科普节目，受到了民众的广泛好评。

（三）新媒体环境下，科普专业达人掀起了科学传播的热潮

随着传播技术的更新迭代，以抖音、小红书、西瓜视频等为代表的自媒体的迅猛发展，大大改变了宣传内容的制作模式和传播规律，人人都是麦克风，随时随地都能发声，大众接受科普的渠道越来越宽，科学传播不再是深奥难测的"阳春白雪"，更需要迅速且专业地"飞入寻常百姓家"。将传统媒体、以微博、微信公众号为代表的新媒体、目前正流行的抖音、小红书、西瓜视频自媒体有机结合成"融媒体"，才能奏出新时代背景下的科学传播的最强音。

一些专家学者纷纷将目光转入各类新媒体平台，创立的相关科学传播号也取得了整个社会的广泛反响。近年，以中国农业大学为代表的农林高校，也积极推动线上科学传播，通过微信、微博、抖音、小红书等新媒体平台，传播农业科技知识，扩大影响力。如范志红通过每日发布大量的科普知识微博，目前新浪微博粉丝达 400 余万，受众群体庞大，互动也相当活跃。又如，中国农业大学硕士生、《中国国家地理》杂志社青春版《博物》副主编、中国国家地理融媒体中心主任、科普作家张辰亮，绝对是目前自媒体短视频科普的顶流，"无穷小亮"的"网络热门生物鉴定"系列是自媒体科学传播界的"金字招牌"，引发了大量读者对生物知识的兴趣。再如北京农学院在官方公众号上推出的"风物志""农韵京味"等系列反响较好。这些例子充分说明，随着传播技术的迅速发展，科学传播已经越来越成为当今人们关注的热点和兴趣所在，农林高校在科学传播领域将大有可为。

（四）科学传播专业和科学传播人才的兴起与培养

从国外来看，国外较早开始重视科学传播人才的培养，形成了涵盖多种培养方式的培养体系。20 世纪 60 年代，正规的科学传播教育开始兴起，很多大学较早地开设了科学传播教育相关专业，经历了长久的发展，逐步形成了较完整的科学传播人才培养体系或模式。目前，已有少部分学者将这些经验引入我国，对于我国科学传播专业的人才培养起到了重要的启发作用，但整体仍然具有很大的局限性，研究成果主要集中于 2010 年左右，基于国外一手资料对科学传播人才培养最新发展的及时跟踪研究与引介非常欠缺。

不可否认的是，目前国内高校与国外高校参与科学传播的程度相比，差距是显而易见

的。我国高校的科学传播还很薄弱，只有少数几所大学设立了科学传播学专业。在教育部的学科目录上没有科学传播学专业，科学传播只是作为一个学科的研究方向进行招生。

科学传播专业人才应是综合性、复合型人才，既要具备专业的科学素养，又要精通新闻传播、熟知各类媒介的传播规律，可以说既要成为专业的撰稿人，还要成为优秀的大众传播者。科学传播人才的培养任重而道远，高校承担着为社会主义现代化建设培养各类专门人才的重任，为适应科学技术快速发展的需要，在农林高校正规地培养科学传播专业人才，是改变我国目前科普人才不足的现状，提高我国科学传播人才水平的一项重要举措。农林高校在科学传播专业人才的培养方面也有着义不容辞的责任和义务。

四、农林高校在未来科学传播中努力方向

在全球化背景下，农林科学传播的重要性日益凸显。为了应对未来发展的挑战和机遇，农林高校需要对科学传播工作进行前瞻性的思考。展望未来，农林高校应该关注新技术、新理念在农林产业中的应用，推动科技成果转化为实际生产力，促进农林产业的可持续发展。积极参与国际农林科学传播事业，为全球农林产业和生态文明建设贡献智慧和力量。

农林高校应善于利用互联网、移动终端等新媒体技术，开展线上线下相结合的科学传播活动，提高科学传播的覆盖面和影响力。应鼓励社会各界参与农林科学传播，形成多元化的农林科学传播体系。应根据产业发展需求和社会进步趋势，创新人才培养模式，培养具有创新精神、实践能力和国际视野的农林科学传播人才，为农林科学传播事业的繁荣发展提供人才保障。

参 考 文 献

牛桂芹，李焱，2021. 国外高校科学传播人才培养的典型经验及对我国的启示 [J]. 科普研究 (6)：32-41, 96.

翟杰全，杨志坚，2002. 对"科学传播"概念的若干分析 [J]. 北京理工大学学报（社会科学版）(3)：86-90.

赵大中，2006. 对加强高校科普工作的思考 [J]. 南京工程学院学报（社会科学版）(3)：45-48.

A. Etzioni, C. Nunn, 1974. The public appreciation of science in contemporary America [M]. Cambridge：Daedalus.

Waterman, Alan T, 1959. Scientists and writers discuss public misconceptions of the nature of basic research [M]. Los Angeles：Science.

新时期农业院校培养高水平应用型人才的探索与思考

官凌霄①

摘　要：人才振兴是建设农业强国的有力支撑。乡村振兴，关键在人。农业院校作为高水平农林人才培养主阵地，肩负着培育"懂农业、爱农村、爱农民"人才队伍的时代重任。本文在分析高水平应用型农林人才培养面临的历史机遇的基础上，总结了农业院校人才培养现状及存在的问题，提出了新时期农业院校培养高水平应用型人才的策略建议，为新时期农业院校培养高水平应用型人才提供参考。

关键词：农业院校；人才培养；实践教学

党的二十大报告指出，全面建设社会主义现代化国家，最艰巨最繁重的任务仍然在农村。城乡发展不平衡、农村发展不充分仍是社会主要矛盾的主要体现，农业农村仍是社会主义现代化建设的突出短板。全面推进乡村振兴，产业振兴是基础和关键。要实现乡村的产业振兴，治理、规划、发展，最需要的就是人才。乡村振兴，人才先行。人才是增强农业农村发展活力的关键。当前农村普遍存在的问题就是资源匮乏，难以引进和留住人才。农业院校作为服务乡村振兴战略，实现乡村全面振兴的主力军，在乡村振兴人才培养、科学研究中发挥着重要作用，必须坚持以立德树人、强农兴农为己任，致力于培养更多知农爱农的高水平应用型人才，为实现农业农村现代化提供强大智力支持和人才支撑。

一、高水平应用型农林人才培养面临的历史机遇

（一）党和国家高度重视农业的基础地位

农业是国家立足之本，事关国家粮食安全、生态安全、土地安全，是整个国民经济的基础，是国家安全战略的底盘，是国家千秋万代生存下去的必须。党和国家高度重视农业的基础地位，中央1号文件连续19年聚焦中国"三农"议题。深入实施新时代人才强国战略的重要部署，为涉农院校广大师生注入了信心与力量。随着国家对农业的重视，农业院校自身实力、知名度的提高，以及现代农业依靠高校信息技术、生物技术等先进科研水平提高农作物品质和产量的现实，社会各界对农业院校的认识也发生了积极转变。

（二）现代农业发展迫切需要大批高水平农林人才

新时期，农业已经步入机械化、现代化，逐步走向规模化、产业化，农产品质量的提

---

①　作者简介：官凌霄，女，硕士研究生，研究实习员，主要研究方向为高等教育管理。

刀、市场化网络化的销售方式和消费需求的个性化、多样化，均对农业从业者提出了更高要求。现代农业的飞速发展离不开人才，尤其离不开高水平青年人才，人才也需要投身到广阔的农业领域才能更有作为，这是农业院校人才培养的重要机遇，要紧跟发展形势、面向人才需求，培养大批高水平应用型农林人才。

（三）农业院校招生就业趋于"两旺"

近年，我国涉农人才培养日益展现新气象，不少高校毕业生对母校的认可、社会对毕业生的满意度呈现"双高"。农业院校在国家的统筹规划下，锚定国家重大战略，面向新农业、新农村、新农民，主动适应变革，专业认可度也越来越高，越来越多的学生志愿报考农业类院校。与此同时，农业院校自身人才培养理念也发生了积极转变，全面育人的质量观和一专多能的人才观越树越牢，培养了一批批有知识、有活力的优秀青年，他们怀着新时代的"三农"梦，主动投身乡村一线就业，扎根在广袤乡村。

二、目前农业院校人才培养现状及存在的问题

（一）教育教学模式较为滞后

现有农业人才培养知识体系更新滞后于农业产业发展需要，课程设置不够合理，教育教学手段不够灵活，专业体系、教学框架和授课内容与乡村振兴的现实诉求不匹配。主要表现为教学内容偏基础、轻应用，未将与时俱进的现代先进技术和前沿成果整合纳入现有教材。课程更新调整较慢，课程设置与人才培养目标不完全一致。教学方式多为填鸭式教学，照本宣科，教育教学改革虽然取得了一定成效，但并未切实去除诟病，实现教育教学质量提升，农业院校高水平应用型农林人才产出效率仍然不高。

（二）实践教学环节较为薄弱

长期以来，农业院校对实践教学重视不够，人才培养模式承袭传统课堂教育，不能适应现代农业发展对知识综合化、素质多元化、能力多样化的人才需求。主要表现为高校与产业合作密度不够、合作层次不高，人才培养对接岗位需求不紧密，尚未形成产学研用一体化办学模式，以致培养的人才与市场需求和岗位匹配度不高。缺乏系统的实践教学大纲、充足的实践教学经费和完备的实践教学基地建设，实践教学体系不完善、配套设施不到位、教学安排随意性较大，教学质量难以得到保障。教师教学水平不够高，教师队伍多从事理论课教学，教育教学水平尚不能完全符合实践教学要求，实践教学环节开展质量不够高。

（三）毕业生涉农就业意愿不够强烈

尽管当前毕业生就业压力越来越大，国家针对大学生涉农就业提出了众多优惠政策，在一定程度上提升农业高校学生的涉农就业意愿，但总体来说到涉农岗位尤其是农村就业的大学生依然少之又少，特别是对就业能力较强的大学生来说吸引力不强，他们依然更倾向于在城市寻求更好的发展机会。主要原因表现为大学生到农村就业形势较为单一，多为加入大学生村官队伍、"三支一扶""选调生""西部计划""特岗计划"等政府项目，任务繁重、条件艰苦，缺乏长远持久发展，难以留住人才。长期存在的农村发展不如城市发展的偏见，引发社会对大学生到农村就业存在偏见，造成大学生宁愿在大城市做"蚁族"也不愿回乡的现实。

三、新时期农业院校培养高水平应用型人才的策略建议

（一）深化教育教学改革，因材施教培养应用型人才

深化教育教学改革是提高人才培养质量的重要举措。农业院校要全面提高专业设置、人才培养方案、教育教学内容等质量要求。要主动适应农业产业结构调整和地方农业发展需要，及时优化学科专业结构。要围绕应用型人才的培养目标，根据现代农业发展和乡村振兴对人才的需求，不断调整人才培养方案。要重视本科课程体系建设，鼓励教师积极推进课程理念创新、内容创新，开展翻转课堂、混合式等教学模式改革，不断优化重构教学内容与课程体系，强化现代农业技术知识体系与教育教学深度融合，建设更多适应新时期要求的一流本科课程。

（二）重视实践教学，提升学生职业技能

实践教学是教学体系的重要组成部分，是增强学生兴趣、提升学生专业实践能力、掌握专业应用基本技能的关键环节。加强实践教学是建设应用型专业和培养应用型人才的重要途径。农业高校要提高认识，重视实践教学环节。要投入足够的教学资源保障，建设好校内外实践教学基地，为实践教学提供必备的条件。要形成多元化办学体制，构建产学研用一体化的教学运行和管理机制，发挥"双师型"教师和校外专家作用，促进人才培养与农业社会发展、产业转型升级相协调、相融合，培养更多高水平应用型人才。

（三）做好学生价值引领，为乡村振兴输送更多高水平应用型人才

就业育人不是毕业生求职阶段的临时冲刺，而是要将其贯穿于人才培养全过程，齐头并进培养大学生就业能力和塑造就业观。农业院校要积极打造"五育并举"育人格局，构建第一、第二课堂有机融合的协同育人体系。要坚持"红"的底色与"绿"的特色深度融合，打造高质量思政课程，形成"大思政"的工作格局，在潜移默化中坚定学生理想信念、厚植"三农"情怀。要推进教育教学与社会服务紧密结合，鼓励引导学生积极投身乡村振兴事业，促进实践和育人的有机结合，使学生在实践服务中受教育、长才干、做贡献。要做好乡村振兴人才引导政策宣传，打好就业指导"组合拳"，为乡村振兴精准输送人才"活水"。

四、结论

本文梳理分析了高水平应用型农林人才培养面临的历史机遇：党和国家高度重视农业的基础地位，现代农业发展迫切需要大批高水平农林人才，农业院校招生就业趋于"两旺"。深入总结了农业院校人才培养现状及存在的问题：教育教学模式较为滞后，实践教学环节较为薄弱，毕业生涉农就业意愿不够强烈，并提出了深化教育教学改革、重视实践教学环节、做好学生价值引领等新时期农业院校培养高水平应用型人才的策略建议，为新时期农业院校培养高水平应用型人才提供参考。

高水平应用型农业院校是培养高水平应用型农林人才的主力军。新时期农业发展迫切需要大批高水平应用型人才，农业院校要注重内涵建设，强化高水平应用型人才培养定位，不断优化学科专业结构，创新教育教学模式，推进产教融合发展，提高人才培养质量，切实扛起中国式现代化事业赋予高等教育的时代责任，落实立德树人根本任务，为全

面推进乡村振兴提供有力人才支撑。

参 考 文 献

李延霞，2019. 吉林省高等农业院校人才培养现状分析［J］. 吉林农业科技学院学报（3）：1815-1857，116.

裴以明，钦州学院，2019. 大学生农村就业的困境、原因及对策分析［J］. 传播力研究（2）：85-187.

王丽萍，曾祥龙，2021. 农业高校大学生农村就业意愿研究［J］. 高教探索（6）：121-128.

巫建华，2022. 乡村振兴背景下农林高职院校人才培养的探索与思考——以江苏农林职业技术学院为例［J］. 中国农业教育（1）：1-9.

章剑飞，2019. 大学毕业生涉农就业意愿研究——以浙江长征职业技术学院为例［D］. 杭州：浙江农林大学.

赵培宝，任爱芝，2017. 现代农业发展迫切需要培养农业复合型和应用型人才［J］. 山西农经（5）：1414-1416.

赵一鹏，2020. 新农科背景下农业院校人才培养的问题与对策［J］. 信阳农林学院学报（2）：138-141.

郑红梅，2020. 论新时代我国高等农业院校的新农科建设［J］. 安徽农业科学（23）：265-267.

"基础生物化学"课程思政的教学探索与实践[*]

秦晓晓　张国庆

摘　要："基础生物化学"又被称为生命的化学，和我们的日常生活息息相关，该课程是北京农学院生物、园艺、农学、植保、资环、食品、林学等生物学领域各专业的重要专业基础课。课程思政作为高校当前思政教育的一种新理念和新模式，对教育引导当代大学生增强做中国人的志气、骨气、底气，培养造就大批堪当时代重任的接班人具有重要的意义。本文从教学设计角度出发，挖掘生物化学基本知识背后的思政内涵，重点突出立德树人的根本任务，围绕不怕苦不怕累的奉献精神，务实严谨的科学精神，锐意进取、勇于创新的探索精神和积极向上的人生观、价值观，培养符合学校人才培养定位和社会需求的复合应用型农林人才。

关键词：课程思政；生物化学；复合应用型农林人才

"基础生物化学"的课程思政总体设计，坚持以习近平新时代中国特色社会主义思想为指导，聚焦首都"四个中心"战略定位和建设国际一流的和谐宜居之都现实需求，紧密结合学校"立足首都、服务三农、辐射全国"的办学定位和"都市型现代农业"的办学特色，对标首都发展和乡村振兴对现代型都市农业人才需求，深入挖掘生物化学基本知识背后的思政内涵，突出生物化学理论与实践在园艺、农学等涉农专业的基础课地位。

课程思政始终贯穿习近平新时代中国特色社会主义思想这条灵魂主线，课程思政围绕"培养什么人、怎样培养人、为谁培养人"的根本问题，将坚定理想信念、爱国主义、科学精神与教学目标和知识重点有机结合，深度挖掘相关知识点背后的思政元素，采用历史回顾、知识科普、课堂测验等多种手段，充分结合调节课堂氛围的情景设计，在传授课程知识的同时，采取"润物细无声"的方式开展课程思政，引导学生树立正确的价值观、人生观，养成良好生活习惯，培养积极向上、身体健康的大学生。

一、课程思政教学团队和理念

（一）教学团队的构建

"基础生物化学"是生物、园艺、农学、植保、资环、食品、林学等生物学领域各专业的重要专业基础课，为相关专业学生更好学习其他课程、开展各项实验研究奠定理论和实验基础。我们组建了教学团队，该团队涵盖教学经验丰富、年龄结构合理的师资队伍，

＊　本文系 2022 年北京农学院本科教育教学研究与改革项目（BUA2022JG36）；2022 年分类发展指标项目：2021 高质量本科教材课件（5046516648）。

其中理论授课教师 11 人，教学实验师 3 人。教学团队选择有经验的教授为教学、科研导师，形成新入职青年教师与有经验教师互助小组；学校聘请师德模范、德艺双馨的有经验教师作为思政导师，指导青年教师授课，指导思政教案修改、思政融入范例。教学团队成员之间在教学理论、教学方法、教学技能、思政元素上相互协同，不断提升专业教师思政素养。

（二）教学团队理念

团队坚持开展教学和课程思政研讨，以新一轮教学大纲修订为契机，深度挖掘课程思政内涵，将课程思政环节写入教学大纲，做到每个章节设计 1～2 个课程思政环节，并做到与课程理论有机结合、"润物细无声"，切实做到立德树人。

二、课程思政教学设计

"基础生物化学"的课程思政总体设计，坚持以习近平新时代中国特色社会主义思想为指导，聚焦北京首都"四个中心"战略定位和建设国际一流的和谐宜居之都现实需求，紧密结合学校"立足首都、服务三农、辐射全国"的办学定位和"都市型现代农业"办学特色，对标首都发展和乡村振兴对现代型都市农业人才需求，深入挖掘生物化学基本知识背后的思政内涵，突出生物化学理论与实践在园艺、农学等涉农专业的基础课地位，课堂思政重点突出立德树人的根本任务，围绕不怕苦不怕累的奉献精神，务实严谨的科学精神，锐意进取、勇于创新的探索精神和积极向上的人生观、价值观，培养符合学校人才培养定位和社会需求的复合应用型农林人才。

"基础生物化学"是研究生命活动化学本质的科学，包括生命体的化学组成（结构生物化学）和生命过程中的化学变化及其规律（代谢生物化学）。结构生物化学部分内容包括氨基酸、蛋白质、酶、维生素和核酸；代谢生物化学部分内容包括糖代谢、生物氧化、脂代谢、氮代谢、DNA 的复制、转录、翻译及代谢调控。

"基础生物化学"又被称为生命的化学，和我们的日常生活息息相关，充分利用这一特点，结合新版课程大纲修订契机，挖掘"基础生物化学"各章节的思政元素，力争做到每个章节至少包括 1～2 个课堂思政环节。例如在绪论中，在生物化学发展史的环节，介绍我国先民在酿酒、中医药领域对世界文化的贡献；在生物化学研究方法的环节，引导学生发掘儒家"格物致知"在科学研究中的重要意义，充分体现文化自信；通过介绍屠呦呦教授发现青蒿素获得 2015 年诺贝尔生理学或医学奖，引导学生培养良好的科研工作习惯，树立为祖国和人民的迫切需要而刻苦钻研、攻坚克难的价值观和人生观；在课堂测验环节，利用全国农业类研究生入学考试生物化学原题，"（中国）在世界上首次人工合成具有生物活性酵母丙氨酸氨酰 tRNA"，既巩固了理论知识，又通过对背后历史背景的介绍，前辈科学家们群策群力，在极其艰苦的条件下、克服重重困难，最终取得重大成果，引导学生树立文化自信和制度自信。结合"三聚氰胺事件"，介绍蛋白质含量测定方法，强调科学工作者应该把研究成果利用到有益于人民和社会的地方，而不是投机取巧、只顾自身经济利益、危害社会大众；在介绍胰岛素二级结构时，介绍 1965 年我国在极其艰苦的条件下，世界上首次人工合成有活性的胰岛素，是诺贝尔奖级的重大科技进步，引导学生建立正确的理想信念与价值观。在介绍常见蛋白质氨基酸的过程中，介绍我国科学家在第

22种氨基酸发现过程中的贡献，培养学生的文化自信。各章节思政目标和案例设计见表1。

表1 "基础生物化学"课程思政目标与案例设计

章节	教学目标	思政育人目标	思政案例设计
绪论	生物化学的含义、研究内容、发展史、研究方法	文化自信与学术规范	中国先民和科学家在生化领域的发现与贡献；屠呦呦教授发现青蒿素获得2015年诺贝尔生理学或医学奖；我国在世界上首次人工合成具有生物活性酵母丙氨酸氨酰tRNA
蛋白质化学	氨基酸、蛋白质的结构与性质、蛋白质研究方法	学术道德、正确的理想信念与价值观、文化自信	三聚氰胺事件；我国科学家吴宪提出蛋白质变性概念；我国在世界上首次人工合成有活性的胰岛素；中国科学家参与发现第22种氨基酸
酶学	酶的化学本质、催化机理、酶促动力学、酶活测定、维生素	文化自信、维生素与健康科普	中国古人利用维生素治疗病症的实践，如唐代医圣孙思邈利用动物肝脏防治夜盲症、谷皮熬汤治疗脚气病等；日常维生素使用与健康
核酸化学	核酸的种类、分布与化学组成、分子结构、理化性质和研究方法	学术道德与规范	从美国科学家詹姆斯·沃森和英国科学家弗朗西斯·克里克发现DNA双螺旋结构的过程说明不同学科的交叉交流对科学发现的重要性以及学术规范与学术不端
糖类代谢	糖酵解、柠檬酸循环、HMP途径、糖异生、糖原代谢	良好的生活习惯、关心家人身体健康	通过糖代谢异常诱发糖尿病等疾病，引导学生培养良好的饮食习惯、关心自身和家人健康、积极参加科普宣传
生物氧化	生物氧化概论、电子传递链、氧化磷酸化	制度自信、文化自信	ATP酶是世界上最小的分子马达，三峡水轮机组是世界上最大的马达
脂质代谢	生物体内的脂类、脂肪消耗与分解、脂肪酸的分解与合成代谢	良好的饮食习惯和运动习惯	通过脂肪肝、肥胖等脂代谢疾病，引导学生培养良好饮食和运动习惯、积极参加科普宣传
核苷酸代谢	核苷酸的结构与组成、核苷酸的分解与合成代谢	良好的饮食习惯、健康科普宣传	从痛风症的病因和治疗角度，引导学生培养良好的饮食习惯、关心他人健康、积极参加科普宣传
氨基酸代谢	蛋白质的分解、氨基酸分解与合成代谢	良好的饮食习惯、四个自信	从转氨酶、我国乙肝发病率、15岁以下儿童免费接种乙肝疫苗角度，介绍我国科技进步；乙肝疫苗被评选为改革开放30年中国科技十大进步，仅次于神舟飞船和杂交水稻，位列第三
DNA的生物合成	DNA的半保留复制过程、复制酶、逆转录	科学研究的坚持、正确的价值观	从美国科学家麦克林托克一生致力育苗转座子研究角度，培养投身科研和祖国建设事业的初心与情怀
RNA的生物合成	原核生物RNA的转录特点和转录的过程，原核生物RNA转录相关酶，RNA转录后加工	文化自信、正确的科研态度和方法	华裔科学家在基因编辑领域重要发现

（续）

章节	教学目标	思政育人目标	思政案例设计
蛋白质的生物合成	蛋白质合成体系、蛋白质合成过程、合成后加工	制度自信、文化自信	我国首先人工合成酵母丙氨酸氨酰 tRNA
代谢调控	代谢途径的联系、代谢调节形式、原核生物基因表达调控	制度自信、文化自信	载人航天、探月工程、载人深潜、北斗导航、高速铁路等复杂过程背后的中国特色

三、课程特色与创新

深度挖掘生物化学相关知识点背后的思政元素，将坚定理想信念，爱党、爱国、爱社会主义等思政元素与教学目标和知识重点有机结合，采用历史回顾、知识科普、课堂测验等多种手段，"润物细无声"地开展课程思政，既传授专业知识，又活跃课堂气氛，同时落实立德树人根本任务，达到"多赢"的课程教学效果。

（一）案例 1：凯氏定氮法与科学工作者的社会良知（培养什么人）

教学内容：蛋白质含量测定。

教学目标：凯氏定氮法测定蛋白质含量基本原理。

教学重点：氨基酸的平均含氮量。

教学难点：凯氏定氮法可能存在的问题或漏洞。

教学方法：提问式、探索讨论。

教学手段：PPT 课件、图片。

课程思政：三聚氰胺事件正是钻了凯氏定氮法的方法漏洞，以非蛋白质的高氮化合物顶替牛奶，导致原料蛋白含量虚高、最终带来不可挽回的社会问题和经济损失。科学工作者应坚持底线意识。

（二）案例 2：ATP 合酶与三峡大坝（制度自信）

教学内容：ATP 合酶。

教学目标：ATP 合酶的结构与产能机制。

教学重点：结构与化学渗透学说。

教学难点：ATP 合酶的结构与产能机制。

教学方法：提问式、类比。

教学手段：PPT 课件、图片。

课程思政：ATP 合酶与三峡大坝分别是世界上最小和最大的发电机组，ATP 合酶产能机制与三峡大坝发电原理类似。

四、课程思政教学实践情况

本教学团队面向多个专业授课，在整个教学过程中，教师与不同专业背景学生的互动过程中，有助于迸发不同的课程思政教学灵感。通过课程组研讨，教学团队成员相互交流，取长补短，利用团体的力量拓展创新思维。此外，我们也通过讲座学习、文献阅读，借鉴成型理论经验，完善自己的"基础生物化学"课程思政教学体系。课程结束后，采用师生互评的方式，了解教学实践效果。课程思政考核评价内容包括学生对课程思政的了解、学生感兴趣的课程思政内容、课程思政的融入比例是否合适、学生对实施效果的评价等。研究发现，学生最为感兴趣的是名人的个人经历、优良品质、与日常生活息息相关的技术应用。"基础生物化学"课程内容与"三农"问题密切相关，如高效育种、环境污染、生物疾病检测及治疗等一系列问题，而"三农"问题一直是当前社会的焦点，服务"三农"不仅仅在技术服务上，还需要在人才培养上下功夫，通过课程思政教学培养农科类专业学生"喜农、爱农、敬农"的情感。

五、小结

"基础生物化学"课程是一门重要的专业基础课，作为任课教师，我们要重视本课程的思政教学，切实找到专业教学与课程思政的结合点，本文围绕高校"基础生物化学"课程思政设置了每个章节相应的思政点，列举了教学过程中相应的课程思政实例。但目前该课程思政工作还处于起步和探索阶段，不仅教师和学生的思政素养都有待进一步提高，管理部门也需对课程培养方案、教学大纲、教材选定等关键教学环节给予指导，让课程思政这种新的教育理念和教育模式成为常规教学内容。

参 考 文 献

代海芳，汤菊香，张志勇，等，2022. 农科院校生物化学课程思政教学探索［J］. 河南农业（3）：35-36，39.

刘平，兰蕾，陈玉清，等，2022. 关于"生物化学"教学与课程思政教育的有机融合［J］. 教育教学论坛（5）：177-180.

唐勋，杨德龙，张宁，2021. 农业院校生物化学课程思政认知调查和实践探索［J］. 山东农业工程学院学报（10）：103-108.

谢海伟，文冰，陈勇智，等，2022. 应用型本科院校生物化学课程思政教学模式研究［J］. 广东化工（5）：187-189.

新华社，2016. 习近平出席全国高校思想政治工作会议并发表重要讲话［EB/OL］. http://www.81.cn/dblj/2016-12/08/content_7398878.htm.

郑兆娟，徐勇，2021. 高校生物化学课程思政教学的探索和实践［J］. 广东化工（21）：185-186.

朱圣庚，徐长法，2017. 生物化学［M］. 北京：高等教育出版社.

研究生培养质量提升策略的探索[*]

王　森^①

摘　要： 研究生教育是培养高层次人才的主要途径，是国家创新体系的重要组成部分。党的十八大以来，我国研究生教育快速发展并取得瞩目的成就，但研究生培养过程中依然存在许多问题。深化研究生教育改革和提高研究生教育质量，是一个重要的课题。研究生、导师和培养单位是提高研究生培养质量的三个主要影响因素，本文分别从以上三个方面分析研究生培养过程中存在的问题，给出问题解决的策略。通过三方面共同努力，从而实现人才培养的初衷。

关键词： 人才培养；培养质量；研究生；导师；培养单位

教育是国之大计、党之大计。教育兴则国家兴，教育强则国家强。研究生教育处于国民教育体系的顶端，是国家人才培养的主要途径。习近平总书记指出，"研究生教育在培养创新人才、提高创新能力、服务经济社会发展、推进国家治理体系和治理能力现代化方面具有重要作用"。随着国家综合实力的不断增强，对高层次创新人才的需求与日俱增。同时，本科毕业所面临的巨大就业压力，导致考研人数不断增加。2021年考研报考人数337万人，而2022年考研人数高达457万人。同时，研究生招收名额也在不断地扩大，2021年我国共招收研究生为110.66万人，在校研究生人数达到313.96万人。研究生教育规模的持续增长带给国家和所有教育工作者的一个重要课题——如何培养研究生。

我国一直都十分重视研究生教育和人才培养。针对研究生教育的培养目标与计划、培养制度与模式、学位管理与学术规范和导师队伍与学风建设等，国家制定了各种规范性文件。为了构建更加合理完善的研究生培养质量体系和提高研究生教育质量，教育部、国家发展改革委和财政部先后于2013年和2020年联合发布《教育部　国家发展改革委　财政部关于深化研究生教育改革的意见》（教研〔2013〕1号）和《教育部　国家发展改革委　财政部关于加快新时代研究生教育改革发展的意见》（教研〔2020〕9号）。2017年，国务院学位委员会和教育部印发《学位与研究生教育发展"十三五"规划》（教研〔2017〕1号），优化结构布局，改进培养模式，推动培养单位体制机制创新，全面提升研究生教育水平和学位授予质量。2019年，教育部办公厅出台《关于进一步规范和加强研究生培养管理的通知》（教研厅〔2019〕1号），通过严格执行培养制度、狠抓学位论文和学位授

---

* 本文系北京市高等教育学会2022年面上课题（MS2022300）。

① 作者简介：王森，男，博士，北京农学院植物科学技术学院讲师，主要从事植物基因组解析与功能挖掘。

予管理、加强导师队伍建设、增强教育行政部门督导监管责任以及加大评估和问题单位惩戒力度，消除研究生培养过程和学位授予方面所存在的学术不端和论文作假等问题。针对学位授予单位存在的培养条件建设滞后、管理制度不健全、制度执行不严格、导师责任不明确、学生思想政治教育弱化和学术道德教育缺失等问题，国务院学位委员会和教育部于2022年发布了《关于进一步严格规范学位与研究生教育质量管理的若干意见》（学位〔2020〕19号）。

虽然国家和培养单位都高度重视研究生培养，但整个培养过程中仍然存在大量问题。深化研究生教育改革和提高培养质量，仍然是一条漫长的道路。研究生、导师和培养单位是研究生培养的三个主体，也是研究生培养质量的主要影响因素，本文将分别从这三个方面来探究硕士研究生培养中的问题以及应对策略，从而提升研究生的培养质量。

一、研究生

研究生是研究生培养的本体。如何培养适合的科研观念的学生是整个教育环节中最关键的一环。随着扩招人数的增加，很大一部分本科生是"随大流"考研，他的目的只是"混文凭"，增加就业筹码，所以并未深入了解什么是真正的科研工作，也并未意识到科研将带给自身的积极变化。因此，如何带动研究生的科研热情进而提升其科研能力将是培养研究生创新能力、服务经济社会发展和推进国家治理体系现代化等的重中之重。

如何引导研究生树立正确的科研生活观？本文从以下几个方面进行引导式培养。

（一）树立正确的科研价值观

很多研究生的读研导向都是为了更好的生活，为了在就业时领更高的薪水，而忽略了研究生的本质——研究。科研本身是枯燥烦琐的工作，但是树立正确的科研价值观，在主动学习的过程中体会到自身能力的提升是一种特别有成就感的事情。当研究生可以凭借自身所学，推动所在学科的进步，其个人能力、科研思维达到一定水平，必然推动其职业生涯发展。

（二）提升动手能力

动手能力是研究生进行科研工作中最重要的一环。大部分刚入学的研究生在本科阶段只是接受基础理论知识的轮廓学习，其动手能力较差，不能解决实际问题。研究生阶段则着重强调解决问题的能力，这就需要自身学习观念的转变和时间成本的投入。以"生物信息学"为例，当研究生掌握了计算机脚本语言语法基础后，需要大量的实战练习才能掌握该语言的计算逻辑。将数据与实际生物学问题相结合，通过数据模型构建，挖掘潜在的分子机理从而解释生物表型的异质性。此阶段不仅培养研究生的学习能力更重要的是逻辑动手能力。当动手能力有了质的提升，一般科研的问题都能迎刃而解。但是，高阶的动手能力需要配合整体思维的提升，也就是创新能力的培养。

（三）培养创新能力

科研从来不是套路方面的工作，如何明确合适的研究目标，培养自身的创新能力将是做好科研工作的前提。研究生应当不拘泥于研究课题，提升自己阅读文献的能力，加大中英文文献阅读时间成本，带着问题在工作中吸取经验及学习创新点。充分利用已有的科研平台，重视科研知识和技能的积累，锻炼自身的组织实施能力与科研能力。另外，研究生应认真听取导师的意见和建议，积极参加学术方面的会议，多与老师和同学进行学术交流，拓宽自己的眼界。最重要的一点是，在实验中不是所有的阳性结果都是必需的，有时候阴性结论也能够回答问题，要学会归纳总结。通过自己动手，思考，探索，提升自身整体的逻辑能力，融会贯通进而开拓研究课题中隐藏的创新点。

（四）推动社会进步

积水成海从来不是一句空话。试想，如果我们每个人都掌握了核心的科研技能，利用自己所学开创各领域的研究空间，加上合适的科研转化，必定推动整个国家的科研竞争力。国家也会进一步加大科研方面的经费预算，二者将形成一个配合默契的"循环"，从而进一步推动社会经济发展、国家治理体系与能力现代化。

二、导师

当前我国以单一导师制和一主多辅的学科导师组为主。导师是研究生培养中的关键力量，也是研究生的第一负责人。然而，很多导师对于研究生培养中的定位十分模糊，在实际中形成两种极端：散养式或压榨式。散养式培养主要依靠研究生的自觉性和科研素养，导师参与度不足，甚者研究生毕业时师生互相之间都不认识。压榨式培养是在导师强大的压力下持续不断的成果追求，而忽视了研究生学习和接受知识以及能力培养的周期性。此外，部分导师将研究生当作科研活动中的工具，将研究生的科研成果独占；更有甚者将研究生当作免费的劳动力，强迫其做很多与研究生培养毫无关系的工作。近年，师生关系的异化越来越严重，问题的根源主要包括导师育人素养和科研素养不足、研究生发展条件准备与投入不足、师生双向互动不良及外部保障条件欠缺等。建设高质量的导师队伍和构建和谐的师生关系，有助于促进研究生教育质量的提升和立德树人根本任务的落实。为了提升导师在研究生培养过程中的作用，本文给出以下几个方面的建议。

（一）强化师风师德的建设

良好的师风师德是教育工作者成为导师的首要因素。导师不是老板，而是立德树人的教师。导师应将立德树人贯穿于教育工作中，真正发挥立德树人的职责。强化导师的师风师德对研究生培养至关重要，为了加强和改进新时代师德师风建设，教育部等七部门于2019 年联合印发了《关于加强和改进新时代师德师风建设的意见》（教师［2019］10 号）。作为导师，首先应该遵守教师职业道德规范，提升思想政治素质和职业道德水平，以崇高的理想信念、高尚的道德情操和人格魅力感染和引导研究生；其次，恪守学术道德和坚守科学诚信，维护良好的学术环境，以身作则，培养研究生正确的科研观；最后以仁爱之心育人，构建和谐的、健康的、轻松的师生关系。

（二）系统地科研训练，培养研究生的创新思维

与本科生相比，研究生培养更应注重科研能力和创新能力的塑造，更加注重独立思考能力以及问题提出、分析与解决能力的培养。对于大部分研究生来说，经过本科阶段的通识教育，他们已经掌握了大量的基础知识和专业知识，具备了一定的思考能力和科研能力，他们所欠缺的是比较系统的科研训练。基于研究生的知识背景、潜力和个性，给每一位研究生制定出符合其特点的科研方向和要求标准，继而有针对性的培养，从而达到培养

的个性化。导师不能要求所有研究生千篇一律，要因材施教，充分挖掘每一个研究生所特有的潜能，帮助其扬长避短，从而更加有助于研究生的成长。

在明确了研究方向后，导师指导研究生文献调研和综述书写，并围绕综述内容进行深入的讨论，指出其中的问题以及解决方案。随后，鼓励和支持研究生提出自己的观点和建议，制定相应的研究方案和技术路线。不要轻易否定研究生的方案，尤其是与导师相悖的方案，除非方案存在明显的缺陷。导师要具有包容性，鼓励研究生大胆地去证明其所提出的方案，即使最后证明这是一个错误的方案。在试错、讨论和总结中，确定出最佳研究方案，这样既提高了研究生的科研兴趣，又培养了研究生分析问题和解决问题的逻辑能力。强化组会功能，定期讨论课题，既能及时解决课题中存在的问题，又能集群体之思来拓展研究思路。学术交流活动提供了更广阔的视野和最前沿的科学研究，导师要积极为研究生提供参加会议的机会。鼓励研究生做会议报告，增加研究生的对外交流的机会，从而拓展其知识面的广度，进而培养创新意识、形成其独有的科研思路。

（三）加强导师与研究生的互动，关注研究生的身心健康

导师作为第一责任人，需要全程参与研究生的培养过程，包括课题的选择、研究方案与计划的制定、研究课题的交流、研究生的培养考核、学术学位论文的审核等。研究生成为团队的一员，必会经历陌生、了解、熟识和融入的过程。导师应积极引领研究生与其他成员的情感交流，举办一些团建活动，缩短其融入的时间。同时，导师也要多与研究生分享自己的科研经验，避免科研中的弯路。现代年轻人的抗压能力比较脆弱，科研生活中的一些压力极易引发研究生心态的变化和情绪的波动，导师要及早地介入并给予关怀，避免研究生的过激行为。此外，导师在生活上的关心会增加研究生的归属感，轻松愉快的生活氛围更能激发研究生的科研潜能，有助于其未来的发展。

三、培养单位

培养单位是研究生培养的母体，是研究生培养过程中最重要的一环，起着提升研究生培养质量的作用。如何最大限度提升研究生的能力，提升导师培养水平，本文认为应从以下几方面进行培养建设。

（一）强化课程体系的建设

多元化课程设置是课程建设的重点。如何培养研究生的科研兴趣，一直是培养单位比较关注的问题。越来越多的科研院所及高校开始意识到多元化课程设置及相关领域科研进展讲座结合的模式有利于研究生扩展眼界及开阔科研思路。在科学安排基础课程及特色课程的同时，安排相关领域的科研进展论坛，邀请相关做出积极科研贡献的科学家进行学术讲座与交流，鼓励研究生与科学家面对面交流，并通过提问的形式，了解兴趣领域的发展及前景，将有助于补充课程方面一些前沿知识的缺失。

（二）加强课程思政的建设

教育部于 2020 年印发了《高等学校课程思政建设指导纲要》（教高〔2020〕3 号）的通知，该通知指出"把思想政治教育贯穿人才培养体系，全面推进高校课程思政建设，发挥好每门课程的育人作用，提高高校人才培养质量"。因此，课程思政的建设是强化研究生思想道德建设的必备环节。科研素质与思想道德建设相辅相成。科研中最重要的事就是

遵守学术道德，而课程思政可以帮助研究生树立正确的学习观、价值观。课程思政的形式可以在原有基础上增加互动，鼓励研究生和导师进行交流，有助于提高研究生的积极性和参与度。在学习知识的同时，也感受到自身思想道德修养的升华。

（三）严格执行考核制度和学位论文审核

规范考核形式，不仅对研究生进行学业考核，而且还要对导师队伍进行考核。对研究生的学业考核不局限于单纯的毕业论文，更重要的是考核该生的科研动手能力及科研思维，可在规定时间内设计一个与课题相关的小实验，难度不需要太大，重要的是看该生的临场反应及解决问题的能力。对导师的考核可以根据研究生对导师的能力、指导水平、思想品德等方面的匿名打分。对于考核分数较低的导师，学校可以及时进行谈话，找出问题所在，提升其各方面的能力，促进导师和研究生共同进步。

建议对所有学位论文进行匿名审核，杜绝一切可能的人际关系。强化高校的监督能力，从而提高学位论文的质量。学位论文的完整度是考核打分的重要部分，除此之外，需要重点关注其课题的选题逻辑。因为学位论文也不是只考核学生，某种意义更是导师能力水平的考核。可以根据审核情况，对研究生和导师进行分别打分。对一些较低分数的课题，区分是导师问题还是学生问题，有的放矢，加强学位论文的水平。

（四）建设心理健康论坛

定期举行导师和研究生心理健康论坛，及时了解导师和研究生工作、生活、心理方面的需求。更重要的是可以及时了解导师和研究生之间的关系，是否存在矛盾及裂隙。开诚布公，通过积极对话的形式，消除已有的裂隙，创造一个更和谐的师生关系环境，劲往一处使，更有助于学、研结合，促进整体的进步。

四、结语

研究生教育是国民教育的最高层次，是国家创新人才培养的重要渠道。全面提升研究生培养质量，是国家、社会、培养单位、导师以及研究生所面临的一个重大的挑战。国家政策的制定和产业需求是外部影响因素，而培养一名高质量的人才，需要研究生、导师和培养单位紧密结合以及共同努力。三者之间相互理解、彼此扶持和共同发展，帮助研究生形成良好的科研素养，并培养其具备独立科研和创新能力，实现三者的共赢。

参 考 文 献

顾志勇，和天旭，2019. 学科交叉融合：高等教育质量提升的新路径［J］. 湖北社会科学（3）：169-173.

和天旭，2021. 研究生培养质量影响因素分析与对策［J］. 教育教学论坛（33）：177-180.

胡绮，2019. 高校研究生导师立德树人职责落实的路径［J］. 德育研究（10）：43-44.

梁海鹰，2020. 全面提升研究生培养质量的思考与探索［J］. 教育教学论坛（48）：7-9.

刘志，2020. 研究生导师和学生关系问题何在——基于深度访谈的分析［J］. 教育研究（9）：110.

孙植华，2022. 我国硕士研究生培养模式与导师制改革探析［J］. 对外经贸（2）：145-151.

汤若琦，潘玥，黄沙里，2021. 研究生教育中师生关系和谐发展模式研究［J］. 大学（46）：66-68.

吴磊，马孝义，2021. 研究生人才培养质量提升策略——基于新型导学关系构建机制 [J]. 黑龙江教育
（高教研究与评估）（11）：47-50.

叶亚琼，刘为民，2018. 提高硕士研究生培养质量的几个质控点的思考 [J]. 教育教学论坛（2）：
221-222.

张睿，张伟，2019. 如何培养研究生的学术思维？[J]. 学位与研究生教育（5）：41-44.

浅谈高校学生心理教育的引导重点

谷　薇①

摘　要： 开展高校心理健康教育是为提升大学生在心理健康方面的能力，帮助大学生树立正确的世界观、人生观和价值观。面对大学生容易产生的各类心理问题，全面系统地对学生进行心理健康方面的教育和疏导，从细节要点和时间维度把握大学生心理问题产生的关键因素和时期，以预防式引导的方法开展心理健康教育，促进高校学生心理健康教育的整体发展。

关键词： 辅导员；引导方式；心理健康教育

一、引言

了解大学生的心理状态并运用专业技术对其进行个性化的心理辅导，已经成为新时期高校学生心理教育引导的重要环节。大学生的心理问题复杂、多变，具有时代性和独特性，引发原因多种多样，在具体处理过程中需要全面细致地分析其诱因，以便对症下药，有的放矢地解决问题。在大学时期成长过程中常见的心理问题主要表现在环境适应、情感关系、学业成长、择业选择和未来方向等方面，具体到大学每一个阶段，大学生都会表现出阶段性的特点和问题。

二、大学生心理引导过程中的细节要点

根据大学生每个时期的心理需求，开展大学生心理引导教育服务，不断增强大学生应对每个时期挑战和风险的心理承受能力，促进当代大学生的健康成长，将大学生培养成为有理想、敢担当、能吃苦、肯奋斗的新时代好青年。

（一）关注学生的心理特征

新时代大学生心理危机特征呈现易发性、隐蔽性、危险性三大特征。高校心理问题学生增多，引发心理问题的诱因增多，心理问题产生得不到及时疏导会产生校园安全隐患，心理健康教育普适性适用于每一位学生。高校心理健康教育过程中要以学生的心理特征为切入点，将"以学生为本"的理念全面渗透到心理咨询和教育引导服务中，掌握应对和调节心理问题的常识和技巧，对不同心理危机采取不同的心理干预措施和方法，减少心理教育过程中的硬性灌输，在服务过程中让学生感受到心理帮扶的温暖。

---

①　作者简介：谷薇，女，讲师，北京农学院生物与资源环境学院团委书记，主要研究方向为高校思想政治教育。

（二）运用语言艺术进行沟通

对不同阶段学生的思想状态及时改变心理健康教育策略，改变传统心理健康教育的语言灌输，运用能够体现心理健康教育工作者的教育艺术语言是心理健康教育工作的主要表达形式。从心理引导的角度出发，高校心理健康教育在语言运用方面要顾及学生的心理变化，充分考虑好学生的语言接受能力和承受能力，设置好整个教育过程中的语境，尽量以尊重、平等的语气进行交谈，实现心理接触直至心理相容的目标。要因人而异、因地制宜，运用心理知识和语言艺术，才能取得更好的心理教育的结果。

（三）营造良好的交流氛围

心理咨询室是开展心理健康教育工作的场所，广义上讲，心理咨询中心一般包括咨询接待室、心理阅览室、心理测量室、个体或团体心理咨询室、沙盘游戏室、情绪宣泄室、放松室等功能单元；狭义上讲，心理咨询室就是指个体心理咨询室或团体心理咨询室。咨询室要选址在阳光充足且出入不明显的地方，为来访学生提供潜在的积极情绪和隐秘性强的咨询环境。心理咨询室布置以简洁、温馨、舒适、安全为主，要具有温馨性、宣传性、隐秘性、安全性，可以用鲜花、绿树、盆栽和图画等装饰环境，为来访大学生营造放松舒适的交流环境，帮助其尽快敞开心扉，走出阴霾。

（四）多角度分析心理问题成因

随着国家经济高速发展，自媒体时代社会环境和舆论导向充斥网络，大学生没有足够的人生经验去辨别筛选，每天吸收大量的思想和情绪，难免造成心理困扰。通过心理测验和深度访谈，多角度探究大学生心理问题成因，如社会环境因素带来的择业焦虑或本领恐慌，家庭环境因素引起的经济压力或性格自卑，青春期因素导致的情感困扰或成长问题，个人素质因素带来的敏感多疑或挫折体验，心理冲突因素引发的生活无力感和无助感等。找到引发大学生心理问题成因，拓宽心理教育引导的方法和路径，能够让学生更坦然地接受心理服务，推动高校心理健康教育工作健康平稳发展。

（五）鼓励引导学生增强抗挫能力

高校心理健康教育内容的丰富性体现在心理知识的传播、心理困扰的解决和心理发展的引导。在心理发展引导方面增强高校学生的抗挫折心理尤为重要，挫折教育是心理引导教育的主要内容，通过全面的知识和有效的技能训练，帮助学生认识挫折、预防挫折，从而提高学生的心理抗挫能力。通过全新的自我认识、强大的自我意识，帮助他们建立良好的自我心理调节系统，运用鼓励式心理引导，帮助学生积极地进行自我探索和发现，发挥出自身的主观能动性，不断增强抵御人生风险和抗击挫折能力，实现大学生心理全面健康发展。

三、不同阶段大学生心理问题及引导重点

高校心理健康教育要以学生为本，尊重学生、理解学生、帮助和鼓励学生，促进学生的全面健康发展。以学生为本的心理健康教育理念就要切实了解学生的心理变化和需求，不同的学生有着不同的心理表现，但相同年级的学生会产生普适性的心理问题，做好普适性的心理引导会对学生心理教育工作产生积极影响。

（一）大一新生的适应性问题

环境适应问题，在大一新生中比较常见。"00 后"大学生一般是家里的独生子女，进入大学前没有离开家独自生活过，来自全国各地的新生由于个人生活环境、文化背景、思维方式和生活方式上存在的差异，彼此之间互不了解，不懂得相互谦让，会导致在日常的学习、生活中容易发生矛盾。

做好大一学生的适应性心理辅导，帮助学生尽快适应大学校园生活，享受大学时光。第一，通过组织校园文化活动和校园"游览"，帮助大一新生尽快熟悉校园的"地形"。第二，通过组织班会和主题团日活动，为新生提供展现自我、增进了解的机会，帮助他们尽快融入集体，建立集体感和归属感。第三，在辅导员、班主任、班主任助理的工作中，要有意识地灌输进入大学并不等于进了保险箱，而是人生新征程开始的思想，让大一新生做好大学四年及长远的人生规划。

（二）大二年级的情感困扰问题

随着周围环境和人员的熟悉，朦胧的情感种子容易在这段时期发芽，爱情或者友情的变化会引起大学生的情绪困扰。大学期间学生的人生观、世界观、价值观仍处于完善阶段，面对想象中本该完美的情感，如果出现理想和现实的差距，会出现丧失斗志、逃避现实、自伤或者自杀等一蹶不振的表现。

直面大学生的情感问题，正确加以引导，让没有涉足爱情的大学生全身心投入学业，已经拥有爱情的大学生把恋爱变成学习的动力，妥善处理好大学期间的情感问题。第一，开设专门的情感讲座。直面情感问题和困惑，通过讲解的形式为学生展开陈述，避免在情感中受到伤害。第二，正确看待校园恋情，平衡情感和学业。引导学生理智地看待情感，摆正爱情和学业的关系，用理性健康的情感促进双方学业的进步。第三，摆正爱情在人生中的位置。引导学生树立爱情不是人生全部的观念，不把爱情看得高于一切，要拥有应对人生风险和感知人生美好的事情的能力。

（三）大三年级的学业压力问题

由于学习压力造成的焦虑和迷茫，是大三年级比较突出的心理问题。由于专业课的导入，有部分学生自主学习不适应，学习内容跟不上容易出现"挂科"现象，面对学业预警或者降级、退学警告，学生容易产生紧张不安的焦虑情绪和自我否定的挫折感。

做好大三年级课业压力问题的心理引导，帮助学生顺利完成学业，奠定学生走向工作岗位的专业基石。第一，通过组织"考前辅导""朋辈辅导"等学业帮扶，让学生找到自主学习的方法和目标，制定良好的学习方案，通过自身努力完成学业考试。第二，引导学生树立社会责任感和自我责任感，在实践中意识到自己能够为社会创造价值，将专业知识学以致用，成长为有理想、敢担当、能吃苦、肯奋斗的新时代好青年。第三，引导学生保持积极健康的心态，在遇到问题的时候选择主动跟家长沟通，和同学、老师交流；在遇到挫折或是产生心理困扰的时候选择主动向心理老师求助，以积极的心态面对学业压力。

（四）毕业年级的就业问题

毕业年级的学生通常会面临就业、继续升学等很多问题的选择。在还没有做好完全准备的时候，时间已经把毕业生推向了社会，毕业生未来的路要怎么选择、如何规划自己的职业生涯、求职需要些什么样的技巧等问题扑面而来，这些困扰和担忧，都会给毕业生带来心理问题。

认清必须走向社会的现实，引导毕业生积极面对求职中的挫折，调整心态，不断努力寻找机会，通过多种途径找到适合自己的职位。第一，组织求职系列讲座、企业双选会、求职推荐会等，帮助毕业生修改简历、指导面试礼仪，为毕业生走出校园奠定基础。第二，调整择业心态，放低就业期望值。认清大学生就业难是普遍的社会现象，做到"先就业、再择业"，跳出关注薪酬的圈子，将自身发展和工作积累变成求职的首要期望。第三，培养自我管理能力，养成良好生活习惯。用"理财"的观念管理时间和情绪，为自己设定职场的短期和中长期发展目标，在执行中不断地修正和发展。

四、结语

大学心理教育管理服务的对象是学生，学校和教师所有工作的出发点、着眼点和落脚点都应该也必须在学生身上。学生在哪里，阵地就在哪里；学生在哪里，学校的工作就在哪里开展。小到日常行为、情感困惑，大到考研就业、人身安全，都是大学生心理教育关注的范畴，从教室、宿舍，到微信、网络都是教师工作的阵地。越是荆棘满地、艰难险阻，我们越要将心理健康教育元素从社会大课堂中挖掘出来，持续不间断地从科学强国到家国情怀、从制度优势到责任使命、从读书价值到理想信念的角度引导学生，让学生找到心理引导的方向，感受到来自心理关怀的温度。

参 考 文 献

高媛媛，季海菊，2023. 新时代大学生心理危机特征、成因及干预 [J]. 北京教育（德育）（3）：83-88.

欧阳润，2020. 大思政格局下大学生就业教育研究 [D]. 南昌：南昌大学.

王晖，2018. 当代中国高等学校学生工作创新发展与实践研究 [D]. 南京：南京航空航天大学.

杨杨，2015. 论高校思政教育发展中心理引导因素的作用 [J]. 黑龙江高教研究（11）：129-132.

基于双因素理论的辅导员队伍职称评聘机制研究

徐　月

摘　要：辅导员队伍是高等学校教师队伍的重要组成部分，是高等学校从事德育工作，开展大学生思想政治教育的骨干力量。做好辅导员队伍的职称评聘工作能够促进队伍专业化职业化发展、确保立德树人效果。本文从辅导员职称评聘存在问题、基于双因素理论提出的优化策略等方面进行阐述，并简要介绍了北京农学院辅导员队伍的职称评聘的改革措施，以期为市属高校辅导员队伍建设提供理论依据和政策建议。

关键词：辅导员；职称评聘；双因素理论

在全面实施乡村振兴战略背景下，北京农学院作为市属唯一农林类高校是首都农业人才培养主阵地，肩负着培育"懂农业、爱农村、爱农民"人才队伍的时代重任，而辅导员队伍是保障培养高素质现代农林人才培养不可或缺的重要力量。如何打造一支职业化、专业化、高素质的适应现代农林大学人才培养需要的学工队伍是新时期的重要问题。

美国心理学家、行为科学家赫茨伯格于 1959 年提出双因素理论，亦称"激励-保健"理论。该理论通过对员工心理和行为管理的分析，进而将影响员工满意度和积极性的因素，区分为保健因素和激励因素，并采取有针对性的管理措施，被广泛应用于管理实践特别是人力资源管理中。高校辅导员队伍建设与管理属于当代人力资源管理范畴，从双因素理论视角去分析和改进辅导员队伍职称评聘机制具有很强的适用性。笔者通过长期的研究和调查，认为建立一套有特色的学工队伍职称评聘制度或将成为建设职业化、专业化辅导员队伍的新突破口。

一、基于双因素理论辅导员职称评聘机制的存在问题分析

保健因素是造成人们不满意的因素，包括组织的管理方式、政策保障、考核监督、工资福利、人际关系以及工作条件等与环境相关的因素，这些因素得到满足，能消除人们的不满情绪，但对人的激励作用有限。职称评聘制度是双因素理论中的重要的保健因素，能够保障辅导员队伍的稳定性。2017 年教育部新修订的《普通高等学校辅导员队伍建设规定》中明确规定了实现专职辅导员职务职称"双线"晋升，强调了辅导员队伍人事聘用要参照专任教师聘任的待遇和保障。笔者所在的北京农学院历来高度重视辅导员队伍建设，2012 年起将辅导员队伍纳入专任教师队伍，辅导员队伍职称评聘参照教师系列评聘，辅导员队伍高级职称比例达到 25%，远高于其他市属高校。但是经过多年的实践，现有政

策已经不能适应新时代发展要求，存在整体满意度不高，激励效果不显著等问题。

1. 评聘指标体系与实际工作内容匹配度不高

在 2022 年之前的人事制度改革中，尽管学校将辅导员队伍职称评聘单列指标、单独评审，将辅导员队伍高级岗位设为教学型岗位，岗位聘任条件参照教学型岗位聘任要求设置。教学型岗位聘任条件主要由理论课教学工作量、教育教学研究论文、教育教学研究项目等核心指标构成，与辅导员队伍岗位职责、实际工作内容匹配度不高。《普通高等学校辅导员队伍建设规定》中明确了辅导员队伍的主要工作包括思想理论教育和价值引领、党团和班级建设、学风建设、学生日常事务管理、心理健康教育与咨询工作、网络思想政治教育、校园危机事件应对、职业规划与就业创业指导、理论和实践研究 9 个方面的工作内容体系。教育部规定的辅导员队伍的日常工作内容，很难和专业教师一样，将理论教学和科学研究的成果具象化为论文和研究课题，并且辅导员队伍日常相当一部分精力在和学生谈心谈话、组织开展各种活动，没有大量的时间进行理论课教学工作。思想政治理论课教学主要是马克思主义学院专职教师的工作职责，不是辅导员队伍的主要工作。

2. 聘后绩效考评方法科学性不足

职称评聘后管理也是双因素理论中的重要的保健因素，聘后管理的好坏直接影响辅导员队伍的稳定性，而聘后绩效考核是职称评聘后最为重要的管理制度。辅导员队伍不同于高校专职教授专业课的教师，其身份具有一定的特殊性。对高校专职教师开展的绩效考核评价的方式方法不能简单适用于辅导员队伍，也不能不采取任何考核评价。高校教师的主要职责是知识传道解惑、科学研究和社会服务，而辅导员队伍承担着大学生思想政治教育、心理健康辅导及就业和管理相关工作，两者在工作内容和工作性质上相似但其实有很大区别。绝大部分高校对专职教师的绩效考评办法通常以定量考核为主，定性考核为辅。根据学校或者学院的任务目标，将学校在人才培养、科学研究和社会服务等方面的部门任务分配给教师个人，教师在完成一定教学工作量的基础上，发表规定的数量的论文，并且获得一定数量的科研项目或科研经费。经调研，部分高校为方便考核，简单将适用教师的绩效考核办法套用辅导员队伍。另外，还有部分高校尽管认为教师考核办法不适用于辅导员队伍，对辅导员队伍以定性考核评价为主，采取个人自评和组织评议相结合的方式，评价方式大于内容。考核工作仅仅是为了完成人事处安排的考核任务，组织辅导员填表、相关单位签字盖章，最后将考核表提交人事处存档备案便完成考核工作，未将绩效考核作为辅导员队伍激励措施。

3. 评聘后的激励效果不够显著

学校高度重视辅导员队伍的高级职称评聘，每年保障 1～2 个高级职称指标的投放，并且设置正高级岗位。但是在对辅导员队伍进行职称评审满意度调研时发现，学校辅导员队伍中仅有 50% 左右人员对职称评审组织方式、职称评审条件、职称晋升机会等表示满意，有 30% 左右人员表示不确定。分析其原因发现，职称评聘条件中主要以科研项目、研究论文和获奖等作为评价指标，与学生的日常事务管理、学生的谈心谈话和思想政治教育、学生的奖评助贷管理等实际工作内容有较大差距。同时，评审标准较低，论文以公开发表即可，校级科研项目就可以参评，造成评审过程中重数量、轻质量，重资历、轻贡献。在对薪酬满意度进行调查时发现，被调查人群中有 43.8% 的人对现有薪酬体系在满意以下，其中有 6.3％的人对薪酬体系不满意。此外，有 21.3％的人表示收入与实际工作量挂钩，有 46.9％的人表示不确定，有 28.7％的人认为收入与实际工作量不挂钩，其中有 3.1％的人认为收入与工作量非常不挂钩。薪酬待遇是职称晋升结果体现，职称晋升不仅仅获得精神满足感，同时在物质上得以奖励，进而激励和促进工作积极性。但是相反，工作付出与实际收获不相匹配，对工作积极性有阻碍作用，工作积极性长期得不到满足将严重影响工作动力。作为高校特殊教师群体，如果没有持久的工作热情，学生的思想政治教育和管理效能会下降，一定程度上影响了辅导员队伍高质量发展的积极性。

二、基于双因素理论视角的辅导员队伍职称评聘制度的优化策略

赫兹伯格的双因素理论给我们的启示是非常重要的，保健因素只能消除和降低不满，却无法使员工产生满意感；只有激励因素才能通过丰富的工作内容来提高员工的积极性，使员工获得成就、认同和成长，实现有效的激励。从双因素理论视角考量辅导员队伍职称评聘制度体系，应聚焦树立"注重工作业绩和育人实效"的鲜明导向，巩固保证双因素理论中的保健因素地位，着力加强激励因素的作用发挥。可从明确工作职责、优化评聘机制、形成良性进出循环机制三个维度建立辅导员队伍职称评聘制度架构，以此促进高校辅导员"双线晋升"政策的精准落实和高校辅导员队伍的持续健康发展。

1. 明确岗位职责，丰富工作形式和工作内容

在辅导员实际工作中，常会出现工作重心偏移，甚至需要多方兼顾，影响辅导员队伍的专业化和职业发展，影响辅导员队伍的工作积极性。明确辅导员队伍人员的岗位职责，是队伍专业化、职业化发展的基本前提，保障辅导员队伍保持工作热情的基础。辅导员队伍在学校管理层与学生之间起着重要的衔接作用，因此，对于学校来说，应当在国家规定规范要求下，结合自身办学特色，制订更加完善的管理细节，通过科学的方式对管理内容进行优化。不仅要有效明确学生思政工作队伍具体的岗位职责，还要对学生准确定位，改变辅导员队伍的工作态度，改进辅导员队伍的工作质量，不断保持工作的新鲜感和热情。

2. 优化职称评聘机制，强化考核运用

优化职称评聘机制，创造内部竞争环境。评审标准要以学生育人实效、工作业绩和科研成果为重点，深刻考虑辅导员队伍的特殊性，通过定量与定性相结合的方式进行综合评价，避免单一评价。在组织国家级、省部级范围内有关学生的活动，或是参加辅导员评比大赛中所获得的奖励，或者辅导员在学生管理工作方面所获得的奖励、荣誉、获得者的实绩，都应作为辅导员在职称评聘时的重要依据。此外，适当提高科研项目的等级，改变以往校级项目即可参评的状态，将主持或者参与省部级学生思政类课题作为职称评审的重要项目，提升辅导员的研究能力和专业性。将辅导员给学生开设班团课、开展谈心谈话教育、组织学生活动等纳入工作量，作为职称评审的必备条件，强化贡献、强化岗位责任意识，提升育人工作实效性。完善辅导员队伍考核制度，应以定性和定量相结合的原则，如师德师风、育人实效等可以主要运用定性的考核方式，通过学生、学院负责人、学校职能负责人综合打分评价的方式进行定性评价；可以将学生到课率和听课率、学生寝室卫生达标率等作为每个月绩效考核内容之一，鼓励多劳多得，按实际工作量和工作实效进行收入分配。

3. 建立辅导员队伍良性进出循环机制

随着从业时间增长，个人生活面临结婚生子等生活压力，工作的热情逐渐消减，应积极鼓励学生思政人员攻读博士学位，提升理论水平和专业水平。同时允许具备高级职称和博士学位的辅导员转岗到思想政治理论课教学，或者转岗至其他管理岗位，拓宽职业路径，完善辅导员队伍的准入和退出机制，形成良性循环，不断保持辅导员队伍的年轻化，保持学生工作的工作热情和积极性。首先，要严格落实辅导员准入机制，突出辅导员业务能力考察，强化政治把关和思想教育能力的要求，优先吸纳 35 岁以下的青年教师加入辅导员队伍。其次，积极支持辅导员攻读思想政治教育或者马克思主义原理等方面的博士学位提升自身，对于经过学习取得学位的人员优先转岗成为专任教师，将辅导员作为思想政治理论课专业教师的重要后备人才。最后，健全和完善辅导员队伍岗位轮岗和退出机制，对于年龄较大、任职时间较长、工作业绩不突出、学生评价较低的辅导员可促其转岗，同时注重对辅导员转岗后的跟踪培养。

三、北京农学院辅导员队伍职称评审改革实践

2022 年，北京农学院深入学习贯彻党的二十大精神，聚焦激发人才队伍活力，开展新一轮人事制度改革。在新的改革举措中，把辅导员队伍建设作为教师队伍和管理队伍建设的重要内容，坚持系统谋划、管培并重、考评结合，不断提高辅导员队伍能力水平，着力打造一支高素质、专业化、职业化的辅导员队伍。

一是优化入口选聘机制。学校党委高度重视辅导员队伍的选聘，坚持党委统一领导，协同相关职能部门，制定科学的辅导员选聘方案，综合衡量辅导员队伍整体的年龄、性别、专业、工作年限等情况，以保证新引进的辅导员是对现有辅导员队伍结构的优化。招聘过程中注重理论和实践相结合，确保引进的辅导员理论和实践能力兼具。采用组织推荐和公开招聘相结合的方式，严格制定笔试、面试、公示等选聘程序，切实把好入口关。

二是优化职称评审机制。坚持以用为本、评以适用、以用促评的原则，建立正向流动晋升机制。强调专职辅导员参评前需获得岗前培训合格证和教师资格证书后方可参加职称评聘；建立健全辅导员队伍职称评审组织机构，单独组建辅导员队伍评议组和聘任委员会，具体负责辅导员职称聘任工作；完善职称评审标准，建立体现思想品德、职业道德、专业能力、学术水平、公益服务等相结合的多维度评价标准。对标教育部相关规定，进一步明确辅导员工作要求与职责，对照岗位职责和实际工作内容，将工作绩效、工作创新成果、解决实际问题能力等作为评价的核心内容，注重考察工作业绩和育人实效；为业绩特别突出、有较大贡献、师生公认的优秀辅导员职称晋升开辟"绿色通道"，做到辅导员政治地位显著提高、职称评聘单列评审、评优评先优秀考虑。

三是改革激励考核机制。学校党委多次研究辅导员队伍激励机制，改革绩效奖励考核办法，注重考核结果运用，调动辅导员提升职业能力的积极性；同时，重视精神激励，对在新冠感染疫情防控期间综合表现优异或者单方面表现突出的辅导员及时表扬并做好新闻宣传，提高辅导员职业成就感和职业认同感；鼓励和支持辅导员提高学历层次或赴校外挂职锻炼，激发辅导员职业能力提升的积极性。

四是畅通职业发展空间。学校高度重视辅导员职业发展，明确辅导员具有教师和管理

人员双重身份，实行"双重身份，双线晋升"。把辅导员作为学校党政领导干部的重要储备和来源，在保证辅导员队伍稳定性的前提下，对有意愿转入教师岗和行政岗并符合条件的辅导员给予大力支持，为辅导员职业发展提供选择。支持辅导员在职攻读马克思主义理论、心理学、教育学等相关专业博士生，不断提升辅导员思想政治、教育科学化水平。鼓励辅导员担负起"形势与政策""大学生心理健康教育""职业生涯规划"等课程教学任务，丰富工作内容，提升工作技能，拓宽发展空间。支持辅导员积极参与或者指导学生各类各级竞赛活动，切实发挥典型榜样的引领示范作用，营造比学赶超的良好氛围。

参 考 文 献

陈勇，2013. 高校辅导员系列专业技术职务评聘发展对策研究 [J]. 当代教育理论与实践（2）：78-80.

戴云，2021. "双因素理论"视域下高校辅导员队伍激励管理 [J]. 黑龙江教师发展学院学报（10）：95-97.

高静，2016. 高校辅导员晋升机制研究——以北京 Y 大学为例 [D]. 北京：北京邮电大学.

黄宇，彭博，孙凯洁，等，2021. 基于双因素理论的研究型医院博士后激励策略 [J]. 解放军医院管理杂志（1）：16-18.

晏强，陈玉芳，张嘉良，2020. 选择与认同：双因素理论视角下高校辅导员职业环境评价研究 [J]. 西南科技大学学报（哲学社会科学版）（5）：100-106.

周罗晶，蔡滨，束余声，2021. 基于双因素理论的公立医院学科带头人激励机制探析 [J]. 中国医院（10）：67-69.

应用型高校新教师长效培养机制的探索与实践[*]

——以北京农学院为例

王佳美①

摘　要： 建设一支政治素质过硬、业务能力精湛、育人水平高超的高素质教师队伍是大学建设的基础性工作，而新教师作为学校师资队伍的重要新生力量，直接关系到教师队伍的可持续发展，开展新教师长效培养对落实立德树人根本任务、推动学校高质量发展都具有重要意义。本文结合北京农学院特色鲜明的高水平应用型现代农林大学目标定位，分析学校对新教师长效培养的探索与实践，并对新教师长效培养机制的完善提出思考。

关键词： 新教师；长效培养；实践；探索

一、开展新教师长效培养的重要性

百年大计，教育为本；教育大计，教师为本。党和国家历来高度重视教育、教师工作，党的二十大报告对"培养高素质教师队伍"做出了明确要求。习近平总书记指出，建设政治素质过硬、业务能力精湛、育人水平高超的高素质教师队伍是大学建设的基础性工作。第一个专门面向教师队伍建设的里程碑式文件《中共中央　国务院关于全面深化新时代教师队伍建设改革的意见》中也明确提出，要"全面提高高等学校教师质量，建设一支高素质创新型的教师队伍"，要"重点面向新入职教师和青年教师，为高等学校培养人才培育生力军"。新教师作为学校师资队伍的重要新生力量，直接关系到教师队伍能否可持续发展，也是推动学校内涵式高质量发展的关键。

学校新入职教师作为一类特殊教师群体，具有学历层次高、可塑性强、工作热情高等优势，但在教学技能方法、科研方向定位、基层实践经验等方面也存在诸多不足。北京农学院作为北京市属唯一一所农林类本科院校，承载着强农兴农的重要使命，担负着培养知农爱农新型人才的重任，结合学校目标定位，探索新教师长效培养机制，在新教师成长关键期给予持续培养，提升新教师思想政治素质和综合业务能力，提高新教师培养高质量现代农林人才水平，对落实立德树人根本任务，助力学校事业高质量发展都具有重要意义。

---

　　* 本文系北京农学院 2023—2024 年校极教改项目：本科教育教学审核评估下高校师德师风长效机制建设路径研究——以北京农学院为例。

　　① 作者简介：王佳美，女，硕士，助理研究员，主要研究方向为高等教育管理。

二、新教师长效培养的实践探索

为加强新教师长效培养工作，北京农学院不断创新培养形式，丰富培养内涵，进行了一系列探索与实践。

（一）开展全员覆盖的新教师领航培训

为帮助新教师顺利实现角色转换，尽快适应学校工作环境，引导新入职教师树立良好的思想政治素质和师德师风，积极投身首都高等农林教育事业，学校把握新教师入职后、上岗前的关键期，每年定期对新教师开展课程丰富、内容实用的全覆盖、系统性培训。为确保培训实效，学校结合新教师特点，契合学校定位和发展目标，精心设计、量身打造每年的新入职教师培训方案，印发涵盖学校重要政策规章的新教师学习手册，开展持续一年的新入职教师培训，构建包括书记校长入职第一讲、校情校史介绍、师德师风教育、政策制度解读、高等教育理论学习、教学技能提升培训、科技创新能力提升培训、社会服务能力提升培训八大模块内容的系统培训体系。注重开展理想信念教育、职业道德教育、心理健康教育等内容的师德师风专题培训，严把新教师政治素质培养，引导新教师树立良好师德师风，深入理解当代大学教师职业内涵。组织学校教学、科研、社会服务等领域优秀教师进行经验分享，各职能部门负责人与新入职教师开展座谈，就学校发展、教师成长深入交流，倾听新教师心声，为新入职教师排忧解难，答疑解惑。开展教育教学技能、科技创新能力、社会服务能力提升等系统专项培训，助力新教师掌握教学技能方法，具备从事教师工作所需的教科研综合能力。同时，学校实行新教师导师制度，为每位新教师配备一名传帮带"成长导师"，成长导师一般为单位负责人、学科带头人、教学名师、科研领军人才等各领域优秀教师，对新教师进行全面细致传授指导，帮助新教师更好地承担起学生成长指导者和引路人的责任，助力实现教师身份的转换。

（二）开展契合新教师需求的师享沙龙活动

为给予学校新教师持续的培养支持，学校不断探索适合青年教师需求的培育形式，组织开展师享沙龙系列培训活动，借助轻松、活泼、愉悦的沟通交流平台，定期开启"师享"活动。此活动举办初衷旨在解决青年教师成长中的实际困惑和迫切需求，搭建合作交流平台，激发教师的政治理论学习热情，提升教育教学、科学研究及服务社会能力，激励教师充分发挥个人才智，促进教师共同成长。沙龙开展依托教师发展中心，由人事处联合教务处、科学技术处、研究生处、校办产业处、工会、北京农学院科学技术协会、北京农学院知联会等单位，统筹学校力量，定期举办。沙龙契合学校教师实际需求，挖掘各单位学科建设、教师资源等优势，结合青年教师需求，确定每期相应主题。具体以主题报告、经验分享、成果展示、咨询研讨等方式，开展政策学习、教学研究、学术研讨、人才培养、学科建设、热点聚焦、创新创业、经验分享、资源共享等主题沙龙，参加教师自由交流，畅所欲言，碰撞思想火花，激发合作灵感。师享沙龙在筹备过程中，借助教师座谈、问卷调研等方式，了解青年教师成长关注，举办真正契合青年教师发展需求的主题沙龙，为青年教师沟通交流展示搭建平台。邀请学术大咖分享科研经验，邀请"青教赛"获奖教师分享备赛经验，邀请"青教赛"评审传授得分秘籍，邀请企业专家解读学术前沿，邀请优秀教师分享指导学生竞赛经验，邀请优秀青年教师分享成长经历以及邀请心理专业教师分享如何与学生沟通、与自我对话等，系列主题沙龙活动发挥优秀教师引领示范作用，解决教师成长中的实际困惑，助力新教师成长成才。

（三）持续开展特色培养培育活动

学校组织开展新教师入职宣誓、新教师师德承诺、新教师社会实践等专项特色培育活动，不断提高新教师的思想政治素养，激励教师自觉担负起立德树人、强农兴农的使命担当。为强化新教师的职业信念和职业操守，每年新教师入职后，在学校教师节庆祝大会上，隆重举行新入职教师集中宣誓仪式。宣誓仪式由学校党委书记或校长监誓，校领导或优秀教师代表领誓，新教师郑重承诺遵守宪法和教育法律法规，坚决秉承"厚德笃行 博学尚农"校训，严格履行教书育人职责，引领学生健康成长，为教育发展、国家繁荣和民族振兴努力奋斗。通过庄严宣誓仪式的洗礼，激发新教师的职业荣誉感和自豪感，激励新教师践行立德树人初心使命；为严格要求新教师践行师德师风作为评价教师队伍素质的第一标准，严格落实《新时代北京高校教师职业行为十项准则》，学校新教师开展师德承诺活动，组织新入职教师签订师德承诺书，公开公示接受广大教师监督，用自身言行教育影响学生，引导和帮助学生扣好人生的第一颗扣子，激励新教师以昂扬向上的精神面貌和立德树人的扎实行动助力高水平应用型农林人才培养；立足学校特色和发展定位，结合京津冀协同发展、北京"四个中心"功能建设以及社会经济发展中的热点问题，组织新教师深入田间地头，奔赴科技小院，融入企业一线，走进红色基地开展具有农林特色社会实践活动，开展基层一线深度调研，进行对口智力帮扶，促进产学研合作，拓展教师视野，培养教师"懂农业、爱农村、爱农民"的意识，积极引导新教师积极扎根农业，深入农村和服务农民，利用智力和专业优势助力乡村振兴。

三、学校新教师长效培养的思考

新入职教师经过学校持续培养，凝聚了思想共识，提高了教书育人水平和破解基层实际问题的能力，逐渐成长为支撑学校发展的中坚力量。但当前新教师培养也存在诸多待完善之处，如何满足不同岗位、不同类别教师个性化培养需求，如何引导新教师结合个人优势和岗位需求，做好职业发展的短期规划和长期规划，如何激励新教师实现从"要我发展"到"我要发展"的自发性动力的转变等都需深入探究。结合北京农学院应用型农林大学定位和发展目标，加强科学规划，注重跟踪培养，构建系统性、持续性的契合新教师不同成长阶段需求的长效培养机制仍需不断完善。

参 考 文 献

白忠玉，2019. 新进高校教师职业道德塑造的思考［J］. 理论·研究（10）：27-28.

赵越春，2022. 应用型本科高校青年教师培养体系构建研究［J］. 金陵科技学院学报（社会科学版）（9）：49-55.

朱宁波，霞慧丽，孙曾女，2020. 我国高校青年教师岗前培训政策的文本分析——基于 125 所高校的调查［J］. 辽宁师范大学学报（社会科学版）（3）：68-75.

教师教学创新大赛对提升农林高校教师教学能力的作用浅析[*]

宋迎迎　马兰青　张德强

摘　要：高校教师作为培养人才的重要力量，教师教学创新能力是提升人才培养质量的关键因素，教师的教学创新意识和创新能力直接关系到高水平师资队伍的建设质量。通过优化课程内容、改进教学方法、提升评价手段等，充分发挥教师教学创新大赛"以赛促学、以赛促教"的作用。通过开展教学创新培训，为教师提供学习平台，通过打造教学比赛精品，培育更高层级奖项，从而切实利用教师教学创新大赛提升教师教学创新能力。

关键词：农林高校；教师教学创新大赛；教学创新能力；教学竞赛

开展新农科建设是深入贯彻党的二十大精神的重要举措，加强教师队伍建设是开展新农科建设的有力手段，教师教学能力发展是人才培养质量提升的关键。根据教育部《关于加快新农科建设推进高等农林教育创新发展的意见》《关于加强新时代高校教师队伍建设改革的指导意见》等文件，健全教师教学发展体系，完善教师培训制度，营造有利于教师可持续发展的良性环境，对于学校发展具有重要意义。其中，教师教学创新能力是重要一环，对高校办学质量和人才培养质量提升均具有关键作用。

全国高校教师教学创新大赛（以下简称"教创赛"）是由教育部高等教育司作为指导单位，由中国高等教育学会主办的一项全国范围的教师教学比赛，具有规模广、影响大的特点。以首届教创赛为例，此次大赛于 2020 年 9 月启动，2021 年 7 月 28 日在复旦大学举行全国赛的现场赛，校赛阶段覆盖全国除香港、澳门、台湾之外的 31 个省、自治区、直辖市的 1 071 所普通本科高校，省赛阶段共有 12 625 名教师参加，其中主讲教师 3 981人，团队成员 8 644 人；国赛阶段共入围 199 门课程，159 所高校。

一、教创赛的内涵和导向

教创赛是继青年教师教学基本功比赛（以下简称"青教赛"）之后的又一项具有重大影响力的高教界教学竞赛活动。与青教赛不同的是，教创赛更加注重教师的教学创新和实践能力，旨在鼓励和培养教师在课程设计、教学方法、教学手段、课程思政等方面的创新能力，提高教学质量和教学效果。教创赛仍然延续青教赛从校赛到省赛再到国赛的三级赛制，但参赛对象不局限于青年教师，还可以是更有经验的高级教师。参赛者可以选择自己

---

* 本文系 2022 年北京市高等教育学会项目：都市特色应用型农林人才培养体系的探索与实践（ZD202248）。

擅长的领域和方向，通过竞赛展示并提升自己的教学技能和创新能力。同时，教创赛还为教师们提供了一个交流、分享、合作的平台，促进教学理念和教学资源的共享和合作，进一步推动高校教育教学的改革和发展。自 2020 年首次举办以来，截至目前共举办了三届教创赛，且已逐渐成为提升高校教师教学创新能力的标杆展示和重要交流平台。

教师教学创新能力，既不是教学基本功，也不单纯地等同于教师教学能力，而是一种更高层次的能力。教师不仅要掌握传统的教学方法和技能，还要聚焦教学中的真实"痛点"、突破传统教学理念、重构教学内容、创设教学环境、改革教学评价、明确教学成效，并在实践中不断优化和改进，并最终形成可解决教学问题的教学实验研究范式，实现教学创新的持续推广。教师教学创新能力的提高，需要教师具备创新意识、创新思维和独立思考能力，同时还需要教师能够不断提高自身的反思和学习能力。此外，积极参与各种教学交流和研究活动也是提高教师教学创新能力的关键所在。

二、教创赛的功能和意义

举办教创赛旨在落实立德树人根本任务，助力高校课程思政建设和新工科、新医科、新农科、新文科建设，推动信息技术与高等教育教学融合创新发展，引导高校教师潜心教书育人，打造高校教学改革的风向标，具有以下功能和重大意义。

提高教学质量。大赛鼓励教师参加教学创新活动，推动教师的教学思路和教育教学模式创新，进而提高教学管理水平，优化教育教学设施，提高教学质量。

发挥教师专业素养。大赛为教师进一步发挥自身专业素养提供了平台。在比赛的过程中，教师不仅会得到专业指导，而且会锻炼专业能力，增强自身的专业素养。

推动教育教学改革。教创赛能够鼓励和激励教师不断探索和尝试新的教学方法、手段和技术，有助于推进教育教学改革，提高教学质量和效果。

完善评价机制。教创赛以创新教学为目标，从课程设计、教学过程到教学成果全方位考察并评价参赛教师的教育教学水平，旨在为教育教学的评价机制提供参考和完善。

标杆引领。教创赛选出的优秀案例和优秀教师，在一定程度上代表着高校教育教学的标杆和引领，为全社会提供教育教学的借鉴和启示。

多方合作。教创赛不仅可以促进高校内部教师间的学术交流和合作，同时也可以发挥平台作用，促进高校和教育教学相关企事业单位之间的合作和交流。

鼓励学术创新。大赛着重鼓励创新创意，重视原创性研究和创新项目，并推广优秀成果。这些通过教育教学教改得以实现的研究性成果，将对教学贡献力量，推动教学学术文化和教育教学进步。

促进行业共享。大赛评选优秀成果和作品，旨在为广大教师和教育行业提供一个完美的展示平台，帮助教育行业搭建沟通分享平台，促进行业健康发展。

总之，教创赛对于高校的功能和意义，是鼓励教师勇于尝试，大胆创新，推动教育教学进步和教师自身成长。这有利于激励教师的创新意识和创新能力，推动教育教学教改并提高教学质量，有利于提升整个教育培训行业水平，推动我国教育事业的快速发展。

三、利用教创赛提升教师教学创新能力的改进建议

1. 多手段并举，全面提升教师教学创新能力

高校教师教学能力的提升需要一定的时间和积累，可通过以下途径提升教师教学创新能力。创新教学模式：传统的教育方式以讲授为主，学生被动接受知识。创新教学模式更注重学生的主动学习和参与，让他们在实践中学习、反思和探究。教学资源共享：教师可以分享自己的教学资源，比如教案、课件、考试题目等。这样可以提高教学效率和质量，避免重复建设，也有助于培养教师的团队意识和合作精神。利用新科技手段：教师可以利用各种新技术手段，如在线课程、虚拟实验室、智能教学平台等，丰富教学内容，提升学习效果。注重个性化教育：每个学生都有自己的学习方式和需求，教师应该了解学生的差异性，根据学生的实际情况，采用不同的教学方式和策略，注重个性化教育。培养创新思维：创新思维是未来社会所需要的重要能力，因此教育应该更加注重培养学生的创新思维和创造力，同时教师也需要拥有与时俱进的创新意识和思维方式。合理评估学生表现：评估是教育教学过程中不能缺少的一个环节，教师应该合理选用评估方式，将学生的能力和特点全面考虑，避免简单的分数制度对学生带来的不良影响。总之，创新教学理念和方法需要得到大力推广和应用，从而提高高校教师的教学能力和水平。

2. 开展教学创新培训，为教师提供学习平台

开展多层次、多途径、多元化的教学技能培训，搭建教师"互学平台"。组织教师合作教研，分享教学经验，进行教学"专题研讨"。充分发挥教创赛获奖教师的示范引领作用，引导青年教师主动进行教学改革，体现获奖教师的"明星"示范效应，把国家级、北京市级比赛获奖选手塑造成"教学品牌"，定期举办高水平交流活动，推广教学技能，激发教师教学发展的内在动力。聘请教学专家辅助教师对教学理论进行更新提升，对教学成果进行打磨凝练，完成"成果培育"。通过整合教学理念、教学设计、教学方法、教学实施、课程思政等相关培训内容，整体设计教师教学培训体系。以教师需求为导向，充分考虑不同教师的教学能力的水平差异，对教师教学培训进行分层次、分阶段设计试点，以提高培训内容的精准性和针对性，有效支撑教师开展教育教学改革实践。

3. 打造教学比赛精品，培育更高层级奖项

以培育国家级、省部级比赛获奖为目标导向，除开展教创赛外，联合开展青年教师教学基本功比赛、优质本科课程评选、优质课程思政示范课程评选等联合教学竞赛，并推出优秀案例展示，实现竞赛价值引领、参赛能力培养与赛事赛程观摩为一体的教学竞赛学习平台，激发教师教学发展的内驱动力，有效提升教师教学竞赛水平，以赛促教。加速培育教师评比精英，释放教师教学发展"动能"。提高各级各类教学奖项对学校教师教学发展的激励作用，以培养为重点、以评选为手段、以奖项为引领，实现教学竞赛的梯队式、滚动化发展。

新时代北京农学院"有组织科研"的科学内涵及实践路径

张文娜① 路 平②

摘 要：高校有组织科研是高校科技创新实现建制化、成体系服务国家和区域战略需求的重要形式。立足新发展阶段，聚焦高水平科技自立自强的目标，对照"有组织科研"的要求，北京农学院科研创新在学科体系、平台建设、人才队伍、成果转化、体制机制等方面仍存在亟待解决的问题和短板，提出要不断夯实创新根基、筑牢创新支点、做强创新杠杆、打通创新链条、激发创新活力，构建"有组织科研"实践路径，以高水平的科研创新服务国家和区域高质量发展。

关键词：有组织科研；实践；路径

习近平总书记在二十大报告中强调，坚持教育优先发展、科技自立自强、人才引领驱动，加快建设教育强国、科技强国、人才强国。高校是国家战略科技力量的重要组成部分，是我国创新体系建设、自主创新能力提升的重要支撑。高校有组织科研是高校科技创新实现建制化、成体系服务国家和区域战略需求的重要形式。

一、"有组织科研"的科学内涵

1."有组织科研"要与国家战略科技力量建设相结合

2022 年 9 月，教育部印发了《关于加强高校有组织科研 推动高水平自立自强的若干意见》，就推动高校充分发挥新型举国体制优势、加强有组织科研做出部署。该意见明确提出，加强高校有组织科研，就是要把过去"想干什么能干什么就干什么"，变成"国家需要什么就干什么"，把高校真正组织起来，做成事、做成大事，为科技进步，为经济社会发展特别是产业发展，提供有力支撑。加强有组织科研是高校强化国家战略科技力量建设的必然选择。

2."有组织科研"要与推进"双一流"建设相结合

科技创新是"双一流"建设的重要方面，要在服务国家中实现"双一流"建设目标。同时，要把加强有组织科研与深化高校科技体制机制改革相结合。加强有组织科研，要以问题和需求为牵引，以重大任务为驱动，带动科研评价机制改革、资源配置方式创新和科

---

① 作者简介：张文娜，女，助理研究员，农业推广硕士学位，主要从事科技管理。
② 作者简介：路平，女，副教授，农学博士学位，主要从事科技管理。

研组织模式变革，最大限度释放人才合力、激发创新潜力、提升创新效能，推动新时代高校科技创新取得更大成效。

3. "有组织科研"要与深化高校科技体制机制改革相结合

"有组织科研"的优势在于通过布局建设大平台，在重大科学问题、工程技术难题和产业技术问题领域凝聚资源，形成科研集群力量长时间持续攻关，高校可深度参与战略性科技项目，提升科学研究水平和学术声誉，形成合作双赢的良性循环。随着新一轮科技革命和产业变革持续推进，学科之间、科学与产业之间日益交叉融合，需要高校与政府、企业及科研机构等外部组织以解决实际问题为导向，形成长期稳定的协同关系，联合开展科研攻关和科技成果转化。

二、北京农学院"有组织科研"存在的现实问题和症结剖析

近年，北京农学院瞄准新时代首都发展需求和乡村振兴主战场，大力加强有组织科研和社会服务，创新理念、把握规律，加快科研范式和社会服务组织模式变革，全面提升科研水平和社会服务质量。但立足新发展阶段，聚焦高水平科技自立自强的目标，对照"有组织科研"的要求，高校科研创新在学科体系、平台建设、人才队伍、成果转化、体制机制等方面仍存在亟待解决的问题和短板。

1. 学科融合与根基不强

有组织科研是系统工程，当前学校科研体制机制改革不断深化，但学科导向的松散型科研组织模式相对占据主导地位，使高校在应对"投入大、周期长、见效慢"的国家战略性重大问题时，难以集聚科技资源形成攻坚克难的创新合力。传统的学科学院模式使学科交叉融合存在一定困难；且学校学科发展与首都"四个中心"城市功能定位发展需要契合度不够，聚焦"高水平应用型"办学定位，学科特色不明显，优势学科不够强，学科声誉有待加强。

2. 平台支撑作用不凸显

高校的创新平台是科技创新体系的重要组成部分，承担了开展高水平科研、培养高层次人才、联动政产学研用等重要使命。学校建有 26 个省部级重点实验室、工程研究中心、协同创新中心等科研平台，然而，通过调研平台，发现重申报、轻建设和多而不优、大而不强的情况依然存在，在科研平台资源高效利用、开放共享，科研平台高质量服务支撑有组织科研和跨学科协同攻关方面还存在薄弱环节，在有组织科研中尚未有效发挥作用。

3. 人才杠杆发力不充分

科研创新的关键在人才。高水平科技创新团队作为一个有组织科研载体，是培养人才、加强学科建设、提升科研水平、增强创新能力的重要途径。当前，学校学科领军人才和高水平创新团队不强，学校师资队伍建设质量与北京同类高校学科平均水平有明显差距。11 个一级学科带头人中，只有 3 个学科带头人具有省部级人才称号。学校既有教学能力又有实践能力的"双师型"教师占专任教师总数的 23.1%，与国家要求的 50% 有一定的差距。

4. 产学研融合能力不足

高校实施"有组织科研"，产学研融合是关键环节。通过对学校成果转化现状进行调

研分析，发现存在科研成果转化率低、转化内驱力不足、转化能力不高等问题，与首都农林领域重点行业、重点企业合作不紧密，在服务北京市实施乡村振兴战略、保障和改善民生、建设高品质宜居城市等重点工作任务方面，存在缺少一批"杀手锏"技术，在实现关键核心技术和重大战略产品突破，以科技创新赋能产业链再造和价值链提升方面能力不足。

5. 科技管理机制急需优化

科技管理体系是保障有组织科研顺利推进的前提，近年学校围绕科研项目经费"放管服"政策落地、促进科技成果转化、优化跨学科创新平台管理机制、科技"揭榜挂帅"等方面，出台、修订23个管理文件，形成了合理的利益导向和正确的价值驱动，一定程度上激发了广大科研人员投身"双创"的内生动力。但在整体的科研发展过程当中还存在"摊大饼式"的发展，在内涵、特色和差异化发展方面尚有差距，科研特色与重点研究领域不够聚焦，存在长板不长、高峰不高、高原不显的痛点问题。

三、北京农学院"有组织科研"的实践路径

针对学校有组织科研工作，学校应以自身优势学科为基础，从需求对接、方向布局、任务承接、团队组建、协同攻关到成果转化的全链条有组织科研，以高质量创新成果助力提升产业发展核心竞争力，支撑国家和区域经济社会高质量发展。

1. 聚焦学科水平提升，夯实"有组织科研"的创新根基

学科的创立、成长和发展，是科研创新发展的基础，是学校创新体系建设的重要内涵，面对当前激烈的高等教育竞争环境，学科建设的格局和高度，决定着高校科研创新乃至整体事业发展的格局和高度。学校实施"有组织科研"，应在遵循学科发展客观规律的前提下，围绕"高水平应用型"办学定位和"都市型现代农林高等教育"办学特色，建设都市型现代农林特色优势学科，强化特色优势学科引领作用，优化学科布局、结构与规模，形成以"农、工、管"为主要学科交叉融合、协调发展的学科体系，夯实"有组织科研"的创新基础。

2. 聚焦平台内涵建设，筑牢"有组织科研"的创新支点

科研创新平台是高校开展科研活动的重要载体，也是高校实施"有组织科研"的重要支点。学校要凸显都市农林特色科研平台优势，强化各级各类科研平台内涵建设，推动平台建设由数量向质量转变，由"自由生长"向定向培育转变，构建校企、校地等"政产学研"多维一体的多层次科技创新平台体系。依托大平台组建大团队，争取大项目、产出大成果，增强研究的合力、动力和定力。同时，优化科研平台考核和激励体系，从平台特色、比较优势、学科需求、人才储备、服务学科群等方面综合考量评估，切实筑牢"有组织科研"的创新支点。

3. 聚焦创新人才蓄积，做强"有组织科研"的创新杠杆

人才是科研创新发展的核心要素，是撬动各类创新资源的重要杠杆。学校要发挥"人才第一资源"的杠杆作用，在政治引领上，强化人才与党同心同德，心怀"国之大者"，激发使命担当；在业务发展上，强化人尽其才，涵养高尚师德、弘扬科学家精神；在人才培养上，坚持引育并举，从国内外一流高校、科研机构和行业企业大力引进学术大师、技

能大师和战略科学家,带领学校产出一批高水平科研成果,并构建科学化、规范化的人才引进评价标准、考核方式和薪酬机制。健全青年教师培养体系,加强青年教师教育教学、科研能力和实践能力的全过程培养锻炼,促使更多的优秀青年人才脱颖而出。

4. 聚焦成果转移转化,打通"有组织科研"的创新链条

高校实施"有组织科研",成果转移转化是关键环节。学校要有组织推进科研成果转移转化,加强专利技术经纪人团队建设,加强项目关键核心技术专利布局、授权前景、市场价值的前置分析,推动高价值专利面向产业发展需求快速实现高效益转化。布局构建产学研平台支撑体系。以服务首都农业农村现代化为导向,立足学校现有优势资源与研究基础,开展产学研融合攻关与科技创新,布局建设北农博士农场、北农教授工作站、北农乡村振兴驿站产学研平台体系,全方位推动校地合作、校企合作,构建产学研深度融合发展新机制,为服务首都经济社会发展提供有力支撑。

5. 聚焦体制机制改革,激发"有组织科研"的创新活力

实施"有组织科研",制度创新要先行。学校要坚持问题导向、目标导向、结果导向,深入研究"有组织科研",以需求为导向,聚焦重点任务,提前组织谋划,想在前,干在前;推进"揭榜挂帅"制、"赛马制"常态化,引导优秀科技人才脱颖而出,激发创新活力;实施科技创新"火花"行动,激发创新思维,点燃科研"火花";完善成果评价与奖励机制,突出创新质量和实际贡献的导向作用,正向激发创新活力;完善科研平台分类管理、动态调整机制,引导科研平台自身造血能力建设;完善高校与地方、企业等产学研用合作机制,引导师生把论文写在祖国大地,把成果凝结在农民的收获里。

参 考 文 献

雷朝滋,2023. 加强高校有组织科研 以高水平科技创新服务中国式现代化建设 [J]. 中国高等教育(7):19-23.

潘玉腾,2022. 高校实施有组织科研的问题解构与路径建构 [J]. 中国高等教育(Z3):12-14.

张亚光,曾丹旦,2021. "三全育人"视域下高校科研育人探究 [J]. 学校党建与思想教育(1):91-93.

图书在版编目（CIP）数据

高水平应用型都市农林人才培养体系的探索与实践 /
马兰青主编. —北京：中国农业出版社，2023.8
ISBN 978-7-109-31296-8

Ⅰ.①高… Ⅱ.①马… Ⅲ.①北京农学院-人才培养
-研究 Ⅳ.①S-40

中国国家版本馆 CIP 数据核字（2023）第 204704 号

中国农业出版社出版

地址：北京市朝阳区麦子店街 18 号楼
邮编：100125
责任编辑：姚 佳 文字编辑：王佳欣
版式设计：王 晨 责任校对：张雯婷
印刷：中农印务有限公司
版次：2023 年 8 月第 1 版
印次：2023 年 8 月北京第 1 次印刷
发行：新华书店北京发行所
开本：787mm×1092mm 1/16
印张：19.75
字数：468 千字
定价：108.00 元
